高等职业教育"十二五"规划教材

机械设备维修技术

主　编　涂　杰

副主编　张　超　任晓敏　唐继武

参　编　王若蓬

中国铁道出版社

CHINA RAILWAY PUBLISHING HOUSE

内 容 简 介

本书共分 8 章,主要介绍了机械故障的形式与诊断技术、机械零件的常用修复技术、机床电气故障诊断与维修、机床维修与保养,以及一些常用机电设备(如泵、叉车发动机、电梯)的故障检测、维修和养护,最后还介绍了设备维修方法和相关制度。

本书内容系统,涉及面广,主次分明,理论联系实际,列举了大量的维修实例,实践性强,同时各章节后配有相关思考题以供读者练习。

本书适合作为高职高专院校机电专业的教材,也可供相关技术人员、技师、技工及机电设备维修与管理人员参考。

图书在版编目(CIP)数据

机械设备维修技术 / 涂杰主编. —北京:中国铁道
出版社,2013.7
高等职业教育"十二五"规划教材
ISBN 978 - 7 - 113 - 16796 - 7

Ⅰ. ①机… Ⅱ. ①涂… Ⅲ. ①机械设备—维修—
高等职业教育—教材 Ⅳ. ①TH17

中国版本图书馆 CIP 数据核字(2013)第 121966 号

书　　名：机械设备维修技术	
作　　者：涂杰　主编	
策　　划：任晓红	读者热线:400 - 668 - 0820
责任编辑：马洪霞　彭立辉	
封面设计：路　瑶	
封面制作：刘　颖	
责任印制：李　佳	

出版发行:中国铁道出版社(100054,北京市西城区右安门西街 8 号)

网　　址:http://www.51eds.com

印　　刷:北京市燕鑫印刷有限公司

版　　次:2013 年 7 月第 1 版　　2013 年 7 月第 1 次印刷

开　　本:787 mm×1 092 mm　1/16　印张:15.25　字数:356 千

书　　号:ISBN 978 - 7 - 113 - 16796 - 7

定　　价:30.00 元

前　言

　　设备发生故障,不仅会造成巨大的经济损失,而且有时候也会危及设备、人身安全并造成环境污染。随着科学技术的迅猛发展,机电设备正向着复杂化、自动化、高精度化方向发展,对设备故障检测与维修人员提出了更高的要求,所以提高技术人员设备故障诊断和维修技术水平越来越重要。

　　高等职业教育培养的是技术应用型人才,我们从机电设备维修技术课程的培养目标及知识能力要求出发编写了本书。

　　本书以"够用、实用、会用"为原则,将机械和电气知识融合于一体,介绍了机械故障的形式与诊断技术、机械零件的常用修复技术、机床电气故障诊断与维修、机床维修与保养,以及一些常用机电设备(如泵、叉车发动机、电梯)的故障检测、维修和养护等内容。同时应用了大量的维修实例,让学生了解设备故障诊断和维修的一些方法和相关的新知识、新工艺。

　　本书由涂杰(南京化工职业技术学校)任主编,张超、任晓敏(西安航空职业技术学院)、唐继武(大连海洋大学职业技术学院)任副主编,王若蓬(黑龙江交通职业技术学院)参与了编写工作。具体编写分工:涂杰编写了第1章、第2章、第6章,张超编写了第4章、第8章,任晓敏编写了第3章,唐继武编写了第7章,王若蓬编写了第5章。

　　本书涉及的内容广泛,在编写过程中,编者参考了许多国内外的相关资料和书籍,在此向有关资料与书籍的编者表示感谢。

　　由于时间仓促,编者的水平和经验有限,难免有疏漏与不足之处,恳请读者批评指正,联系方式:460263986@ qq. com。

编者

2013 年 4 月

目　录

第1章　机械故障与诊断技术 ……………………………………………… 1

1.1　机械故障的概念及类型 ……………………………………………… 1

1.1.1　机械故障的分类 ………………………………………………… 1

1.1.2　一般机械的故障规律 …………………………………………… 2

1.2　机械故障发生的原因 ………………………………………………… 3

1.2.1　机械磨损 ………………………………………………………… 3

1.2.2　零件的变形 ……………………………………………………… 3

1.2.3　断裂 ……………………………………………………………… 4

1.2.4　腐蚀 ……………………………………………………………… 6

1.2.5　蠕变损坏 ………………………………………………………… 7

1.3　零件的无损检测技术 ………………………………………………… 8

1.3.1　无损检测技术概述 ……………………………………………… 8

1.3.2　超声波检测 ……………………………………………………… 9

1.3.3　射线检测 ………………………………………………………… 15

1.3.4　涡流检测 ………………………………………………………… 17

1.3.5　磁粉探伤 ………………………………………………………… 18

1.3.6　渗透检测 ………………………………………………………… 20

1.3.7　无损检测新技术 ………………………………………………… 22

思考题 ……………………………………………………………………… 22

第2章　机械零件修复技术 ………………………………………………… 23

2.1　焊接修复技术 ………………………………………………………… 23

2.1.1　补焊 ……………………………………………………………… 23

2.1.2　堆焊 ……………………………………………………………… 27

2.1.3　喷焊 ……………………………………………………………… 32

2.1.4　钎焊 ……………………………………………………………… 33

2.2　热喷涂技术 …………………………………………………………… 34

2.2.1　热喷涂技术的基本原理及特点 ………………………………… 34

2.2.2　热喷涂材料 ……………………………………………………… 34

2.2.3　热喷涂技术的种类 ……………………………………………… 35

2.2.4　热喷涂应用 ……………………………………………………… 40

2.3　电镀修复技术 ………………………………………………………… 42

2.3.1　概述 ……………………………………………………………… 42

2.3.2　电刷镀 …………………………………………………………… 45

2.4　粘接修复技术 ………………………………………………………… 53

2.4.1　粘接的基本原理 ………………………………………………… 53

2.4.2　粘接技术的主要特点 …………………………………………… 54

2.4.3　胶黏剂的组成和分类 …………………………………………… 54

2.4.4　胶黏工艺 …………………………………………………………… 56

2.4.5　粘接修理工作中的不安全因素 ………………………………… 57

2.4.6　粘接修理工必备的安全防护知识 ……………………………… 57

2.4.7　粘接与表面粘涂技术在设备维修中的应用实例 ……………… 57

2.5　表面强化技术 ………………………………………………………………… 59

2.5.1　表面形变强化 ……………………………………………………… 59

2.5.2　固态扩渗表面强化——化学热处理 …………………………… 61

2.5.3　表面固态相变强化——表面淬火 ……………………………… 61

2.6　钳工修复和机械修复技术 ………………………………………………… 63

2.6.1　钳工修复 …………………………………………………………… 63

2.6.2　机械修复法 ………………………………………………………… 66

2.7　机械零件修复的选择 ……………………………………………………… 70

2.7.1　修复技术的选择原则 …………………………………………… 71

2.7.2　选择机械零件修复技术的方法与步骤 ………………………… 72

2.7.3　实施修复时应考虑的问题 ……………………………………… 73

2.7.4　零件修复方案实例 ……………………………………………… 73

思考题 …………………………………………………………………………… 74

第3章　普通机床电气故障诊断与维修 ……………………………………………… 75

3.1　机床电气故障诊断的方法与步骤 ………………………………………… 75

3.1.1　机床电气故障的种类 …………………………………………… 75

3.1.2　机床电气故障的诊断与维修步骤 ……………………………… 75

3.1.3　机床电气故障的诊断的一般方法 ……………………………… 76

3.2　CA6140型卧式车床电气控制线路的故障诊断与维修 ………………… 79

3.2.1　CA6140型卧式车床 ……………………………………………… 79

3.2.2　CA6140型卧式车床电气控制线路 ……………………………… 81

3.2.3　CA6140型卧式车床的常见电气故障分析 …………………… 83

3.3　X62W万能铣床电气控制线路的故障诊断与维修 ……………………… 85

3.3.1　X62W万能铣床 …………………………………………………… 85

3.3.2　X62W万能铣床的电气控制线路 ………………………………… 87

3.3.3　X62W万能铣床常见电气故障分析 …………………………… 91

3.4　Z3050型摇臂钻床电气控制线路的故障诊断与维修 …………………… 93

3.4.1　Z3050型摇臂钻床 ………………………………………………… 93

3.4.2　Z3050型摇臂钻床的电气控制线路 …………………………… 94

3.4.3　Z3050型摇臂钻床常见电气故障分析 ………………………… 98

思考题 …………………………………………………………………………… 100

第4章　机床的维修与保养 …………………………………………………………… 101

4.1　机床的故障诊断与排除 ……………………………………………………… 101

4.1.1　机床故障及其分类 ……………………………………………………… 101

4.1.2　机床故障诊断及分类 …………………………………………………… 102

4.1.3　普通机床常见故障及排除方法 ………………………………………… 102

4.2　机床关键零部件的修理 ……………………………………………………… 110

4.2.1　轴部件的修理 …………………………………………………………… 110

4.2.2　机床螺旋机构的修理 …………………………………………………… 114

4.2.3　机床导轨的修理 ………………………………………………………… 116

4.3　机床的维护及保养 …………………………………………………………… 118

4.3.1　机床的日常维护 ………………………………………………………… 118

4.3.2　机床的保养及维修 ……………………………………………………… 118

思考题 ………………………………………………………………………………… 120

第5章　泵的检修与故障处理 ………………………………………………………… 121

5.1　常用泵零部件的检修技术 …………………………………………………… 121

5.1.1　轴承轴瓦的检修 ………………………………………………………… 121

5.1.2　联轴器的检修 …………………………………………………………… 122

5.2　泵用密封的检修 ……………………………………………………………… 122

5.2.1　填料密封材料的选用 …………………………………………………… 122

5.2.2　机械密封的检修 ………………………………………………………… 125

5.2.3　泵用静密封的检修 ……………………………………………………… 127

5.3　离心泵的检修 ………………………………………………………………… 127

5.3.1　零部件的质量标准 ……………………………………………………… 127

5.3.2　零部件的检查与修理 …………………………………………………… 128

5.3.3　组装质量标准 …………………………………………………………… 129

5.3.4　拆卸、组装及调整 ……………………………………………………… 130

5.4　容积泵的检修 ………………………………………………………………… 131

5.4.1　零部件质量标准 ………………………………………………………… 131

5.4.2　组装质量标准 …………………………………………………………… 131

5.4.3　拆卸、修理、组装及调整 ……………………………………………… 132

5.5　故障处理 ……………………………………………………………………… 133

思考题 ………………………………………………………………………………… 138

第6章　叉车发动机的维修与养护 …………………………………………………… 139

6.1　曲轴连杆机构 ………………………………………………………………… 139

6.1.1　缸盖 ……………………………………………………………………… 139

6.1.2　缸体 ……………………………………………………………………… 140

6.1.3　活塞连杆组安装与调整 ………………………………………………… 142

6.2　配气机构 ……………………………………………………………………… 145

6.2.1　气门与气门座的检修 …………………………………………………… 146

6.2.2　气门密封性检验 ………………………………………………………… 147

　　　6.2.3　气门与气门导管的检修 ……………………………………… 148
　　　6.2.4　气门间隙调整 ……………………………………………… 148
　　　6.2.5　凸轮轴的维修、养护 ………………………………………… 149
　6.3　发动机的燃油供给系统 …………………………………………… 151
　　　6.3.1　化油器 ………………………………………………………… 151
　　　6.3.2　汽油泵 ………………………………………………………… 155
　　　6.3.3　汽油滤清器 …………………………………………………… 157
　　　6.3.4　空气滤清器 …………………………………………………… 157
　　　6.3.5　燃油箱的维修或养护 ………………………………………… 158
　　　6.3.6　进、排气歧管的检修和拆装 ………………………………… 158
　6.4　润滑系统 …………………………………………………………… 159
　　　6.4.1　润滑系统维修与养护要点和注意事项 ……………………… 159
　　　6.4.2　机油泵 ………………………………………………………… 161
　　　6.4.3　机油收集器 …………………………………………………… 162
　　　6.4.4　机油粗滤器 …………………………………………………… 163
　　　6.4.5　离心式转子机油细滤器 ……………………………………… 163
　　　6.4.6　油底壳清洗及安装 …………………………………………… 164
　　　6.4.7　曲轴箱通风 PCV 阀系统 …………………………………… 165
　6.5　冷却系统 …………………………………………………………… 166
　　　6.5.1　水泵 …………………………………………………………… 166
　　　6.5.2　散热器 ………………………………………………………… 168
　　　6.5.3　节温器 ………………………………………………………… 170
　　　6.5.4　叉车的冷却系统 ……………………………………………… 170
　6.6　叉车发动机总成常见故障的检修 ………………………………… 173
　　　6.6.1　汽油叉车发动机总成常见故障的检修实例 ………………… 173
　　　6.6.2　柴油叉车发动机总成常见的故障检修实例 ………………… 176
　思考题 …………………………………………………………………… 181
第 7 章　电梯的维护保养与故障维修 …………………………………… 182
　7.1　电梯的工作原理及组成 …………………………………………… 182
　　　7.1.1　电梯的工作原理 ……………………………………………… 182
　　　7.1.2　电梯的组成部件 ……………………………………………… 183
　　　7.1.3　电梯的主要性能指标 ………………………………………… 185
　7.2　电梯的保养与维护 ………………………………………………… 188
　　　7.2.1　对电梯维护人员和管理人员的基本要求 …………………… 188
　　　7.2.2　电梯的保养与维护 …………………………………………… 189
　7.3　电梯控制电路中 PLC 的保养与维修 …………………………… 193
　　　7.3.1　PLC 的维护保养 ……………………………………………… 193
　　　7.3.2　PLC 的维修 …………………………………………………… 194
　7.4　电梯的故障与排除 ………………………………………………… 199

7.4.1 电梯的故障类别 ·· 199
7.4.2 故障的分析及检查排除方法 ······························· 199
7.4.3 常见故障的分析检查与排除方法 ························· 201
7.4.4 奥的斯电梯故障排除实例 ································· 211
思考题 ··· 214
第8章 设备修理与制度 ··· 216
8.1 概述 ··· 216
8.1.1 设备修理方式 ··· 216
8.1.2 修理类别 ··· 217
8.1.3 机械设备修理的一般过程 ································· 218
8.2 修理计划的编制 ··· 219
8.2.1 修理计划的类别及内容 ··································· 220
8.2.2 修理计划编制的主要因素 ································· 221
8.2.3 修理计划的编制 ··· 222
8.3 设备维修计划的实施 ····································· 223
8.3.1 维修前准备工作 ··· 224
8.3.2 组织维修施工 ··· 224
8.3.3 竣工和验收工作 ··· 225
8.4 设备维修计划的考核 ····································· 225
8.4.1 设备修理计划考核指标 ··································· 225
8.4.2 考核期限 ··· 226
8.5 机械设备的大修 ··· 226
8.5.1 设备大修的技术要求 ····································· 226
8.5.2 机械设备大修前的准备工作 ······························· 226
8.5.3 机械设备的大修过程 ····································· 229
思考题 ··· 233
参考文献 ··· 234

第1章 机械故障与诊断技术

1.1 机械故障的概念及类型

所谓机械故障,是指机械丧失了它所被要求的性能和状态。机械发生故障后,其技术指标就会显著改变而达不到规定的要求。例如,原动机功率降低、传动系统失去平衡、噪声增大、机床运转不平稳、润滑油的消耗增加、汽车制动失灵等。

机械故障表现在它的结构上,主要是零部件损坏和部件之间关系的破坏。例如,零件的断裂、变形,配合件的间隙增大或过盈丧失,固定和紧固装置松动和失效等。

1.1.1 机械故障的分类

机械故障分类方法主要有以下 3 种:

1. 按故障形成的时间规律分类

(1) 渐发性故障:由机械产品参数的劣化过程(磨损、腐蚀、疲劳、老化)逐渐发展而形成的故障。其主要特点是故障发生可能性的大小与使用时间有关,使用时间越长,发生故障的可能性就越大。大部分机器的故障都属于这类故障。这类故障只是在机械设备的有效寿命的后期才明显地表现出来。这种故障具有渐发性,是可以预测的。

(2) 突发性故障:由于各种不利因素和偶然的外界影响共同作用的结果。这种故障发生的特点是具有偶然性,一般与使用的时间无关,因而这种故障是难以预测的,但一般容易排除。这类故障的例子有因润滑油中断而使零件产生热变形裂纹;因机械使用不当或出现超负荷现象而引起的零件折断;因各参数达到极限值而引起零件变形和断裂等。

(3) 复合型故障:兼有上述两种故障的特征。其故障发生的时间是不定的,与设备的状态无关,而设备工作能力耗损过程的速度则与设备工作能力耗损的性能有关。例如,当零件内部存在着应力集中,当受到外界对机器作用的最大冲击后,随着机器的继续使用,就可能逐渐发生裂纹,最后导致零件断裂。

2. 按故障出现的情况分类

故障实质是一种不合格的状态,由于故障所处的不合格状态可以是某一产品完全丧失了其设计功能,也可以是某种显露即将散失功能的迹象。因此,从防止重大故障及维修角度来看,有必要根据其因果关系把故障分为功能故障和潜在故障。

(1) 功能故障:机械设备丧失了它应有的功能或参数(特性),超出规定的指标或根本不可能工作的故障,如油泵不供油、内燃机不能发动等。也可能是机械加工精度破坏、传动效率降低、速度达不到标准值等故障。例如,汽车传动系统、制动系统达不到所规定的功能水平要求。

（2）潜在故障：与渐发性故障相联系，当故障是在逐渐发展中，但尚未在功能和特性上表现出来，而同时又接近萌芽阶段时（当这种情况能够鉴别出来时），即认为也是一种故障现象，并称之为潜在故障。例如，零件在疲劳损坏过程中，其裂纹的深度是逐渐扩展的，同时其深度又是可以探测的，当探测到扩展的深度已接近于允许的临界值时，便认为是存在着潜在故障。必须按实际故障来处理，探明了机械的潜在故障，就有可能在机械达到功能故障之前排除，这有利于保持机械的完好状态，避免由于发生功能性故障而可能带来的不利后果，这在机械使用和维修中有着重要的要意义。

3. 按故障发生的原因或性质不同分类

（1）人为故障：由于维护和调整不当，违反操作规程或使用了质量不合格的零件材料等，使各部件加速磨损或改变机械工作性能而引起的故障。这种故障是可以避免的。

（2）自然故障：由于机械在使用过程中，因各种机件的自然磨损或物理、化学变化而造成零件的变形、断裂、蚀损等使机件失效所引起的故障。这种故障虽不可避免，但随着零件设计、制造、使用和修理水平的提高，可使机械有效时间大大延长，而使故障较迟发生。故障和事故是有差别的，故障是指设备丧失了规定的性能；事故是指失去了安全性状态，包括设备损坏和人身伤亡。换言之，故障是强调设备的可靠性，事故是强调设备和人身的安全性，在多数情况下要求安全性和可靠性兼顾，但有时，宁可放弃可靠性而确保安全性，即安全第一。

1.1.2 一般机械的故障规律

机械在运行过程中发生故障的可能性随时间而变化的规律称为一般机械的故障规律。故障规律曲线如图1-1所示，此曲线称为"浴盆曲线"。图中横坐标为使用时间，纵坐标为失效率。这一变化过程分为3个阶段：第一阶段为早期故障期，即由于设计、制造、保管、运输等原因造成的故障，因此故障率一般较高，经过运转、跑合、调整，故障率将逐渐下降并趋于稳定。第二阶段为正常运转期，亦称随机故障期，此时设备的零件均未达到使用寿命，不易发生故障，在严格操作、加强维护保养的情况下，故障率很低，这一阶段为机械的有效寿命。第三阶段为耗损故障期，由于零件的磨损、腐蚀以及疲劳等原因造成故障率上升，这时，加强维护保养，及时更换即将到达寿命周期的零件，则可使正常运行期延长，但如果维修费过高，则应考虑设备的更新。

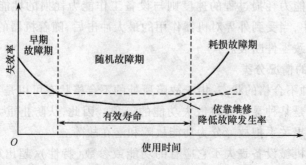

图1-1 故障规律曲线

从机械使用者的角度出发，对于曲线所表示的初期故障率，由于机械在出厂前已经充分调整，可以认为已基本得到消除，因而可以不必考虑。随机故障通常容易排除，且一般不决定机器寿命，唯有耗损故障才是影响机械有效寿命的决定因素，因而是主要研究对象。

1.2　机械故障发生的原因

机械设备越复杂,引起故障的原因越多样化。一般认为有机械设备自身的缺陷(基因)和各种环境因素的影响。机械设备自身的缺陷是由材料存在缺陷和应力、人为差错(设计、制造、检验、维修、使用、操作不当)等原因造成。环境因素主要指灰尘、温度、有害介质等。环境因素和时间因素对各方面的影响,无论是直接引起机械故障的因素,还是间接影响因素,乃至故障的结果都同时起作用。这种作用可能是诱发因素,也可能是扩大因素。环境因素是产生应力的原因,因而也是故障发生的原因之一。由于机械设备的状况每时每刻都在发生变化,故障原因自然随时间而变化,因而时间因素对故障出现的可能性,对故障出现的时刻都给予很大影响,况且时间和应力实际上是不可能分开的。

此外,应该重视故障的波及作用。例如,某些零件、材料出现异常后,这种潜在故障将向整个零件扩展,并波及其他零件或设备,使其发生故障。如果弄清了局部发生的异常和波及机理,并加以检测,控制波及作用,就可避免故障向其他层次扩展。

1.2.1　机械磨损

机械故障最显著的特征是构成机器的各个组合零件或部件间配合的破坏,如活动连接的间隙、固定连接的过盈等的破坏。这些破坏主要是由于零部件过早磨损的结果,因此,研究机器故障应首先研究典型零件及其组合的磨损。

机械的磨损是多种多样的,但是,为了便于研究,按其发生和发展的共同性,可分为自然磨损和事故磨损。

自然磨损是零部件在正常工作条件下,其配合表面不断受到摩擦力的作用,由于受周围环境温度或介质的作用,使零部件的金属表面逐渐产生的磨损,而这种自然磨损是不可避免的正常现象。零部件由于有不同的结构、操作条件、维护修理质量等而产生不同程度的磨损。

事故磨损是由于机器设计和制造中的缺陷,以及不正确的使用、操作、维护、修理等人为原因,而造成过早的、有时甚至是突然发生的磨损。

1.2.2　零件的变形

机械在工作过程中,由于受力的作用,使零件的尺寸或形态改变的现象称为变形。零部件的变形分弹性变形和塑性变形两种,其中塑性变形易使机件失效;零部件变形后,破坏了组装零部件的相互关系,因此其使用寿命也缩短许多。

引起零件变形的主要原因如下:

(1)由于外载荷而产生的应力超过材料的屈服强度时,零件产生过应力永久变形。

(2)温度升高,金属材料的原子热震动过大,临界切变抗力下降,容易产生滑移变形,使材料的屈服极限下降,或零件受热不均,各处温差较大,产生较大的热应力,引起零件变形。

(3)由于残存的内应力,影响零件的静强度和尺寸的稳定性,不仅是零件的稳定性降低,还会产生减少内应力的塑性形变。

(4)由于材料内部存在缺陷等。

　　值得指出的是,引起零件变形,不一定在单一因素作用下一次产生,往往是几种原因共同作用、多次变形累积的结果。

　　使用中的零件,变形是不可避免的,所以在机械大修时不能只检查配合面的磨损情况,对于相互位置精度也必须认真检查和修复。尤其对第一次大修机械的变形情况要注意检查、修复,因为零件在内应力作用下变形,通常在 12~20 个月内完成。

1.2.3　断裂

　　金属的完全破裂称为断裂。当金属材料在不同的情况下,局部破裂(裂缝)发展到临界裂缝尺寸时,剩余截面所承受的外载荷即因超过其强度极限而导致完全断裂。与磨损、变形相比,虽然零件因断裂而失效的概率较小,但是,零件的断裂往往会造成严重的机械事故,产生严重的后果。

　　1. 断裂的类型

　　从不同的角度出发,零件的断裂可以有不同的分类方法,下面介绍两种:

　　(1) 按宏观形态可分为韧性断裂和脆性断裂。零件在外载荷作用下,首先发生弹性变形,当载荷所引起的应力超出弹性极限时,材料发生随行变形,载荷继续增加,应力超过强度极限时发生断裂,这样的断裂称为韧性断裂;当载荷所引起的应力达到材料的弹性极限或屈服点以前的断裂称为脆性断裂,其特点是,断裂前几乎不产生明显的塑性变形,断裂突然发生。

　　(2) 按载荷性质可分为一次加载断裂和疲劳断裂两种。一次加载断裂是指零件在一次静载下,或一次冲击载荷作用下发生的断裂。它包括静拉、压、弯、扭、剪、高温蠕变和冲击断裂,疲劳断裂是指零件在经历反复多次的应力后才发生的断裂,包括拉、压、弯、扭、接触和振动疲劳等。

　　零件在使用过程中发生断裂,约有 60%~80% 属于疲劳断裂。其特点是断裂时的应力低于材料的抗拉强度或屈服极限。不论脆性材料还是韧性材料,其疲劳断裂在宏观上均表现为脆性断裂。

　　2. 几种断口形貌

　　断口是指零件断裂后的自然表面。断口的结构与外貌直接记录了断裂的原因、过程和断裂瞬间矛盾诸方面的发展情况,是断裂原因的"物证"资料。

　　(1) 杯锥状断口:断裂前伴随大量大塑性变形断口,如图 1-2 所示,其断口呈杯锥状,断口的底部,裂纹不规则地穿过晶粒,因而呈纤维状或鹅绒状,边缘有剪切唇,断口附近有明显的塑性变形。

　　(2) 脆性断裂断口:断口平齐光亮,且与正应力相垂直,断口上常有人字纹或放射花样,断口附近的截面的收缩很小,一般不超过 3%,如图 1-3 所示。

　　(3) 疲劳断裂断口:疲劳断裂断口如图 1-4 所示,有疲劳核心区、疲劳裂纹扩展区和瞬时破断区 3 个区域。

　　疲劳核心区(疲劳源区)是疲劳裂纹最初形成的地方,用肉眼或低倍放大镜就能大致判断其位置。它一般总是发生在零件表面,但若材料表面进行了强化或内部有缺陷,也会在皮下或内部发生。在疲劳核心周围,往往存在着以疲劳源为焦点、非常光滑、贝纹线不明显的狭小区域。疲劳破坏好像以它为中心,向外发射海滩状疲劳弧带或贝纹线。

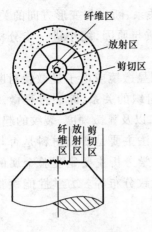

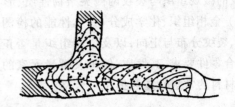

图 1-2　杯锥状断口　　　　　　　　　　图 1-3　脆性断裂断口

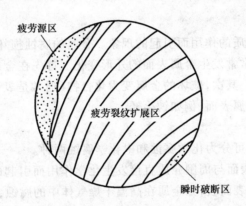

图 1-4　疲劳断口的宏观形貌

疲劳裂纹扩展区是疲劳断口上最重要的特征区域。它最明显的特征是常呈现宏观的疲劳弧带和微观的疲劳纹。疲劳弧带大致以疲劳源为核心,似水波形式向外扩展,形成许多同心圆或同心弧带,其方向与裂纹的扩展方向相垂直。

瞬时破裂区是当疲劳裂纹扩展到临界尺寸时发生的快速破裂区。其宏观特征与静载拉伸断口中快速破断的放射区及剪切区相同。

3. 断口分析

断口分析是为了通过零件破坏形貌的研究,推断断裂的性质和类别,分析、找出破坏原因,提出防止断裂事故的措施。

零件断裂的原因是非常复杂的,因此断口分析的方法也是多种多样的。

(1) 实际破裂情况的现场调查。现场调查是破断分析的第一步,零件破断后,有时会产生许多碎片,对于断口的碎片,必须严加保护、避免氧化、腐蚀和污染。在未查清断口的重要特征和照相记录前,不允许对断面进行清洗。另外,还应对零件的工作条件、运转情况以及周围环境进行详细调查研究。

(2) 断口的宏观分析。断口的宏观分析是指用肉眼或低倍放大镜(20 倍以下)对断口进行观察和分析。分析前对油污应用汽油、丙酮或石油醚清洗、浸泡。对锈蚀比较严重的断口,采用化学法或电化学法除去氧化膜。

宏观分析能观察分析破断全貌、裂纹和零件形状的关系、断口与变形方向的关系、断口与受力状态的关系,能够初步判断裂纹源的位置、破断性质与原因,缩小进一步分析研究的范围,为微观分析提供线索和依据。

(3)断口的微观分析。断口的微观分析是指用金相显微镜或电子显微镜对断口进行观察和分析。其主要目的是观察和分析断口形貌与显微组织的关系,断裂过程微观区域的变化,裂纹的微观组织与裂纹两侧夹杂物性质、形状和分布,以及显微硬度、裂纹的起因等。

(4)金相组织、化学成分、力学性能的检测。金相方法主要是研究材料是否与宏观及微观缺陷、裂纹分布与走向,以及金相组织是否正常等。化学分析主要是复验金属的化学成分是否符合零件要求,其性质、偏析及微量元素的含量和大致分布等。力学性能检验主要是复检金属材料的常规性能数据是否合格。

1.2.4 腐蚀

1. 腐蚀的概念

腐蚀是金属受周围介质的作用而引起的现象。金属的腐蚀损坏总是从金属表面开始,然后或快或慢地深入,同时常常发生金属表面的外形变化。首先在金属表面上出现不规则形状的凹洞、斑点等破坏区域。其次,破坏的金属变为化合物(通常是氧化物和氢氧化物),形成腐蚀产物并部分地附着在金属表面,例如铁生锈。

2. 腐蚀的分类

金属的腐蚀按其机理可分为化学腐蚀和电化学腐蚀两种。

(1)化学腐蚀:金属表面与周围介质直接发生化学作用而引起的损坏称为化学腐蚀。腐蚀的产物在金属表面形成表面膜,如金属在高温干燥气体中的腐蚀,金属在非电解质溶液(如润滑油)中的腐蚀。

(2)电化学腐蚀:金属表面与周围介质发生电化学作用的腐蚀称为电化学腐蚀。属于这类腐蚀的有:金属在酸、碱、盐溶液及海水、潮湿空气中的腐蚀。地下金属管线的腐蚀,埋在地下的机器底座被腐蚀等。引起电化学腐蚀的原因是宏观电池的作用(如金属与电解质接触或不同金属相接触)、微观电池作用(如同种金属中存在杂质)、氧浓差电池作用(如铁经过水插入砂中)和电解作用,电化学腐蚀的特点是腐蚀过程中有电流产生。

以上两种腐蚀,电化学腐蚀比化学腐蚀强烈得多,金属的蚀损大多数由电化学腐蚀造成。

3. 防止腐蚀的方法

防止腐蚀的方法包括两方面:首先是合理选材和设计;其次是选择合理的操作工艺规程。这两方面都不可忽视。目前生产中具体采用的防腐措施如下:

(1)合理选材。根据环境介质的情况,选择合适的材料。例如,选用镍、铬、铝、硅、钛等元素的合金钢,或在条件许可的情况下,尽量选用尼龙、塑料、陶瓷等材料。

(2)合理设计。通用的设计规范是避免不均匀和多相性,即力求避免形成腐蚀电池的作用。不同的金属、不同的气象空间、热和应力分布不均以及体系中各部位间的其他差别都会引起腐蚀破坏。因此,设计时应努力使整个体系的所有条件尽可能地均匀一致。

(3)覆盖保护层:这种方法是在金属表面覆盖一层不同的材料,改变零件的表面结构,使金属与介质隔离开以防止腐蚀。具体方法如下:

① 金属保护层:采用电镀、喷镀、熔镀、气相镀和化学镀等方法,在金属表面覆盖一层如

镍、铬、锡、锌等金属或合金作为保护层。

② 非金属保护层：这是设备防腐蚀的发展方向，常用方法如下：

• 涂料：将油基漆（成膜物质如干性油类）或树脂基漆（成膜物质如合成脂）通过一定的方法将其涂覆在物体表面，经过固化而形成薄涂层，从而保护设备免受高温气体及酸碱等介质的腐蚀作用。采用涂料防腐的特点：涂料品种多，适应性强，不受机械设备或金属结构的形状及大小的限制，使用方便，在现场亦可施工。常用的涂料品种有防腐漆、底漆、生漆、沥青漆、环氧树脂涂料、聚氯乙烯涂料以及工业凡士林等。

• 砖、板衬里：常用的是水玻璃胶衬辉绿岩板。辉绿岩板是由辉绿岩石熔铸而成，其主要成分是二氧化硅，胶泥即是黏合剂。它的耐酸碱性及耐腐蚀性较好，但性脆不能受冲击，在有色冶炼厂做储酸槽壁，槽底则衬瓷砖。

• 硬（软）聚氯乙烯：它具有良好的耐腐蚀性和一定的机械强度，加工成形方便，焊接性能良好，可做成储槽、电除尘器、文氏管、尾气烟囱、管道阀门和离心机的壳体及叶轮。它已逐步取代了不锈钢、铅等贵重材料。

• 玻璃钢：它是采用合成树脂为黏结材料，以玻璃纤维及其制品（如玻璃布、玻璃带、玻璃丝等）为增强材料，按照不同成型方法（如手糊法、模压法、缠绕法等）制成。它具有优良的耐腐蚀性，强度（强度与质量之比）高，但耐磨性差，有老化现象。实践证明，玻璃钢在中等浓度下的硫酸、盐酸中，温度在90℃以内做防腐衬里，使用情况是比较理想的。

• 耐酸酚醛塑料：它是以热固性酚醛树脂作黏合剂，以耐酸材料（玻璃纤维、石棉等）作填料的一种固性塑料，它易于成型和加工，但成本较高，目前主要用做各种管道和管件。

（4）添加缓蚀剂：在腐蚀介质中加入少量缓蚀剂，能使金属的腐蚀速度大大降低。例如，在设备的冷却水系统采用磷酸盐、偏磷酸钠处理，可防止系统腐蚀和锈垢存积。

（5）电化学保护：电化学保护就是对被保护的金属设备通以直流电流进行极化，以消除电位差，使之达到某一电位时，被保护金属可以达到腐蚀很小的甚至无腐蚀状态。它是一项较新的防腐蚀方法，但要求介质必须是导电的、连续的。电化学保护可分为以下两类：

① 阴极保护：主要是在被保护金属表面通以阴极直流电流，可以消除或减少被保护金属表面的腐蚀电池作用。

② 阳极保护：主要是在被保护金属表面通以阳极直流电流，使其金属表面产生钝化膜，从而增大了腐蚀过程的阻力。

（6）改变环境条件。改变环境条件的方法是将环境中的腐蚀介质去掉，减轻其腐蚀作用，如采用通风、除湿及去掉二氧化硫气体等。对常用的金属材料来说，把相对湿度控制在临界湿度（50%～70%）以下，可以显著减缓大气腐蚀。在酸洗车间和电解车间里要合理设计地面坡度和排水沟，做好地面防腐蚀隔离层，以防酸液渗透地坪后，地面起凸而损坏储槽及机器基础。

1.2.5 蠕变损坏

零件在一定应力的连续作用下，随温度的升高和作用时间的增加，将产生变形，而这种变形还需要不断的发展，直到零件的破坏。温度越高，这种变形速度越迅速，有时应力不但小于常温下的强度极限，甚至小于材料的比例极限，在高温下由于长时间变形的不断增加，也可能使零件破坏，这种破坏称为蠕变破坏。

金属发生蠕变的原因是由于高温的影响。图 1－5 所示为温度与应力作用时间对低碳钢力学性能的影响。强度极限 σ_b 随温度增加而增加，最大 σ_b 在 250~350℃ 之间，温度再上升则 σ_b 急剧下降；流动极限 σ_s 和比例极限 σ_p 随温度上升而下降，400℃ 以后消失；弹性模量 E 随温度上升而降低；泊松比 μ 随温度上升而增加；拉断时的断面收缩率 ψ 和伸长率 δ 在 250~350℃ 之间最低，以后均随温度升高而增加。

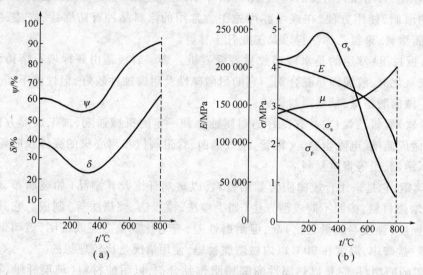

图 1－5　高温对材料性能的影响

为了防止蠕变损坏的产生，对于长期处于高温和应力作用下的零件，除采用耐热合金(在钢中加入合金元素钨、钼、钒或少量的铬、镍)外，还采用减小机件工作应力的方法，通过计算来保证其在使用期限内不产生不允许的变形，或不超过允许的变形量。

1.3　零件的无损检测技术

1.3.1　无损检测技术概述

无损检测以不损害被检验对象的使用性能为前提，应用多种物理原理和化学现象，对各种工程材料、零部件、结构件进行有效的检验和测试，借以评价它们的连续性、完整性、安全可靠性及某些物理性能。具体包括探测材料或构件中是否有缺陷，并对缺陷形状、大小、方位、取向、分布和内含物等情况进行判断；还能提供组织分布、应力状态以及某些机械和物理量等信息。无损检测技术应用范围十分广泛，已在机械制造、石油化工、船舶、汽车、航空航天和核能等工业中被普遍采用。无损检测工序在材料和产品的静态或动态检测以及质量管理中，已成为一个不可缺少的重要环节。无损检测人员已发展为一个庞大的生力军，并享有"工业卫士"的美誉。

无损检测技术包括超声检测、射线检测、磁粉检测、渗透检测、涡流检测、等常规技术以及声发射检测、激光全息检测、微波检测等新技术。常见的分类形式如表 1－1 所示。其中 X 射线、超声、涡流、磁粉、渗透等常规的几种检测方式较成熟，得到广泛应用。

表 1 – 1　无损检测技术分类

类　别	主　要　方　法
射线检测	X 射线、γ 射线、高能 X 射线、中子射线、质子和电子射线
声和超声检测	声振动、声撞击、超声脉冲反射、超声透射、超声共振、超声成像、超声频谱、声发射、电磁超声
电学和电磁检测	电阻法、电位法、涡流、电磁与漏磁、磁粉法、核磁共振、微波法、巴克豪森效应和外激电子发射
力学与光学检测	目视法和内窥法、荧光法、着色法、脆性涂层、光弹性覆膜法、激光全息干涉法、泄漏检定、应力测试
热力学方法	热电动势、液晶法、红外线热图
化学分析法	电解检测法、激光检测法、粒子散射、俄歇电子分析和穆斯鲍尔谱

1.3.2　超声波检测

超声波检测就是利用电振荡在发射探头中激发高频超声波,入射到被检物内部后,若遇到缺陷,超声波会被反射、散射或衰减,再用接收探头接收从缺陷处反射回来(反射法)或穿过被检工件后(穿透法)的超声波,并将其在显示仪表上显示出来,通过观察与分析反射波或透射波的延时与衰减情况,即可获得物体内部有无缺陷以及缺陷的位置、大小及其性质等方面的信息,并由相应的标准或规范判定缺陷的危害程度的方法。

1. 超声波及其特性

超声波是一种振动频率高于 20 kHz 的机械波。无损检测利用超声波频率范围为 0.5 ~ 25 MHz,其中最常用的频段为 1 ~ 5 MHz。

超声波有如下特性:

(1) 指向性好:超声波是一种频率很高、波长很短的机械波,在无损检测中使用的超声波波长为毫米数量级。它像光波一样具有很高的指向性,可以定向发射。

(2) 穿透能力强:超声波的能量很高,在大多数介质中传播使能量损失很小,传播距离远,穿透力强。

(3) 能量高:超声检测的工作频率远高于声波的频率,超声波的能量远大于声波的能量。研究表明,材料的声速、声衰减、声阻抗等特性携带有丰富的信息,并且成为广泛应用超声波的基础。

(4) 遇有界面时,超声波将产生反射、折射和波形的转换,人们利用超声波在介质中传播时这些物理现象,经过巧妙的设计,使超声检测工作的灵活性、精确度得以大幅度提高,这也是超声检测得以迅速发展的原因。

(5) 对人体无害。

2. 超声波的分类

根据波动传播时介质质点的传播方向的相互关系不同,可将超声波分为纵波、横波、表面波和板波等。

(1) 纵波 L:纵波是指介质中质点的振动方向与波的传播方向平行的波,用 L 表示,如

图1-6所示。当弹性介质的质点收到交变的拉压应力作用时,质点之间产生相互的伸缩变形,从而形成纵波,又称压缩波或疏密波。纵波可在任何弹性介质(固体、液体和气体)中传播。由于纵波的产生和接收都比较容易,因而在工业探伤中得到广泛应用。

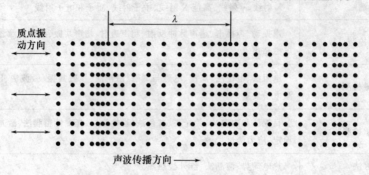

图1-6 纵波

(2)横波S(T):介质中质点的振动方向与波的传播方向互相垂直的波称为横波,常用S或者T表示,如图1-7所示。横波的形成是由于介质质点受到交变切应力作用时,产生了切变形变,所以横波又叫做切变波。液体和气体介质不能承受切应力,只有固体介质能够承受切应力,因而横波只能在固体介质中传播,不能在液体和气体介质中传播。

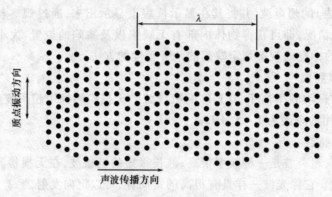

图1-7 横波

(3)表面波R:当介质表面受到交变应力作用时,产生沿介质表面传播的波,称为表面波,通常用R表示,如图1-8所示。表面波同横波一样也能在固体中传播,而且只能在固体表面传播。表面波的能量随距离表面深度的增加而迅速减弱。当传播深度超过两倍波长时,其振幅降至最大振幅的0.37倍。因此,通常认为,表面波检测只能发现距工件表面两倍波长深度内的缺陷。

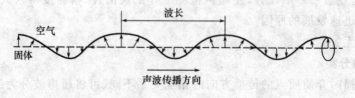

图1-8 表面波

（4）板波：在厚度与波长相当的弹性薄板中传播的超声波称为板波。板波亦称为兰姆波，其特点是整个板波都参与传声，适用于对薄的金属板进行探伤。板波按其传播方式可分为对称型板波和非对称型板波两种，如图1-9所示。

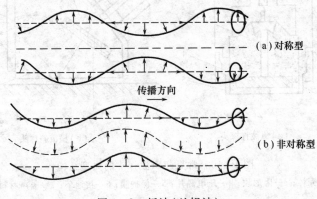

图1-9 板波（兰姆波）

3. 超声波检测设备

（1）超声波探头：其功能就是将电能转换为超声能（发射探头）和将超声能转化为电能（接收探头），其性能的好坏对超声波检测的成功与否起关键性作用。超声波检测用的探头多为压电型，其作用原理为压电晶体在高频电振荡的激励下产生高频机械振动，并发射超声波（发射探头）；或在超声波的作用下产生机械变形，并因此产生电荷（接收探头）。

超声波检测中常用的探头主要有直探头、斜探头、表面波探头、双晶片探头、水晶探头和聚焦探头等。

直探头又称平探头，应用最普遍，可以同时发射和接收纵波，多用于手工操作接触法检测。它主要由压电晶片、阻尼块、壳体、接头和保护膜等基本元件组成。其典型结构如图1-10（a）所示。

斜探头利用透声楔块使声束倾斜于工作面射入工件。压电晶片产生的纵波，在斜楔和工作界面发生波型的转换。依入射角的不同，斜探头可在工件中产生纵波、横波和表面波，也可在薄板中产生板波。斜探头主要由压电晶片、透声楔块、吸声材料、阻尼块、外壳和电气接插件等几部分组成，其典型结构如图1-10（b）所示。

（2）超声波检测仪：其作用是产生点振荡并加于探头，使之发射超声波，同时，还将探头接收的信号进行滤波、检波和放大等，并以一定的方式将检测结果显示出来，人们一次获得被检测工件内部有无缺陷以及缺陷的位置、大小和性质等方面的信息。

① 超声波检测仪的类型。超声波检测仪有以下几种分类方式：

● 按超声波的连续性，可将超声波检测仪分为脉冲波检测仪、连续波检测仪、调频波检测仪等。脉冲波检测仪通过向工件周期性地发射不连续且频率固定的超声波，根据超声波的传播时间及幅度来判断工作中缺陷的有无、位置、大小及性质等信息，这是目前使用最广泛的一类超声波检测仪器。

● 按超声波检测仪显示缺陷的方式不同，可将其分为A型、B型和C型等3种类型。A型显示是一种波形显示。检测仪示波屏的横坐标代表声波的传播时间域距离，纵坐标代表反射波的幅度。由反射波的位置可以确定缺陷的位置，而由反射波的波高则可估计缺陷的性质

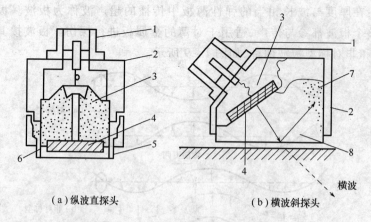

（a）纵波直探头　　　　　　　　（b）横波斜探头

图 1-10　常见超声波探头的典型结构

1—接头；2—壳体；3—阻尼块；4—压电晶片；5—保护膜；6—接地环；7—吸声材料；8—透声楔块

和大小。B 型显示的是一种图像显示。检测仪示波屏的横坐标是靠机械扫描来代表探头的扫查轨迹，纵坐标是靠电子扫描来代表声波的传播时间（或距离），因而可以直观地显示出被探工件任意纵截面上缺陷的分布以及缺陷的深度。C 型显示也是一种图像显示。检测仪示波屏的横坐标和纵坐标都是靠机械扫描来代表探头在工作表面的位置，探头接收信号幅度以光点辉度表示，因而当探头在工件表面移动时，示波屏上便显示出工件内部缺陷的平面图像（俯视图），但不能显示缺陷的深度。

缺陷 3 种显示方式的图解说明如图 1-11 所示。

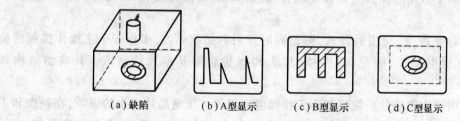

（a）缺陷　　　　（b）A 型显示　　　　（c）B 型显示　　　　（d）C 型显示

图 1-11　A 型、B 型和 C 型显示

● 根据通道数的多少不同，可将超声波检测仪分为单通道和多通道两种类型，其中前者应用最为广泛，而后者则主要应用于自动化检测。

目前广泛使用的是 A 型显示脉冲反射式超声波检测仪。

② A 型显示脉冲反射式超声波检测仪。主要由同步电路、时基电路（扫描电路）、发射电路、接收电路、显示电路和电源电路等几部分组成。此外，实用中的超声波检测仪还有延迟、标距、闸门和深度补偿等辅助电路。

其主要性能指标包括：

● 水平线性：用于表征检测仪水平扫描线扫描速度的均匀程度，水平线性的好坏影响对缺陷的定位。

● 垂直线性：描述检测仪示波屏上反射波高度与接收信号电压成正比关系的程度。垂直线性的好坏影响对缺陷的定量分析。

● 动态范围：检测仪示波屏上反射波高度从满幅降至消失时衰减器的变化范围。动态范围大,对小缺陷的检出能力就强。

- 灵敏度:即在规定深度能够检测到的最小缺陷。
- 盲区:即由探头到能够检测出来缺陷位置的最小距离。
- 探测深度:即在示波屏上能获得一次底面反射时的超声波的最大距离。
- 分辨力:指能够区分两个缺陷的最小距离。

与其他超声波检测仪相比,脉冲反射式超声波检测仪具有如下突出特点:

- 在被检工件的一个表面上,用单探头脉冲反射法即可检测,这对于诸如容器、管道等一些很难在双面放置探头进行检测的场合,更显示出明显的优越性。
- 可以准确地确定缺陷的深度。
- 灵敏度远高于其他方法。
- 可以同时探测到不同深度的多个缺陷,分别对它们进行定位、定量和定性。
- 适用范围广,用一台检测仪可进行纵波、横波、表面波和板波检测,而且适用于探测很多种工件,不仅可以检测,而且还可用于测厚、测声速和和测量衰减等。

(3)耦合剂:在超声波检测当中,耦合剂的作用主要是排除探头与工件表面之间的空气,使超声波能有效地传入工件。当然,耦合剂也有利于减小探头与工件表面之间的摩擦,延长探头的使用寿命。

一般要求耦合剂:能润湿工件和探头表面,流动性、黏度和附着力相当,易于清洗;声阻抗高,透声性能好;对工件无腐蚀,对人体无害;性能稳定;价格便宜等。

4. 超声波检测方法

超声波检测方法可以从多个角度来对其进行分类,下面简单讨论超声波检测原理的分类情况。

(1)脉冲反射法:它是目前应用最为广泛的一种超声波检测法。在实际检测中,直接接触式脉冲反射法最为常用,他将持续时间极短的超声波脉冲发射到被检试件内,根据反射波来检测试件内的缺失。其基本原理为:当试件完好时,超声波可以顺利传播到达底面,在底面光滑且与探测面平行的条件下,检测图形中只有表示发射脉冲及底面回波的两个信号,如图 1-12(a)所示;若试件内存在缺陷,则在检测图形中的底面回波前有表示缺陷的回波,如图 1-12(b)所示。脉冲反射法可分为垂直检测与斜角检测两种。

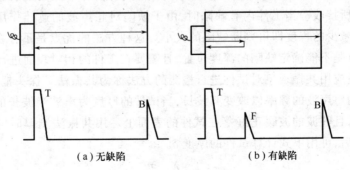

(a)无缺陷　　　　　　　　　(b)有缺陷

图 1-12　脉冲反射法

T—发射脉冲;B—底面回波;F—缺陷回波

垂直检测时,探头垂直地或以小于第一临界角的入射角耦合到工件上,在工件内部只产生纵波。这种方法常用于板材、锻件、铸件、复合材料等检测。

　　斜角检测时,用不同角度的斜探头在工件中分别产生横波、表面波或板波。其主要优点是:可对直探头探测不到的缺陷进行检测;可改变入射角来发现不同方位的缺陷;用表面波可探测复杂形状的表面缺陷;用板波可对薄板进行检测。

　　(2)透射法:又称穿透法,是最早采用的一种超声检测技术,如图 1-13 所示。

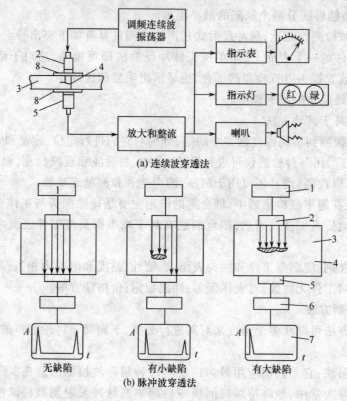

图 1-13　透射法示意图

1—脉冲波高频发射器;2—发射探头;3—工件;4—缺陷;5—接收探头;6—放大器;7—显示屏;8—耦合剂

　　透射法是依据超声波(连续波或脉冲波)穿透试件之后的能量变化来判断缺陷情况的一种方法。将两个探头分别置于被检测工件的两个相对表面,一个探头发射超声波,通过工件被另一面的探头所接收。当工件内有缺陷时,由于缺陷对超声波的遮挡作用,减少超声波的能量。根据能量减少的程度即可判断缺陷的大小。这种方法的优点是不存在盲区,适于检测较薄的工件;缺点是不能确定缺陷的深度位置,且需要在工件的相对表面进行操作。

　　(3)共振法:应用共振现象对试件进行检测的方法称为共振法。探头把超声波辐射到试件后,通过连续调整声波的频率以改变其波长,当试件的厚度为声波半波长的整数倍时,则在试件中产生驻波,且驻波的波腹正好落在试件的表面上。用共振法测厚时,在测得超声波的频率和共振次数后,可用下式计算试件的厚度 δ。

$$\delta = n \frac{\lambda}{2} = \frac{nc}{2f}$$

式中　c——超声波在试件中的传播速度;

　　　　λ——波长;

　　　　f——频率。

当试件中有较大的缺陷或壁厚改变时,将使共振点偏移乃至共振现象消失,所以共振法常用于壁厚的测量,以及复合材料的胶合质量、板材点焊质量、均匀腐蚀和金属板材内部夹层等缺陷的超声检测。

5. 超声波检测的应用

超声波检测技术是工业无损检测技术中应用最广泛的检测技术之一,既可用于锻件、棒材、板材、管材以及焊接缝等的检测,又可用于材料的厚度、硬度以及弹性模量和晶粒度等的检测。

1.3.3　射线检测

射线检测是利用各种射线对材料的透射性能及不同材料对射线的吸收、衰减程度的不同,使底片感光成黑度不同的图像来观察的,它作为一种行之有效而又不可缺少的检测材料(或零件)内部缺陷的手段为工业上许多部门所采用。

射线检测对气孔、夹渣、疏松等体积型缺陷的检测灵敏度较高,对平面缺陷的检测灵敏度较低。采用计算机辅助断层扫描法还可以了解断面的情况,可以进行自动化分析。射线检测对所测试检查物体既不破坏也不污染,但射线检测成本较高,且对人体有害,需要有保护措施。工业上常用的是 X 射线、γ 射线和中子射线等检测方法。

1. 射线检测的基本原理

射线检测是以 X 射线、γ 射线和中子射线等易于穿透物质的特性为基础的。其基本工作原理为:射线在穿过物质的过程中,由于受到物质散射和吸收作用而使其强度衰减,强度衰减的程度取决于物体材料的性质、射线种类及其穿透距离。当把强度均匀的射线照射到物体上一个侧面时,在物体的另一侧使透过的射线在照相底片上感光、显影后,就可得到与材料内部结构或缺陷相对应的黑度不同的图像,即射线底片。通过观察射线底片,就可检测出物体表面或内部的缺陷,包括缺陷的种类、大小和分布情况,并作出评价。

2. 射线的特性

(1)具有穿透物质的能力。

(2)不带电荷、不受电磁场的作用,X 射线、γ 射线和中子射线均不受电磁场的作用,即具有不带电性。

(3)具有波动性、粒子性,即所谓二象性。X 射线、γ 射线和中子射线在材料的传播过程中,可以产生折射、反射、干涉和衍射等现象,但不同于可见光在传播时的折射、反射、干涉和衍射等。

(4)能使某些物质起光化学作用。使某些物质产生荧光现象,能使 X 光胶片感光;但中子对 X 光胶片作用效率较低。

(5)能使气体电离和杀死有生命的细胞。因射线具有一定的能量,当穿过某些气体时与其分子发生作用而电离,能产生生物效应,杀死有生命的细胞,特别是中子射线,它具有比 X 射线和 γ 射线更强的杀伤力。

3. X 射线、γ 射线及其检测装置

在工业上使用的 X 射线是由一种特制的 X 射线管产生的。如图 1-14 所示,其基本构造是一个保持一定真空度的二极管,通常是热阳极式,阴极由钨丝绕成。当通电加热时,钨丝在白炽状态下放出电子,这些高速运动的电子因受到阳极靶阻止,就与靶碰撞而发生能量转换,其中大部分转化成热能,小部分转化为光子能量,即 X 射线。电子的速度越快,转换成 X 射线的能量就越大。X 射线的强度,即单位试件内发射的 X 射线的能量,随着电流的增加而增加。

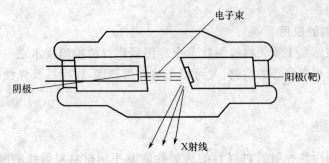

图 1-14　X 射线的产生

γ 射线可以从天然放射性原子核中产生,也可以从人工放射性原子核中产生。天然放射性同位素如镭 - 226、铀 - 235 等,这种天然放射性同位素不仅价格高,而且不能制成体积小而辐射能量高的射线源。射线探伤中使用 γ 射线源是由核反应制成的人工放射线源。应用较广的射线源有钴 - 60、铯 - 137 等,如钴 - 60 就是将其稳定的同位素钴 - 59 置于核反应堆中,获得中子而发生核反应制成的。

γ 射线与 X 射线虽然产生的机理不同,但同属电磁波,性质很相似,只不过 γ 射线的波长比一般 X 射线更短。

X 射线检测装置通常分为两大类:一类为移动式 X 射线机,另一类为携带式 X 射线机。移动式 X 射线机通常体积和重量较大,适合于实验室或车间使用,它们采用的电压、电流也较大,可以透照较厚的物体和工件。便携式 X 射线机体积小,重量轻,适用于流动性检验或大型设备的现场探伤。

γ 射线检测装置的结构比 X 射线检测装置要简单得多,且价格便宜、使用方便。γ 射线检测、探伤一般多采用照相方法进行工作。γ 射线检测装置使用灵活方便,不易发生故障,并且能够按照需要的情况发射一定宽度的锥形射线束或进行圆周曝光探测管形工件的缺陷。但必须很好地做到预防 γ 射线对人体的危害。

4. 射线检测的操作过程

射线检测包括 X 射线、γ 射线和中子射线等 3 种。对射线穿过物质后的强度检测方法有:直接照相法、间接照相法和透视法等多种。其中,对微小缺陷的检测以 X 射线和 γ 射线的直接照相法最为理想。其典型操作简单过程如下:

一般把被检物安放在离 X 射线装置或 γ 射线装置 0.5 ~ 1m 处,将被检物按射线穿透厚度最小的方向放置,把胶片盒紧贴在被检物的背后,让 X 射线或 γ 射线在一定时间内(几分钟或者十几分钟不等)进行充分曝光。把曝光后的胶片在暗室里显影、定影、水洗和干燥。再将干燥的底片放在显示屏上观察,根据底片的黑度和图像来判断缺陷的种类、大小和数量,随后按通行的要求和标准对缺陷进行等级分类。

5. 射线检测(照相法)的特点和适用范围

射线检测是一种常用于检测物体内部缺陷的无损检测方法。它几乎用于所有材料,检测结果(照相底片)可永久保存。但从检测结果很难辨别缺陷的深度,要求在被检测试件的两面都能操作,对厚的试件曝光时间需要很长。

对厚的被检测物来说,可使用硬 X 射线和 γ 射线;对薄的被检物则使用软 X 射线。射线穿透物质的最大厚度钢铁约为 450 mm、铜约为 350 mm、铝约为 1200 mm。

对于气孔、夹渣和铸造孔洞等缺陷,在 X 射线透射方向有较明显的厚度差别,即使很小的缺陷也较容易检查出来。而对于如裂纹等虽有一定的投影面积但厚度薄的一类缺陷,只有用与裂纹方向平行的 X 射线照射时,才能够检查出来,而用与裂纹面几乎垂直的射线照射时就很难查出来。因此,有时要改变照射方向来进行照相。

观察一张透射底片能够直接地知道缺陷的两维形状大小及分布,并能估计缺陷的种类,但无法知道缺陷厚度以及离表面的位置等信息。要了解这些信息,就必须要用不同照射方向的两张或者更多张底片。

在进行检测时,应注意到射线辐射对身体健康(包括遗传因素)的损害作用。X 射线在切断电缆后便不再发生,而同位素(如 γ 射线)是源源不断发生的。此外,还应特别注意,射线不只是笔直地向前辐射,它还可通过被检物、周围的墙壁、地板以及天花板等障碍进行反射与透射传播。其次还应注意,X 射线装置是在几万甚至几十万伏高电压下工作的,通常虽有充分的绝缘,但也必须注意防止意外的高压危险。

1.3.4　涡流检测

利用电磁感应原理,通过测定被检工件内感生涡流的变化来无损地评定导电材料及其工作的某些性能,或发现缺陷的无损检测方法称为涡流检测。在工业生产中,涡流检测是控制各种金属材料及少数非金属导电材料(如石墨、碳纤维复合材料等)及其产品品质的主要手段之一。与其他无损检测方法比较,涡流检测更容易实现自动化,特别是对管、棒和线材等型材有着较高的检测效率。

1. 涡流检测的基本原理

涡流检测是以电磁感应为基础的。当导电体靠近变化着的磁场或导体作切割磁力线运动时,由电磁感应定律可知,导电体内必然会感生出呈涡状流动的电流,即所谓的涡流。

设此涡流是因交变电流的检测线圈靠近导电体而生,则由电磁感应理论可知,与涡流伴生的感应磁场会与原磁场叠加,结果使得检测线圈的复阻抗发生改变。由于导电体内感生涡流的幅值、相位、流动形式以及其伴生磁场不可避免地要受导电体的物理以及其制造工艺性能的影响,因此通过检测线圈阻抗的变化即可评价被检材料或工件的物理或工艺性能并发现某些工艺性缺陷,此即涡流检测的基本原理。

2. 涡流检测的特点

由于涡流因电磁感应而生,因此进行涡流检测时,检测线圈不必与被检材料或工件紧密接触,不需要用耦合剂,检测过程也不影响被检材料或工件的使用性能。表 1 – 2 中列举了影响感生涡流特性的几种主要因素以及常规涡流检测的主要用途。

表 1 – 2　涡流检测的应用

检 测 目 的	影响涡流特性的因素	用 途
探伤	缺陷的形状、尺寸和位置	导电的管、棒、线材及零部件的缺陷检测
材质分选	电导率	混料分选和非磁性材料电导率的测定
测厚	检测距离和薄板厚度	覆膜和薄板厚度的测量

检测目的	影响涡流特性的因素	用　　途
尺寸检测	工件的尺寸和形状	工件尺寸和形状的控制
物理量测量	工件与检测线圈之间的距离	径向振幅、轴向位移及运动轨迹的测量

与其他无损检测方法比较,涡流检测具有如下特性:

(1)不需要耦合剂,易于实现管、棒、线材高速、高效的自动化检测。

(2)由于实行非接触式检测,所以检测速度更快。

(3)对导电材料表面和近表面缺陷的检测灵敏度较高。

(4)应用范围广,除可用于检测缺陷外,还可用于检测材质的变化、形状与尺寸的变化等。

(5)可在高温、薄壁管、细线、零件内孔表面等其他检测方法不适用的场合实施检测。

虽然涡流检测有以上诸多优点,但比较而言,当需要对形状复杂的机械零部件进行全面检测时,涡流检测效率相对较低。在工业探伤中,仅依靠涡流检测通常也难以区分缺陷的种类和形状。涡流检测适用于由钢铁、有色金属以及石墨等导体材料所制成的试件,而不适用于玻璃、石头和合成树脂等非导体材料的检测。

从检测对象来说,涡流方法适用于如下项目检测:

(1)缺陷检测:检测试件表面或接近表面的内部缺陷。

(2)材质检测:检测金属的种类、成分、热处理状态等变化。

(3)尺寸检测:检测试件的尺寸、涂抹厚度、腐蚀状况和变形情况。

(4)形状检测:检测试件形状的变化情况。

近年来涡流检测不断向更广阔的领域扩展,出现了一些非常规的涡流检测新技术(见表1-3),扩大了涡流检测的应用范围。

表1-3　涡流检测新技术

涡流检测新技术	应用领域
阻抗平面显示	用C扫描技术在荧光屏上显示阻抗曲线,给出信号的幅值和相位信息,可很方便地鉴别出干扰信号和有用信号
多频涡流检测	几个频率同时工作,能成功抑制多个干扰因素,同时得到由多个频率信号反应出来的差动或绝对信号的矢量信息。可实现信号的自动处理、存储和回放
远场涡流检测	基于远场涡流效应原理,对非磁性和铁磁性导电管上的内、外壁缺损具有相同的灵敏度且不受趋肤效应的制约,是一种最有发展前途的管道检测技术
深层涡流检测	低频涡流和多频涡流技术结合的成果。低频增大渗透深度,多频抑制干扰,从而可以检测较深部位的缺陷

1.3.5　磁粉探伤

利用磁粉的聚集显示磁铁性材料及其工具表面与近表面缺陷的无损检测方法称为磁粉检测法。此方法即可用于板材、型材、管材、锻造毛坯等原材料及半成品或成品表面与近表面质量的检测,也可以用于重要机械设备、压力容器及石油化工设备的定期检查。

1. 磁粉检测的基本原理

把一根中间有横向裂纹的强磁性材料(钢铁等)试件进行磁化处理后,可以认为磁化的材料是许多小磁铁的集合体。在没有缺陷的连续部分,由于小磁铁的 N、S 磁极互相抵消,而不呈现出磁极;而在裂纹等缺陷处,由于磁性的不连续性则呈现磁极。在缺陷附近的磁力线绕过空间出现在外面,此即缺陷磁漏,如图 1 – 15 所示。缺陷附近所产生的称为缺陷的漏磁的磁场,其强度取决于缺陷的尺寸、位置及试件的磁化强度等。这样,当磁粉散落在试件上时,在裂纹处就会吸附磁粉。磁粉检测就是利用磁化后的试件材料在缺陷处会吸附磁粉,以此来显示缺陷存在的一种检测方法。

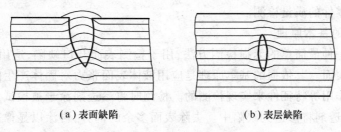

(a)表面缺陷　　　　　　　　　　(b)表层缺陷

图 1 – 15　缺陷漏磁

2. 磁粉检测的特点

(1)可以直观地显示出缺陷的形状、位置和大小,并能大致确定缺陷的性质。

(2)检测灵敏度高,可检出宽度仅为 $0.1\mu m$ 的表面裂纹。

(3)应用范围广,几乎不受被检工件大小及几何形状的限制。

(4)工艺简单,检测速度快,费用低廉。

(5)只能局限于检测能被显著磁化的铁磁性材料(Fe、Co、Ni 及其合金)及由其制作的工件表面与近表面缺陷;不能用于抗磁性材料(如 Cu)及顺磁性材料(如 Al、Cr、Mn)。

3. 磁粉检测的基本步骤

(1)表面预处理:用有机溶剂清洗试件表面上可能存在的油污、铁锈、氧化皮、毛刺、焊渣等。用干粉时还要使试件的表面干燥。

(2)磁化:磁化是磁粉检测的关键步骤。首先应根据缺陷特性与试件形状选定磁化方法,其次还应根据磁化方法、磁粉、试件的材质、形状、尺寸等确定磁化电流值,使得试件的表面有效磁场密度达到试件材料饱和磁通量密度的 80% ~90%。

(3)施加磁粉:

① 干法:用干燥磁粉进行磁粉检测的方法称为干法。用干法检测时,磁粉与被检工件表面先要充分干燥,然后用喷粉器或其他工具将呈雾状的干燥磁粉施于被检工件表面,形成薄而均匀的磁粉覆盖层,同时用干燥的压缩空气吹去局部堆积的多余磁粉。

② 湿法:磁粉悬浮在油、水或其他载体中进行磁粉检测的方法称为湿法。与干法相比较,湿法具有更高的检测灵敏度,特别适合于检测如疲劳裂纹一类的细微缺陷。

(4)磁痕观察与记录:磁粉痕迹的观察是在施加磁粉后进行的。用非荧光磁粉时,在光线明亮的地方进行观察;而用荧光磁粉时,则在暗室用紫外线灯进行观察。应注意,在材质改变的界面处和截面大小突然变化的部位,即使没有缺陷,有时也会出现磁粉痕迹,此即假痕迹。要确认磁粉痕迹是不是缺陷,需要用其他检测方法重新进行检测才能确定。

(5)退磁:在大多数情况下,被检工件上带有剩磁是有害的,故需要退磁。所谓退磁就是将被检工件内的剩磁减小到不妨碍使用的程度。

（6）后处理：磁粉检测以后，应清理掉被检表面残留的磁粉或磁悬液。油磁悬液可用汽油等溶剂清除；水磁悬液应先用水进行清洗，然后干燥。如有必要，可在被检表面涂覆防护油，干粉可以直接用压缩机空气清除。

1.3.6　渗透检测

渗透检测不受被检部件的形状、大小、组织结构、化学成分和缺陷方位的限制，可广泛适用于锻件、铸件、焊接件等各种加工工艺的质量检验，以及金属、陶瓷、玻璃、塑料、粉末冶金等各种材料制造的零件的质量检测。

1. 渗透检测的基本原理

渗透检测是一种最简单的无损检测方法，用于检测表面开口缺陷，适用于所有材质的试件和各种形状的表面。其依据的基本原理是应用液体表面张力对固体产生的浸润作用，以及液体的相互乳化作用等特征性来实现检测的。检测时将渗透剂涂于被检试件的表面，当表面有开口缺陷时，渗透剂将渗透到缺陷中。去除表面多余的部分，再涂以显像剂，在适当的光线下即可显示放大了的缺陷图像的痕迹，从而能够用肉眼检查出试件表面的开口缺陷。渗透检测的原理如图 1 − 16 所示。

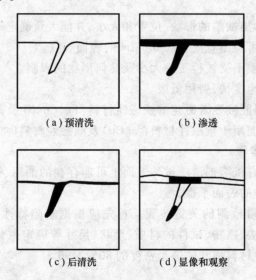

(a)预清洗　　　　　　(b)渗透

(c)后清洗　　　　　　(d)显像和观察

图 1 − 16　渗透检测的原理

2. 渗透检测的特点和适用范围

（1）渗透法的最小检出尺寸即灵敏度取决于检测剂的性能、检测方法、检测操作和试件表面粗糙度等因素，一般约为深 $20\mu m$，宽 $1\mu m$；此外，在荧光渗透检测时，若使用荧光辉度高的渗透液，在检测的同时在试件上加交应变力，可进一步提高检测的灵敏度。

（2）检测效率高，对于形状复杂的试件或在试件上同时存在有多个缺陷时，只需要一次检测操作即可完成。

（3）适用范围广，检测一般不受试件材料的种类及外形轮廓的限制。

（4）设备简单，便于携带，操作简便。但是检测结果受试件表面粗糙度的影响，同时还受检测操作人员技术水平的影响；只能检测表面开口缺陷，对多孔性材料的检测仍很困难，无缺陷深度显示;不宜实现自动检测。

各种渗透检测法的适用范围如表 1 - 4 所示。

表 1 - 4 各种渗透检测方法的适用范围

适用范围 \ 检测方法	水洗型荧光法	后乳化型荧光法	溶剂去除型荧光法	水洗型着色法	后乳化型着色法	溶剂去除型着色法
微细的裂纹、宽而浅的裂纹	△				△	
表面粗糙的试件	△			△		
大型试件的局部检测			△			△
疲劳裂纹、磨削裂纹		△	△			
遮光有困难的场合				△	△	
无水、无电的场合						△

3. 渗透检测的操作步骤

(1) 预清洗:零件在使用渗透液之前必须进行预清洗,用来去除零件表面的油脂、铁屑、铁锈以及各种涂料等,防止这些污物堵塞缺陷,阻塞渗透液的渗入,也防止油污污染渗透液,同时还可防止渗透液存留在这些污物上产生虚假显示。

(2) 渗透:将渗透液覆盖被测零件的表面,覆盖的方法有喷涂、刷涂、流涂、静电喷涂或浸涂等多种方法。实际工作中,应根据零件的数量、大小、形状以及渗透液的种类来选择具体的覆盖方法。一般情况下,渗透剂的使用温度为 15 ~ 40℃。根据零件的不同、要求发现缺陷的种类不同、表面状态的不同和渗透剂的种类不同选择不同的渗透时间,一般渗透时间为 5 ~ 20 min。渗透时间包括浸涂的时间和滴落的时间。

对于有些零件在渗透的同时可给零件加载荷,使细小的裂纹张开,有利于渗透剂的渗入,以便可检测到细微的裂纹。

(3) 乳化处理:为了使渗透液容易被水清洗,对某些渗透液有时还要进行乳化处理,喷上乳化液。

(4) 清洗多余的渗透剂:在涂覆渗透剂并经适当的时间保持之后,应从零件表面去除多余的渗透剂,但又不能将已渗入缺陷中的渗透剂清洗出来,以保证取得最高的检验灵敏度。

(5) 干燥:干燥的目的是去除零件表面的水分。溶剂型渗透剂的去除不必进行专门的干燥过程。用水洗的零件,若采用干粉显示或非水湿型显像工艺,在显像前必须进行干燥;若采用含水湿型显像剂,水洗后可直接显像,然后进行干燥处理。

干燥的方法有:干净的布擦干、压缩空气吹干、热风吹干、热空气循环烘干等方法。

(6) 显像:将显像剂涂敷在试件表面,残留在缺陷中的渗透剂就会被显像剂吸出,到表面上形成放大的带色显示痕迹。此过程中,显像剂吸出全部渗透剂并使其充分扩散的时间称为显像时间。

根据显像剂的不同,显像方式分为:干式、水型和非水型,也有不加显像剂的自显法。零件表面涂敷的显像剂要施加均匀,且一次涂覆完毕,一个部位不允许反复涂覆。

(7) 观察:荧光渗透检测的观察必须在暗室内用紫外线灯照射。而着色渗透检测法在一定亮度的可见光下即可观察出红色的缺陷痕迹。对于某些虚假显示,可用干净的布或棉球沾少许酒精擦拭显示部位,擦拭后显示部位仍能显示的为真实缺陷显示,不能再现的为虚假显示。检验时可根据缺陷中渗出渗透剂的多少来粗略估算缺陷的深度。

（8）后处理：检测结束后，应及时将零件表面的残留渗透剂和显像剂清洗干净，以防腐蚀检测表面。

4. 渗透检测方法

根据不同的渗透液和不同的清洗方式，渗透检测法可以分为几种类型。

（1）根据渗透液的不同色调，渗透检测可分为荧光法和着色法两种。其中，荧光渗透检测法是采用含荧光材料的渗透液进行检测，它用波长为（360±30）nm 的紫外线进行照射，使缺陷显示痕迹发出黄绿色的光线。荧光渗透检测的观察必须在暗室采用紫外线灯进行。而着色渗透检测法是采用含红色染料的渗透液进行检测的，它在自然光或白日光下可以观察出红色的缺陷裂痕。与荧光渗透法相比，着色渗透检测法受场所、电镀和检测装置等条件的限制较小。

（2）根据清洗渗透液形式的不同，可以分为水洗型渗透检测法、后乳化型渗透液检测法和溶剂去除型渗透检测法 3 种。水洗型渗透液可以直接用水清洗干净；而后乳化型渗透液要把乳化剂加到试件表面的渗透液上以后，再用水洗净；溶剂去除型渗透检测法所用的渗透液要用有机溶剂进行清除。

1.3.7　无损检测新技术

随着科学技术的发展，无损检测的新技术和新方法也越来越多，其中与热加工和新型材料领域密切相关的无损检测技术有激光全息、声振（声阻）、微波、声发射和红外等检测技术。

思　考　题

1. 什么叫机械故障？按照不同的分类方法可以把机械故障分为哪些形式？
2. 机械故障形成的原因有哪些？
3. 机械零部件发生变形的原因是什么？如何从维修、保养的角度出发防止零件产生变形失效？
4. 断裂的断口形貌有哪几种？
5. 什么是腐蚀？防止腐蚀的方法有哪些？
6. 用实例解释机械故障规律曲线？
7. 常规无损检测方法有哪几种？其原理是什么？这些方法能够检测什么类型的缺陷？
8. 射线有何特性？射线检测的基本原理是什么？
9. 磁粉检测的基本原理是什么？磁粉检测有何特点？
10. 渗透检测有何特点？如何操作？

第2章 机械零件修复技术

失效的机械零件大部分可以应用各种修复技术修复后重新使用。修复失效的机械零件与直接更换零件相比具有以下优点:修复一般可以节约原材料,节约加工以及拆装、调整、运输等费用,降低维修成本;可以避免因某些备件不足而等待配件,有利于缩短停修时间,提高设备利用率;可以减少设备储备量,从而减少资金的占用;一般不需要精、大、稀关键设备,易于组织生产;利用新技术修复旧件还可提高零件的某些性能。

修复技术是机修行业修理技术中的重要组成部分,合理地选择和运用修复技术,是提高维修质量、节约资源、缩短停修时间和降低维修费用的有效措施。尤其对贵重、大型、加工周期长、精度要求高、需要特殊材料和特种加工的零件,其意义就更为突出。

2.1 焊接修复技术

通过加热或加压,或两者并用,并且用或不用填充材料,借助于金属原子扩散和结合,使分离的材料牢固地连接在一起的加工方法称为焊接。将焊接技术用于维修工作时称为焊修。

大部分损坏的机械零件都可以用焊接方法修复。焊接材料、设备和焊接方法较为齐备、成熟,多数工艺简便易行。焊修突出特点是结合强度高,不但可修复零件的尺寸、形状,赋予零件表面以某些特殊性能(如耐磨、耐冲击等),而且可焊补裂纹与断裂,修补局部损伤(如划伤、凹坑、缺损等),局部修换,也能切割分解零件,还可用于校正形状,给零件预热和热处理。一般情况下,焊修质量好、效率高、成本低、灵活性大。但焊接加热温度高,会使零件产生内应力和变形,一般不宜修复较高精度、细长和薄壳类零件,同时容易产生气孔、夹渣、裂纹等缺陷,还会使淬火件退火,焊接还要受到零件可焊性的影响。

焊修的缺点随着焊接技术发展和采取相应工艺措施,大部分可以克服,因此应用广泛。根据提供热能的不同方式,焊修可分为电弧焊、气焊和等离子焊等;按照焊修的工艺和方法不同,又可分为补焊、堆焊、喷焊和钎焊等。

2.1.1 补焊

1. 钢制零件的补焊

对钢进行补焊主要是为修复裂纹和补偿磨损尺寸。钢的品种繁多,其可焊性差异很大,这主要与钢中的碳合金元素的含量有关。一般来说,含碳量越高、合金元素种类和数量越多,可焊性越差。可焊性差主要指在焊接时容易产生裂纹,钢中碳、合金元素含量越高,尤其是磷和硫,出现裂纹的可能性越大。钢的裂纹可分为焊缝金属在冷却时发生的热裂纹和近焊缝区母材上由于脆化发生的冷裂纹两类。

热裂纹只产生在焊缝金属中,具有沿晶界分布的特点,其方向与焊缝的鱼鳞状波纹相垂直,在裂纹的断口上可以看到发蓝或发黑的氧化色彩。产生热裂纹的主要原因是焊缝中碳和硫含量高,特别是硫的存在,在结晶时,所形成的低熔点硫化铁以液态或半液态存在于晶间层中形成极脆弱的夹层,因而在收缩时即引起裂纹。

冷裂纹主要发生在近焊缝区的母材上,产生冷裂纹的主要原因是钢材的含碳量增高,其淬火倾向相应增大,母材近缝区受焊接热的影响,加热和冷却速度都大,结果产生低塑性的淬硬组织。另外,焊缝及热影响区的含氢量随焊缝的冷却而向热区扩散,那里的淬硬组织由于氢作用而碳化,即因收缩应力而导致裂纹产生。

机械零件补焊比钢结构焊接较为困难,主要由于机械零件多为承载件,除有物理性能和化学成分要求外,还有尺寸精度和几何精度要求及焊后可加工性要求。而零件损伤多是局部损伤,在补焊时要保持其他部分的精度,其多数材料可焊性较差,但又要求维持原强度,则焊材与母材匹配困难,因而焊接工艺要严密合理。

(1)低碳钢零件:低碳钢零件的可焊性良好,补焊时一般不需要采取特殊的工艺措施。手工电弧焊一般选用 J42 型焊条即可获得满意的结果,若母材或焊条成分不合格、碳偏高或硫过高,或在低温条件下补焊刚度大的工件时,有可能出现裂纹,这时要注意选用抗裂性优质焊条。例如,J426、J427、J506、J507 等,同时采用合理的焊接工艺以减少焊接应力,必要时预热工件。

(2)中、高碳钢零件:中、高碳钢零件,由于钢中含碳量的增高,焊接接头容易产生焊缝内的热裂纹,热影响区内由于冷却速度快而产生的低塑性淬硬组织引起的冷裂,焊缝根部主要由于氢的渗入而引起的氢致裂纹等。

为了防止中、高碳钢零件补焊过程中产生的裂纹,可采取以下措施:

① 焊前预热:预热是防止产生裂纹的主要措施,尤其是工件刚度较大,预热有利于降低热影响区的最高硬度,防止冷裂纹和热应力裂纹,改善接头塑性,减少焊后残余应力。焊件的预热温度根据含碳量或碳当量、零件尺寸及结构来确定。中碳钢一般约为 150 ~ 250℃ ,高碳钢为 250 ~ 350℃ 。某些在常温下保持奥氏体组织的钢种〔如高锰钢〕无淬硬情况可不预热。

② 选用合适的焊条:根据钢件的工作条件和性能要求选用合适的焊条,尽可能选用抗裂性能较强的碱性低氢型焊条以增强焊缝的抗裂性能,特殊情况也可用铬镍不锈钢焊条。

③ 选用多层焊:多层焊的优点是前层焊缝受后层焊缝热循环作用使晶粒细化,改善性能。

④ 设法减少母材熔入焊缝金属中的比例。例如,焊接坡口的制备,应保证便于施焊,但要尽量减少填充金属。

⑤ 加强焊接区的清理工作。彻底清除油、水、锈以及可能进入焊缝的任何氢的来源。

⑥ 焊后热处理:为消除焊接部位的残余应力,改善焊接接头性能(主要是韧性和塑性),同时加速扩散氢的逸出,减少延迟裂纹的产生,焊后必须进行热处理,一般中、高碳钢焊后先采取缓冷措施,并进行高温回火,推荐温度为 600 ~ 650 ℃ 。

2. 铸铁件的补焊

铸铁由于具有突出的优点,所以至今仍是制造形状复杂、尺寸庞大、易于加工、防振耐磨的基础零件的主要材料。铸铁零件在机械设备零件中所占的比例较大,且多数为重要基础件。由于这些铸铁件多是体积大、结构复杂、制造周期长、有较高精度要求,而且不作为常备件储备,所以它们一旦损坏很难更换,只有通过修复才能使用。焊接是铸铁件修复的主要方法之一。

(1) 铸铁件补焊的难点。铸铁件含碳量高,组织不均匀、强度低、脆性大,是一种对焊接温度较为敏感、可焊性差的材料,其补焊难点主要有以下几方面:

① 焊缝区易产生白口组织。铸铁含碳量高,从熔化状态遇到骤冷易白口化(指熔合区呈现白亮的一片或一圈),它脆而硬,难以进行切削加工,其产生原因是母材吸热使冷却迅速,石墨来不及析出而形成 Fe_3C。

② 铸铁组织疏松(尤其是长期需润滑的零部件),组织浸透油脂,可焊性进一步降低,易产生气孔等。

③ 由于许多铸铁零件的结构复杂、刚性大,补焊时容易产生大的焊接应力,在零件的薄弱部位就容易产生裂纹,裂纹的部位可能在焊缝上,也可能在热影响区内。

④ 铸件损坏,应力释放,粗大晶粒容易错位,不易恢复原来的形状和尺寸精度。

因此,在对铸铁件进行焊修时,要采取一些必要措施,才能保证质量。例如,在焊前预热和焊后缓冷、调整焊缝的化学成分、采用小电流焊接减少母材熔深等措施可以防止白口组织的产生,而通过采取减小补焊区和工件整体之间的温度梯度或改善补焊区的膨胀和收缩条件等几方面的措施可以防止裂纹的产生。

(2) 铸铁件补焊的种类。铸铁件的补焊分为热焊和冷焊两种,需要根据外形、强度、加工性、工作环境、现场条件等特点进行选择。

① 热焊:指焊前对工件进行高温预热(600 ℃ 以上)。焊后加热、保温、缓冷,用气焊和电弧焊均可达到满意的效果。热焊的焊缝与基体的金相组织基本相同。焊后机加工容易,焊缝强度高、耐水压、密封性能好。特别适合铸铁件毛坯或机加工过程中发现基体缺陷的修复,也适合于精度要求不太高或焊后可通过机加工修整达到精度要求的铸铁件。但是,热焊需要加热设备和保温炉,劳动条件差,周期长,整体预热变形较大,长时间高温加热氧化严重,对大型铸铁来说,应用受到一定限制。热焊主要用于小型或个别有特殊要求的铸铁焊补。

② 冷焊:指在常温下或仅低温预热进行焊接,一般采用手工电弧焊或半自动电弧焊。冷焊操作简便、劳动条件好,施焊时间较短,具有更大的应用范围,一般铸铁件多采用冷焊。

铸铁冷焊时要选用适当的焊条、焊药,使焊缝得到适当的组织和性能,以便焊后加工和减轻加热冷却时的应力危害。采取一系列工艺措施,尽量减少输入机体的热量,减小热变形,避免气孔、裂纹、白口化等。

常用的国产铸铁冷焊焊条有氧化型钢芯铸铁焊条(Z100)、高钒铸铁焊条(Z116、Z217)、纯镍铸铁焊条(Z238)、镍铁铸铁焊条(Z408)、镍铜铸铁焊条(Z508)、铜铁铸铁焊条(Z607、Z612)以及奥氏体铁铜焊条等,分别应用于不同场合。铸铁件常用的补焊方法如表 2 - 1 所示。

3. 有色金属的补焊

机械设备中常用的有色金属有铜及铜合金、铝及铝合金等。因它们的热导率高、线膨胀系数大、熔点低,高温状态下脆性大、强度低,很容易氧化,所以可焊性差,补焊比较复杂与困难。下面以铜及铜合金焊修为例。

表 2 – 1　常用铸铁件补焊方法

补焊方法		要　点	优　点	缺　点	适　用　范　围
气焊	热焊	焊前预热至 600℃ 左右，保温缓冷	焊缝强度高，裂纹、气孔少，不易产生白口，易于修复加工	工艺复杂，加热时间长，容易变形，准备工序的成本高，修复周期长	焊补非边角部位，焊缝质量要求高的场合
	冷焊	焊前不预热，只用焊炬烘烤坡口周围后加热减应区（铸铁件上被先加热，并在施焊中保持与焊缝同时冷却的区域），焊后缓冷	不易产生白口，焊缝质量好，基体温度低，成本低，易于修复加工	要求焊工技术水平高，对结构复杂的零件难以进行全方位焊补	适于焊补边角部位
电弧焊	热焊	采用铸铁芯焊条，预热、保温、缓冷	焊后易于加工，焊缝性能与基体相近	工艺复杂、易变形	应用范围广泛
	半热焊	采用钢芯石墨型焊条，预热至 400℃ 左右，焊后缓冷	焊缝强度与基体相近	工艺较复杂，切削加工性不稳定	用于大型铸件，缺陷在中心部位，而四周刚度大的场合
	冷焊	用铜铁焊条冷焊	焊件变形小，焊缝强度高，焊条便宜，劳动强度低	易产生白口组织，切削加工性能差	用于焊后不需加工的地方，应用广泛
		用镍基焊条冷焊	焊件变形小，焊缝强度高，焊条便宜，劳动强度低，切削加工性能好	要求严格	用于零件的重要部位，薄壁件的修补，焊后需要加工
		用纯铁芯焊条或低碳钢芯铁粉型焊条冷焊	焊接工艺性能好，焊接成本低	易产生白口组织，切削加工性能差	用于非加工面的焊接
		用高钒焊条冷焊	焊缝强度高，加工性能好	要求严格	用于补焊强度要求较高的厚件及其他部件
钎焊		用热焊火焰加热，铜合金做钎料，母材不熔化，焊后不易裂，加工性好，强度因钎料而异			

铜在补焊过程中，容易氧化，生成氧化亚铜，使焊缝的塑性降低，促使产生裂纹；铜的导热性强，比钢大 5 ~ 8 倍，补焊时必须用高而集中的热源；热胀冷缩量大，焊件易变形，内应力增大；合金元素的氧化、蒸发和烧损，改变合金成分，引起焊缝力学性能降低，产生裂纹、气孔、夹渣；铜在液态时能溶解大量氢气，冷却时过剩的氢气又来不及析出，而在焊缝熔合区形成气孔，这是铜及铜合金焊补后常见的缺陷之一。

针对上述特点，要保证补焊的质量，必须重视以下问题：

（1）补焊材料及选择：

① 电焊条：目前国产的主要有 TCu（T107），用于补焊铜结构件；TCuSi（T207），用于补焊硅青铜；TCuSnA 或 TCuSnB（T227），用于补焊磷青铜、紫铜和黄铜；TCuAl 或 TCuMnAl（T237），用于补焊铝青铜及其他铜合金。

② 气焊和氩弧焊补焊时用的焊丝。常用的有 SCu – 1 或 SCu – 2（丝 201 或丝 202），用于补焊紫铜；SCuZn – 3（丝 221），用于补焊黄铜。

③ 用气焊补焊紫铜和黄铜合金时,也可使用焊粉。

(2)补焊工艺:补焊时必须要做好焊前准备,对焊丝和焊件进行表面清理,开 60°~90° 的 V 形坡口。施焊时要注意预热,一般温度为 300~700℃,注意补焊速度,遵守补焊规范、锤击焊缝;气焊时选择合适的火焰,一般为中性焰;电弧焊则要考虑焊法,焊后要进行热处理。

2.1.2　堆焊

堆焊是用焊接的方法,即利用火焰、电弧、等离子弧等热源将堆焊材料熔化,靠自身重力在工件表面堆覆成耐磨、耐蚀、耐热涂层的工艺方法。堆焊开始是对已损坏了工件进行修复,使其恢复尺寸,并使其表面性能得到一定程度的加强,堆焊发展到现在已具有工件的修复与表面强化两大功能。

特别是一些大型件,给许多行业,如船舶、军工、电站、冶金等行业,解决了一些长期难解决的问题,取得了巨大的经济效益。用堆焊修复工件不仅可修复尺寸,还可通过合理选择焊层材料等工作,改善和提高其表面性能,将修复和强化两种功能结合起来,使工件的使用寿命超过原设计水平。例如,某钢铁公司用新研制的堆焊条修复煤粉碎缩分机上三级破碎板,使用寿命由 23 次提高到 180 次。

1. 堆焊的特点

(1)堆焊层金属与基体金属有很好的结合强度,堆焊层金属具有很好的耐磨性和耐蚀性。

(2)堆焊形状复杂的零件时,对基体金属的热影响最小,防止焊件变形和产生其他缺陷。

(3)可以快速得到大厚度的堆焊层,生产率高。

2. 堆焊方法的分类

(1)电弧堆焊:电弧堆焊是将焊条与工件分别接在电源上,通过气体电弧放电产生的热量将焊条周期性熔化成滴,并使焊条金属、药皮与工件表面层局部熔化,形成熔池,冷却后形成堆焊层的工艺方法。即先由焊条电阻热和电弧传给焊条端部的使焊芯端部金属熔化,熔滴长大到极限尺寸时,便脱离焊芯,以滴的形式穿过电弧空间,进入母材表面熔池内。随后,焊丝端部的熔滴又重新形成,长大以滴的形式进入熔池,周期性地进行。

① 手工电弧堆焊:手工电弧堆焊是应用最为广泛的堆焊方法。手工电弧堆焊与手工电弧焊接相同,是将焊条与工件分别接到电源的两极(见图 2-1),电弧引燃后,焊条与表面熔化成熔池,冷却后形成堆焊层。手工电弧堆焊所用设备简单,操作方便,适于现场或野外作业。通过实心焊条和管状焊芯几乎能获得所有的堆焊合金层,满足各类零件表面强化和修复的需要,因此,目前仍是一种主要的堆焊工艺。

手工电弧堆焊多用于磨损失效件的修复,例如用高锰钢丝堆焊焊条修复装煤机耙齿;用 Fe-Mn-Ni-C 双相自强化钢焊条堆焊,可修复钢厂大型齿轮磨损部位;挖掘机斜斗在沙性土壤中工作,主要是低应力磨料磨损,同时受冲击力,多采用马氏体钢堆焊;常温低压阀门密封面可堆焊铜基合金;中温低压阀门密封面可堆焊高铬不锈钢。

手工电弧堆焊的堆焊规范对堆焊质量和生产率有重要影响,其中包括焊条的选择、焊条直径、堆焊电流、堆焊速度、零件的预热温度等。首先要注意堆焊材料的选择,对一般金属间磨损件表面强化与修复,可遵循等硬度原则来选择堆焊材料;对承受冲击负荷的磨损表面,应综合分析确定堆焊材料;对腐蚀磨损、高温磨损件表面强化或修复,应根据其工作条件与失效

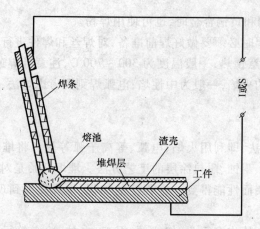

图 2 - 1　手工电弧堆焊示意图

特点确定合适的堆焊材料。

堆焊焊条的直径、堆焊层数和堆焊电流一般由所需堆焊层厚度确定,如表 2 - 2 所示。为了防止堆焊层和热影响区产生裂纹,减少零件变形,通常要对堆焊区域进行预热和焊后缓冷。

表 2 - 2　堆 焊 规 范

堆焊层厚度/mm	< 1.5	< 5	≥ 1.5	堆焊层数	1	1 ~ 2	2 以上
焊条直径/mm	3.2	4 ~ 5	5 ~ 6	堆焊电流/A	80 ~ 100	140 ~ 200	180 ~ 240

② 振动电弧堆焊:振动堆焊是焊丝以一定频率和振幅振动的电脉冲自动堆焊。其工作原理如图 2 - 2 所示。

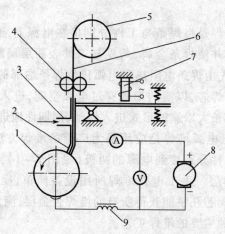

图 2 - 2　振动电弧堆焊工作原理
1—工件;2—焊嘴;3—保护气入口;4—送丝轮;5—焊丝盘;
6—焊丝;7—电磁振荡器;8—电源;9—电感调节器

焊丝接电源正极,工件经电感调节器接电源负极。工件按箭头方向旋转,焊丝在送丝轮及电磁振荡器的共同作用下,以一定频率和振幅振动并送进,经焊嘴到达工件表面,在焊丝与工件接触、断开过程中产生短路和脉冲电弧放电,使焊丝金属以较小的熔滴稳定而均匀地过渡到工件表面,形成薄而均匀的焊道。为提高焊道质量,在焊道通入保护气体以隔离空气中的有害气体,保护熔池。根据保护气体的不同可分为水蒸气保护振动堆焊和二氧化碳保护振动堆焊。

振动电弧堆焊主要有以下特点:

- 由于采用细焊丝、低电压、脉冲引弧及有规律的小熔滴短路过渡等方法,能得到薄而均匀的堆焊层,其厚度的范围可以控制在 0.5 ~ 3.0 mm。
- 电弧功率小,可使工件变形小、熔深浅、热影响区窄。
- 在堆焊区加冷却液,可以减小变形和硬化表面层,从而增加耐磨性、减小热影响区的宽度和降低稀释率。
- 焊接过程自动化,生产效率高,劳动条件好。

这种堆焊方法很适合于直径较小、要求变形小的旋转体零件(如轴类、轮类)特别是对已经热处理,要求焊后不降低硬度的零件堆焊尤为合适。

(2) 埋弧堆焊:埋弧堆焊是在电弧高温作用下使焊剂熔化,形成一个覆盖在熔池上面的熔渣层,隔绝大气对堆焊金属的作用,熔化的金属与溶剂蒸发形成的蒸气在熔渣层下形成一个密封的空腔,电弧在空腔内燃烧,使焊条熔化,即电弧埋在熔剂层下面进行堆焊。埋弧堆焊(都)是机械化自动生产,所以称为埋弧自动堆焊或熔剂层下自动堆焊,如图 2 - 3 所示。

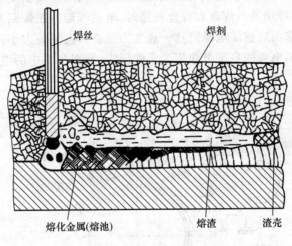

图 2 - 3 埋弧自动堆焊过程

焊剂的保护效果取决于焊剂的粒度与结构。多孔性的浮石状焊剂比玻璃状焊剂表面积大,吸收的气体大,保护效果差。焊剂的粒度越大,其比体积越大,透气性越大,保护性效果越差。但是,如果焊剂比体积过小,阻碍熔池中产生的大量气体外逸,会使焊层出现气孔等缺陷。由于气体的热膨胀作用,空腔内蒸气压力略高于大气压力。此压力与电弧的"磁吹"作用共同排挤熔化金属,使其离开电弧底部而挤向后面,加深了基体金属的熔深。与熔化金属一同挤向熔池温度较低部位的熔渣,密度较小,在流动过程中逐渐与熔化金属分离而上浮,分布在熔池的上部。熔渣的熔点较低,约 1 100 ~ 1 250 ℃,凝固较晚,不仅保护了熔池中的金属,而且减慢了堆焊金属的冷却速度。金属在液态下存在的时间长,促进了金属、熔渣和气体之间的反应更加完全,有利于清除熔池金属中的非金属夹杂、夹渣和气体,得到化学成分较均匀的堆焊层。埋弧自动堆焊的优点如下:

① 堆焊层质量好。由于焊渣层对电弧空间的保护,减少了堆焊层的氮、氢、氧含量。由

于熔渣层的保温作用,熔化金属与熔渣、气体的冶金反应比较充分,使堆焊层的化学充分和性能比较均匀,堆焊层表面光滑平整。由于焊剂中的合金元素对堆焊金属的过渡作用,能够根据零件的工作条件的需要,选用相应的焊丝和焊剂,获得满意的堆焊层。

② 埋弧堆焊层存在残余压应力,有利于提高修复零件的疲劳强度。

③ 埋弧堆焊在焊渣层下面进行,减少了金属飞溅,消除了弧光对工人的伤害,产生的有害气体少,从而改善了劳动条件。

④ 埋弧堆焊都是机械化、自动化生产,采用比手工电弧堆焊、振动电弧堆焊高得多的电流,因而生产力率高,比手工电弧堆焊高 10 倍。埋弧自动堆焊的工艺和技术比手工电弧堆焊复杂,热影响区大,主要用于尺寸比较大、不易变形的零件的表面强化与修复。

图 2 - 4 所示为埋弧自动堆焊设备示意图,焊接的工件被夹持在堆焊机床上旋转。送丝机构、焊丝导管、焊剂软管、焊剂箱等固定在机床的横拖板上,以一定速度沿横向移动。堆焊电源的正极接于焊丝,负极接于工件。送丝机构使焊丝均匀送进。焊剂经软管流向焊丝端部覆盖电弧。用渣刀刮下的凝固的渣壳,通过筛子收集到焊剂箱内,以供再用。机床的转速为 0.3 ~ 10 r/min,无级调整。堆焊螺距为 2.3 ~ 6 mm,堆焊回路中电流发生变化时,用电感器产生的自感电动势阻碍电流变化。电源电压变化或堆焊表面条件发生变化时,电感器对电弧瞬时的波动有稳定作用,特别是当焊条和焊丝短路时,电感器能限制短路电流的增长速度,使短路电流不致过大。在采用硅整流电源时这一点尤为重要。电感值太小,短路电流增长速度过大,电感值过大,将影响电弧的自调节作用。实践证明,堆焊回路中的电感值选 0.2 ~ 0.3 mH 较好。

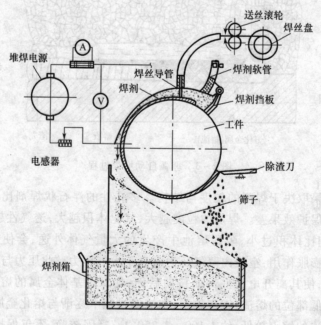

图 2 - 4　埋弧自动堆焊设备示意图

堆弧自动堆焊工艺材料主要由焊丝与焊剂两部分组成。它们对堆焊的成分与性能,堆焊工艺都起重要作用。因此,正确选用堆焊材料是至关重要的。

埋弧堆焊的焊剂主要有以下两方面作用:

① 形成焊渣层,保证电弧稳定燃烧,保护熔池不侵入空气,防止熔化金属的氧化,减少熔化金属飞溅和烧损,防止堆焊产生裂纹。

② 过渡合金元素,改善堆焊层的成分与组织。为此,在焊剂中常添加一些合金元素,例如,为补充烧损的碳,焊剂中添加碳粉。表 2 – 3 中给出埋弧焊的焊剂成分、特点及应用。

表 2 – 3　埋弧焊所用焊剂特点及应用

统一编号	焊剂类型	特 点 及 应 用
焊剂 130	无锰高硅低氟	交直流两用,配合 H10Mn2 高锰焊丝或其他低合金钢焊丝用于焊接低碳钢或普低钢结构
焊剂 131	无锰高硅低氟	交直流两用,配合镍基焊丝焊接薄板结构
焊剂 150	无锰中硅中氟	直流电源,配合 H2Cr13 或 H3Cr13、3CrW8 等合金钢焊丝可堆焊合金钢零件
焊剂 172	无锰低硅高氟	直流电源,配合适当焊丝可焊接高铬铁素体热强钢及含铌、含钛的铬镍不锈钢
焊剂 173	无锰低硅高氟	直流电源,配合适当焊丝可焊接锰、铝高合金钢及其他高合金钢
焊剂 230	底锰高硅低氟	交直流两用,H08Mn A、H102 焊丝焊接低碳钢及普低钢结构
焊剂 250	低锰中硅中氟	直流电源,配合 H08MnMoA、H08Mn 2MoA、H08Mn 2MoVA 焊丝焊接低合金高强钢
焊剂 251	低锰中硅中氟	直流电源,配合铬钼焊丝焊接珠光体耐热钢
焊剂 260	低锰高硅中氟	直流电源,配合适当焊丝可用于堆焊合金钢或轧辊
焊剂 330	中锰高硅低氟	交直流两用,配合 H08MnA、H08Mn2 焊丝,可焊接重要的低碳钢和普低钢结构
焊剂 430	高锰高硅低氟	交直流两用,配合 H30CrMnSi 焊丝可进行合金钢的堆焊
焊剂 432	高锰高硅低氟	交直流两用,配合 H08A 焊丝焊接低碳钢结构及普低钢薄板结构
焊剂 433	高锰高硅低氟	交直流两用,配合 H08 焊丝焊接低碳钢结构

(3) 粉末等离子弧堆焊:粉末等离子弧堆焊是以等离子弧为热源,以合金粉末作为堆焊材料,使工件在表面上获得一层与基体冶金结合的堆焊层。

① 工作原理:自由电弧受到孔道的机械压缩、热收缩效应及电磁收缩效应的作用,弧柱截面压缩,电流密度增加,能量高度集中,弧柱中心温度可达 10 000 ~ 30 000 ℃,弧柱中气体电离为等离子体,这种压缩型电弧称为等离子弧。根据电弧的不同接法,等离子弧分为非转移型、转移型、联合型等离子弧。非转移型等离子弧在钨极与工件之间产生,主要用于切割、焊接和堆焊;联合型等离子弧由转移弧和非转移弧联合组成,在用金属粉末进行等离子弧堆焊时,一般使用联合型等离子弧(见图 2 – 5),工作气体进入弧柱区后,将产生电离,成为等离子体,此时从送粉气入口送粉,粉末在等离子弧中被加热,高速喷打在零件表面上而形成堆焊层。

② 主要特点:

• 弧焰稳定,热量集中,温度高(24 000 ~ 30 000 ℃),熔敷率高,热影响区小,工件的残余应力和变形小。

• 规范参数可调,稀释率低,焊层成形好。

• 焊层成形尺寸范围宽,一次堆焊的焊道宽度可控制在 3 ~ 40 mm,焊层厚度可在 0.5 ~ 4.0 mm 范围内变化。

③ 应用:等离子技术有明显的优点,主要是可以使用高熔点的特殊性能涂层材料,从而大大扩展了这种方法的应用范围。例如,在航空航天工业中,普遍应用等离子技术制造和修复各种耐磨、隔热、可磨耗密封涂层。在普通机械方面,各种阀门、阀座及机械密封处,工卡

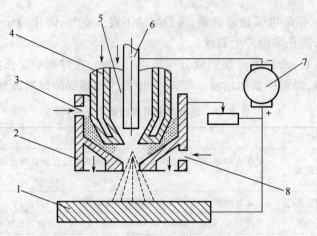

图 2-5　等离子弧堆焊工作原理

1—工件；2—喷嘴；3—粉末和送粉气入口；4—冷却水通道；
5—稳弧气通道；6—钨极；7—电源；8—保护气入口

具、量具、凸轮、冲头、模具、叶片等用等离子弧堆焊修复后都获得好的效果，有些甚至比新件更为耐用。但是等离子弧堆焊技术由于投资大、成本高、操作技术复杂、劳动条件不好等原因目前只在军工和高科技领域得到较多的应用，在一般机械维修中，其应用还比较少。

2.1.3　喷焊

喷焊是对经预热的自熔性合金粉末涂层再加热至 1 000 ~ 1 300 ℃，使颗粒熔化，造渣上浮到涂层表面，生成的硼化物和硅化物弥散在涂层中，使颗粒间和基体表面达到良好结合。最终沉积物是致密的金属结晶组织并与基体形成约 0.05 ~ 0.1 mm 的冶金结合层，其结合强度约 400 MPa，抗冲击性能较好、耐磨、耐腐蚀，外观呈镜面。

1. 喷焊优点

与喷涂层相比，喷焊层的优点显著，但由于重熔过程中基体局部受热后温度达 900 ℃，会产生较大热变形。因此，喷焊的使用范围有一定局限性。适于喷焊的零件和材料一般是：

（1）受冲击载荷，要求表面硬度高，耐磨性好的易损零件，如抛砂机叶片、破碎机齿板、挖掘机铲斗齿等。

（2）几何形状比较简单的大型易损零件，如轴、柱塞、滑块、液压缸、溜槽板等。

（3）低碳钢、中碳钢（含碳 0.4% 以下）、含锰、钼、钒总量 <3% 的结构钢，镍铬不锈钢、铸铁等材料。

2. 喷焊用自熔性合金粉末

自熔性合金粉末是以镍、钴、铁为基材的合金，其中加入适量硼和硅元素，起脱氧造渣焊接熔剂的作用，同时能降低合金熔点，适于乙炔－氧焰对涂层进行重熔。

国产自熔性合金粉末品种较多，镍基合金粉末有较强的耐蚀性，抗氧化性可达 650 ℃，耐磨性强。

3. 喷焊工艺

喷焊的工艺程序基本与喷涂相同，所不同之处在喷粉工序中增加了重熔程序。喷焊有一步喷焊法和两步喷焊法。施工前应注意：

（1）工件表面有渗碳层或氮化层，在预处理时必须清除。

（2）工件的预热温度为一般碳钢 200 ~ 300 ℃，耐热奥氏体钢 350 ~ 400 ℃，预热火焰用中性或弱碳焰。此外，喷涂层重熔后，厚度减小 25% 左右，喷熔后在热态测量时，应将此量考虑在内。

一步喷焊法：即喷一段后即熔一段，喷、熔交替进行，使用同一支喷枪完成，可选用中、小型喷焊枪。在工件预热后先喷涂 0.2 mm 的保护层，并将表面封严，以防氧化，喷熔从一端开始，喷距 10 ~ 30 mm，有顺序地对保护层局部加热到熔融开始湿润（不能流淌）时再喷粉，与熔化反复进行，直至达到预定厚度，表面出现"镜面"反光，再向前扩展，达到表面全部覆盖喷焊层，如一次厚度不足，可重复加厚。一步喷焊法适用于小型零件或小面积喷焊。

二步喷焊法：即先完成喷涂层再对其重熔。喷涂与重熔均用大功率喷枪，例如 SPH - E 喷、焊两用枪，使合金粉末充分在火焰中熔融，在工件表面上产生塑性变形的沉积层，喷铁基粉末时用弱碳火焰，喷镍基和钴基粉末时用中性或弱碳火焰。喷粉每层厚度 <0.2 mm，重复喷涂达到重熔厚度，一般可在 0.5 ~ 0.6 mm 时重熔。如果喷焊层要求较厚，一次重熔达不到要求时，可分几次喷涂和重熔。

重熔是二步法的关键工序，在喷涂后立即进行。用中性焰或弱碳化焰的大功率柔软火焰，喷距约 20 ~ 30 mm，火焰与表面夹角为 60° ~ 75°，从距涂层约 30 mm 处开始，适当掌握重熔速度，将涂层加热，直至涂层出现"镜面"反光为止，然后进行下一个部位的重熔。

重熔时应防止过熔（即镜面开裂），涂层金属流淌，或局部加热时间过长使表面氧化。多层重熔时，前一层降温至 700 ℃ 左右，清除表面熔渣后，再作二次喷熔。重熔宜不超过 3 次。

工件的冷却：中低碳钢、低合金钢的工件和薄焊层、形状简单的铸铁件在空气中自然冷却，对于焊层较厚、形状复杂的铸铁件，锰、铜、钒含量较大的合金钢件，冷硬性高的零件，要埋在石灰坑中缓冷。

2.1.4　钎焊

钎焊是利用熔点比母材（被钎焊材料）熔点低的填充金属（称为钎料或焊料），在低于母材熔点、高于钎料熔点的温度下，利用液态钎料在母材表面润湿、铺展和在母材间隙中填缝，与母材相互溶解与扩散，而实现零件间连接的焊接方法。

钎焊过程：表面清洗好的工件以搭接型式装配在一起，把钎料放在接头间隙附近或接头间隙之间。当工件与钎料被加热到稍高于钎料熔点温度后，钎料熔化（工件未熔化），并借助毛细管作用被吸入和充满固态工件间隙之间，液态钎料与工件金属相互扩散溶解，冷凝后即形成钎焊接头。

1. 钎焊的特点

（1）钎焊加热温度较低，接头光滑平整，组织和机械性能变化小，变形小，工件尺寸精确。

（2）可焊异种金属，也可焊异种材料，且对工件厚度差无严格限制。

（3）有些钎焊方法可同时焊多焊件、多接头，生产效率很高。

（4）钎焊设备简单，生产投资费用少。

（5）接头强度低，耐热性差，且焊前清整要求严格，钎料价格较贵。

2. 钎焊的应用

钎焊不适于一般钢结构和重载、动载机件的焊接，主要用于制造精密仪表、电气零部件、异种金属构件以及复杂薄板结构,如夹层构件、蜂窝结构等,也常用于钎焊各类导线与硬质合金刀具。钎焊时,对被钎接工件接触表面经清洗后,以搭接形式进行装配,把钎料放在接合间隙附近或直接放入接合间隙中。当工件与钎料一起加热到稍高于钎料的熔化温度后,钎料将熔化并浸润焊件表面。液态钎料借助毛细管作用,将沿接缝流动铺展。于是被钎接金属和钎料间进行相互熔解,相互渗透,形成合金层,冷凝后即形成钎接接头。

2.2　热喷涂技术

热喷涂作为一种修复技术,不仅能够恢复机械零件磨损的尺寸,而且通过选用适当的喷涂材料,还能够改善和提高包括耐磨性和耐蚀性等在内的零件表面的性能,某重载荷车辆多种修复件的实车考核表明,其使用寿命比新品提高了 1.4 ~ 8.3 倍,所以热喷涂修复是在机械维修中得到广泛应用的一项表面技术。

2.2.1　热喷涂技术的基本原理及特点

1. 基本原理

热喷涂技术是指利用某种热源将喷涂材料迅速加热到熔化或半熔化状态,再经过高速气流或焰流使其雾化,加速喷射在经预处理的零件表面上,使材料表面得到强化和改性,获得具有某种功能(如耐磨、防腐、抗高温等)表面的一种应用性很强的材料表层复合技术。

热喷涂时,喷涂材料是呈雾状从喷嘴喷向工件的。粉末材料加热后可以直接喷出,用丝材喷涂时,丝材须先经过热源熔化,再由气流喷射成雾状,然后从喷嘴喷出。用粉末材料喷涂时,粉末从喷嘴喷出后要通过热源加热到熔融状态,同时被加速,以高的速度喷向工件而形成涂层。熔融状态的圆形颗粒射到工件表面即受阻变形成为扁平状,最先射到工件表面的颗粒与工件表面的凹凸不平处产生机械咬合,随后飞来的颗粒打在先前到达的工件表面的颗粒上,也同样变形并与先前到达的颗粒相互咬合,形成机械式的结合,大量颗粒在工件表面相互挤嵌堆积起来,就形成了喷涂层。

2. 特点

(1)热喷涂的基材几乎不受限制,其中包括金属材料、陶瓷材料、非晶态材料和木材、布、纸等。

(2)涂层材料种类广泛,包括金属及其合金、塑料、陶瓷以及它们的复合材料。

(3)喷涂的零件不受尺寸大小和形状限制,可以对整体进行喷涂,也可以局部表面喷涂,特别对大型件的局部表面喷涂强化或修复,既经济又方便,深受青睐。

(4)除火焰喷涂外,喷涂过程母材受热温度低,即热喷涂实际上是"冷工艺",组织性能变化很小,工件变形小。

2.2.2　热喷涂材料

热喷涂材料有粉、线、带和棒等不同形态。它们的成分是金属、合金、陶瓷、金属陶瓷及塑料等。粉末材料居重要地位,种类逾百种,线材与带材多为金属或合金(复合线材尚含有陶瓷或塑料),棒材只有十几种,多为氧化物陶瓷。

主要热喷涂材料可归纳为以下几大类:

1. 自熔性合金粉末

自熔性合金粉末是在合金粉末中加入适量的硼、硅等强脱氧元素,降低合金熔点,增加液态金属的流动性和湿润性。主要有镍基合金粉末、铁基合金粉末、钴基合金粉末等。它们在常温下具有较高的耐磨性和耐腐蚀性。

2. 喷涂合金粉末

喷涂合全粉末可分为结合层用粉和工作层用粉两类。

(1)结合层用粉:结合层用粉喷在基体与工作层之间,其作用是提高基体与工作层之间的结合强度。它又称为打底粉,主要是镍、铝复合粉末,其特点是每个粉末颗粒中镍和铝单独存在,常温下不发生反应,但在喷涂过程中,粉末被加热到 600 ℃以上时,镍和铝之间就发生强烈的放热反应。同时,部分铝还被氧化,产生更多的热量,这种放热反应在粉末喷射到工件表面后还能持续一段时间,使粉末与工件表面接触处瞬间达到 900 ℃以上的高温,在此高温下镍会扩散到母材中,形成微区冶金结合,大量的微区冶金结合可以使涂层的结合强度显著提高。

(2)工作层用粉:工作层用粉种类较多,主要分为镍基、铁基、铜基三大类。每种工作粉所形成的涂层均有一定适用范围。

3. 复合粉末

复合粉末是由两种或两种以上性质不同的固相物质组成的粉末,能发挥多材料的优点,得到综合性能的涂层。按复合粉末涂层的使用性能,大致可分为以下几种:

(1)硬质耐磨复合粉末:常以镍或钴包覆碳化物,如碳化钨、碳化铬等。碳化物分散在涂层中,成为耐磨性能良好的硬质相,同时与铁、钴、镍合金有极好的液态润湿能力,增强与基体结合能力,且有耐蚀性、耐高温等特性。

(2)抗高温耐热和隔热复合粉末:一般采用具有自黏结性能的耐热合金复合粉末($NiCr/Al$)或耐热合金线材打底,形成一层致密的耐热涂层,中间采用金属陶瓷型复合粉末材料(如 Ni/Al_2O_3),外层采用导热率低的耐高温的陶瓷粉末(如 Al_2O_3)。

(3)减磨复合粉末:一般常用的减磨复合粉有镍包石墨、镍包二硫化钼、镍包硅藻土、镍包氟化钙等。镍包石墨、镍包二硫化钼具有减磨自润滑性能;镍包硅藻土、镍包氟化钙有减磨性能和耐高温性能,可在 800℃以下使用。

(4)放热型复合粉末:常用的放热型复合粉末是镍包铝,其镍铝比为 80∶20、90∶10、95∶5,它常作为涂层的打底材料。

4. 丝材

主要有钢质丝材,如 T12、T9A、80 号及 70 号高碳钢丝等,用于修复磨损表面;还有纯金属丝材,如锌、铝等,用于防腐。

2.2.3　热喷涂技术的种类

按照所用热源不同,热喷涂技术可分为火焰喷涂、电弧喷涂、等离子喷涂、激光喷涂和电子束喷涂等。其中,氧乙炔火焰喷涂以其设备投资少、生产成本低、工艺简单容易掌握、可进行现场维修等优点,在设备维修领域得到广泛应用。

1. 火焰喷涂

火焰喷涂可按喷涂材料的形状分为线材喷涂、棒材喷涂和粉末喷涂 3 种。

（1）线材火焰喷涂：其喷涂原理图如图2-6所示。

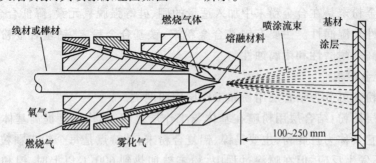

图2-6　线材气体火焰喷涂原理图

棒材喷涂原理与线材大致相同，线材从喷枪中心孔送出，氧和燃烧气体混合，燃烧形成的火焰将线材熔化，周围的压缩空气再将熔化了的金属雾化成微滴，喷射到基材表面，沉积成涂层。

（2）粉末火焰喷涂：其工作原理图如图2-7所示。喷涂粉末由塑料罐内自由落下或由送粉装置送入，流经喷枪内孔到达喷嘴端部的燃烧火焰中，被加热和加速，成为熔融粒子，高速地被喷射到基材表面，形成喷涂层。为了进一步提高粉末的飞行速度，也可以像线材喷涂那样，在火焰外围附加压缩空气。粉末火焰喷涂一般采用氧-乙炔焰，在喷涂塑料时，也可用氧-丙烷焰。

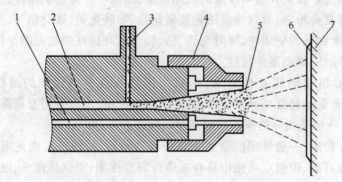

图2-7　氧-乙炔粉末气体火焰喷涂
1—氧-乙炔气体；2—粉末输送气体；3—进粉口；4—喷嘴；5—火焰；6—涂层；7—基体

（3）气体爆炸喷涂：气体爆炸喷涂又称火焰冲击喷涂，主要通过一只长枪管构成的爆炸喷枪来完成，其工作原理如图2-8所示。氧和乙炔（亦可用丙烷、丙烯、氢）送入水冷喷枪管内，另一口送入氮气，同时将粉末送入，使粉末在燃烧气体中悬游，用火花塞点火后气体爆炸，爆炸区温度约为5 000 ℃，使粉末熔化，以每秒数百米的速度推动粉末喷射到工件表面，形成涂层。爆炸喷涂工艺是不连续的，爆炸频率为4～8 Hz，最新的喷枪可达12 Hz，每次爆炸形成涂层厚度约为0.006 mm。断续爆炸喷涂可控制基材温升，获得涂层硬度高，结合强度高，气孔少。爆炸喷涂主要用于喷涂WC-Co的耐磨涂层。爆炸喷涂时有隔音、防尘措施。

（4）超音速火焰喷涂：超音速火焰喷涂（HVOF）又称高速火焰喷涂，是20世纪80年代出现的一种高能量密度喷涂法，其原理如图2-9所示。它采用内部火焰或燃烧枪，丙烷、

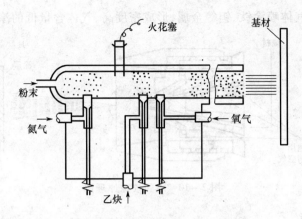

图 2 – 8　气体爆炸喷涂枪原理图

丙烯、天然气、氢等燃烧气与氧在腔体燃烧室混合后进行连续爆炸，向细长颈部射出，经加热熔化后产生 1 830 m/s 的超音速气流，加热熔化的熔体微滴速度为 300～500 m/s，撞击工件表面，形成结合力强、喷涂材料氧化少的高密度涂层。它适用于喷涂 WC - Co 类和高密度金属涂层。

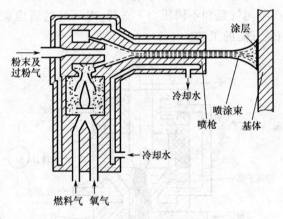

图 2 – 9　高速火焰喷涂原理图

2. 电弧喷涂

电弧喷涂（ARC）与电弧焊相近，其喷涂原理如图 2 – 10 所示。将两根喷涂线材彼此绝缘分别接直流电源的正负极上，在喷嘴端形成电弧，使线材端部熔化，然后用导入的压缩空气雾化成熔融粒子，喷射在基材表面，形成喷涂层，电弧喷涂使用 18～40 V 直流电源，两根喷涂线末端保持合适距离可得到稳定的电弧区，温度可达 4 200 ℃。电弧喷涂要求线材直径与成分均匀，恒定送丝速度与反馈压力。

电弧喷涂层结合能高，质量容易保证。在各类热喷涂方法中，电弧喷涂能源的利用率最高，最高可达 90%，且成本低。基体温度也低于火焰喷涂和等离子喷涂，因此可在低熔点材料（如塑料）上喷涂，容易得到较厚的涂层，使用两种不同材料的喷涂线时，可获得两种相互紧密结合的"伪合金"涂层，兼有两种物质组成各自的性能。例如，高碳钢与紫铜的伪合金涂层，兼有耐磨与高导热特性，用于喷涂制动盘。此外，还有设备造价低、使用维修方便、成本低的特点。因而，电弧喷涂在国内外均有很大发展空间。最近出现减压条件的电弧喷涂，用大于

0.1 MPa气压的惰性气体喷涂钛、钽等金属,形成密度高、气体含量低的涂层。

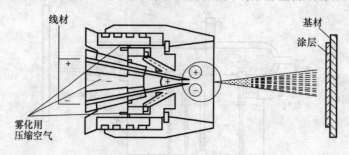

图 2-10   电弧喷涂原理图

3. 等离子弧喷涂

等离子弧喷涂是利用非转移型等离子,其原理图如图 2-11 所示。常压等离子喷枪(等离子发生器),靠并联的高频电源的火花放电,引发钨阴极与喷嘴阳极之间氮气和氩气发生电离,产生等离子弧。将吸入涂层粉末加热,获得高温(达 20 000 K)和高速(300~400 m/s)的喷涂粒子,在工件表面形成涂层。由于等离子弧喷涂的高速,高能量密度(10^5~10^6 W/cm²),得到的涂层的密度和结合强度高,气孔率低,热影响区小,母材组织不受影响。由于等离子喷涂的工件温度低,可以在不同气氛和不同压力下进行,对环境的适应能力强,因而把等离子弧喷涂看成是涂层工艺中最万能的工艺。

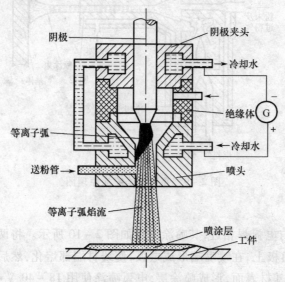

图 2-11   等离子喷涂原理图

(1)气体隧道式等离子喷涂:气体隧道式等离子喷涂,采用气体隧道放电。喷涂材料粉末、棒材由喷枪中心沿轴向供给,增加了喷涂的输出功率。在氩气中加入氢、氮,从而使电流增大,电极消耗快,故宜采用低电流、高电压型等离子弧。粉末粒子,在通过长距离、高能量密度的等离子焰时,被有效地熔融,超高速化,从而形成高质量的涂层,用这种装置涂氧化铝粉末的粒径可达 1 μm 以下。

等离子喷涂已发展到在空气、低压(或真空)、高压、惰性气体,以及水下环境中应用。在空气中进行的大气等离子喷枪(APS)比较便宜,适用于氧化物陶瓷和有点氧化对涂层无害的涂层。

（2）水稳等离子喷涂：水稳等离子喷涂是用水代替工作气体，等离子弧是由导入枪内的高压水放出的水蒸气电离产生的，如图 2 - 12 所示。电弧放电是由设置在喷枪中心轴位置的碳棒（阴极）与回转阳极（铜）之间进行的。等离子焰流温度可达 10 000 ~ 50 000 K，使由喷嘴出口处导入的焰流将喷涂粉末熔化并被加速，在工件表面形成涂层。水稳等离子焰的能量集中，焰长较大，在离喷嘴 90 mm 长度范围内，焰流温度在 10 000 K 以上。粉末受热时间长，故喷涂能力较强，有的已达 20 kg/h。但是水稳等离子焰含有 30% 以上氧原子，呈氧化性气氛，只适用于喷涂氧化物陶瓷，不适于喷涂金属和碳化物涂层。

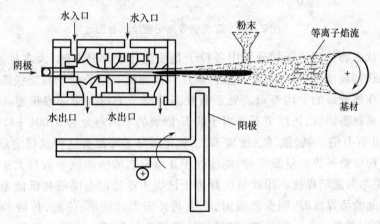

图 2 - 12　水稳等离子喷枪示意图

水稳等离子喷涂可能与欧美所谓的高功率或高速等离子喷涂相近，用水或气体涡流使等离子体的功率稳定在 200 kW 以上，能以高速、高喷涂效率喷涂高熔点材料，特别是氧化物陶瓷。

（3）低压等离子喷涂：低压等离子喷涂也称真空等离子喷涂，是等离子喷枪和工件安置在抽真空的 266 ~ 2 660 Pa 工作室中，如图 2 - 13 所示。等离子弧在这样低的气压下发生扩张，以高速喷射，使火焰长度增大，粉末在等离子焰中停留时间增加，提高了熔融的效率和粒子飞行速度，从而能获得致密性好、结合率强、气孔效率低的深层喷涂。此法已用来生产金刚石膜和氧化物超导体。美国正在开发反应等离子喷涂，把甲烷、丙烯、氮、氧、硅烷或硼烷等气体引入等离子体，利用等离子化学反应形成复合材料、陶瓷和金属间化合物，例如氮气、氢气混合物喷涂钛粉时，形成 TiN 涂层。反应等离子喷涂材料合成还处于起步阶段，正在受到重视。

将真空等离子喷涂与惰性气体等离子喷涂相结合，开发出控制气氛等离子喷涂。高速等离子喷涂是利用转移型等离子弧与高速气流混合时出现的"扩展弧"现象，使用超音速喷嘴，得到超音速等离子焰流，弧电压高达 200 ~ 400 V，电流 400 ~ 500 A，焰流速度超过 3 600 m/s，具有极高的喷涂效率，不锈钢 33. 36 kg/h，碳化钨 6. 67 kg/h，非常适于喷涂陶瓷材料。

4. 激光喷涂

激光是 20 世纪 60 年代出现的重大科学技术之一。由于激光具有高亮度、高方向性和高单色性等很有使用价值的特殊性能，一经问世就引起各方面重视。20 世纪 70 年代制造出大功率的激光器以后，相继出现一些表面强化新技术，激光喷涂是其中之一。

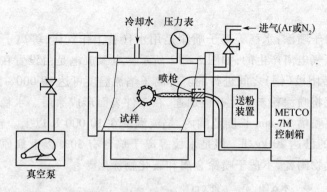

图 2 – 13　低真空等离子喷涂示意图

处于平衡状态物体的原子和分子中各粒子是按统计规律分布的,大多处于低能级状态。原子受激后能跃到高能级,但要很快自发再跃迁到低能级。原子处于高能级激发态的平均时间称为该原子在该能级的平均寿命。处于激发态的原子平均寿命一般很短。对平均寿命较长的能级称为亚稳态能级,如红宝石铬离子的 E_3 能级的平均寿命为 0.001 μs,而 E_2 则可达几毫秒,比 E_3 长几百万倍。氦、氖、氩、钕离子,二氧化碳分子等都有这种亚稳定态级。某些具有亚稳定结构的物质受外界能量激发时,能使处于亚稳定态能级的原子数目大于低能级的原子数目,这种物质称为激活媒质。用能量恰好等于该媒质亚稳定态能级和低能态能级的能量差的一束光照射此激活媒质时,则受激辐射,产生与外来光的频率、位向,传播和振动方向相同的光,这种光称为激光。另一部分被反射回来,继续参加反馈。当这种增强所得的增益能补偿由于界面辐射、吸收、散射、衍射等原因的损失时,这种连锁性的受激辐射就会不断地进行下去,形成光振荡,最后由部分反射镜的输出端发射出来的光子就形成激光束。激光束再经导光系统,反射镜聚光系统等再辐射到工件表面。

激光对金属表面强化是用激光束辐照金属表面,受到辐照的电子得到光子的能量,与晶体点阵中质点碰撞,从而使金属点阵加热,由于光子穿透金属能力很低,只能使金属表面的一个薄层温度迅速升高。金属激光表面强化时,加热和冷却过程基本是在固态下进行;金属吸收的能量主要靠热传导向内部传递。激光的能量密度大,可使碳钢的表面在很短时间内升温到奥氏体状态,甚至升高到钢的熔点以上,发生局部熔融。停止激光加热后,被局部加热区域的热量向四周传导,而降温冷却。激光功率密度越大,升温越快,加热区域越小、越浅,断开热源后,自激的冷速度也越大。加热到奥氏体状态的区域冷却后得到淬火组织马氏体;加热到熔融状态的区域可能凝固成晶体组织,随激光功率密度增大,熔区减小,自激冷却速度增大,熔融区凝固后组织变细。当激光功率密度增加到 $10^6 \sim 10^{10}$ W/cm^2 时,熔区深度小到 0.01 ~ 0.10 mm,冷却速度可达 $10^6 \sim 10^{10}$ ℃/s,对一些合金熔融区冷却后可能得到非晶态结构。激光能量大,具有相当高的能量的光子冲击金属表面,会使表面层点阵原子离开其正常位置,形成空位、间隙原子、位错等晶体缺陷,增加晶体缺陷密度,引起冲击硬化。激光功率密度取决于输出功率与光束尺寸(功率密度等于功率除以光束截面积)。此外,激光还可以作为其他表面强化技术的辅助能源,如 CVD、PVD、化学热处理及电镀等,形成一些新技术。

2.2.4　热喷涂应用

热喷涂的应用领域几乎包括了全部的工业生产部门。可以预见,随着对热喷涂技术的不断研究及人们对材料性能要求的不断提高,热喷涂技术还将得到进一步发展。

1. 热喷涂技术在机修中的应用

热喷涂技术在机修中的应用主要在以下几个方面:

(1) 修复旧件,恢复磨损零件的尺寸,如机床主轴、曲轴、凸轮轴轴颈,电动机转子轴以及机床导轨和溜板等经过热喷涂修复后,既节约钢材,又延长寿命,还大大减少备件库存。

(2) 修补铸造和机械加工的废品,填补铸件的裂纹,如修复大铸件加工完毕时发现的砂眼气孔等。

(3) 制造和修复减磨材料轴瓦,在铸造或冲压出来的轴瓦上以及在合金已脱落的瓦背上,喷涂一层"铅青铜"或"磷青铜"等材料,就可以制造和修复减磨材料的轴瓦。这种方法不但造价低,而且含油性能强,并大大提高了其耐磨性。

(4) 喷涂特殊的材料,可得到耐热或耐腐蚀等性能的涂层。

2. 应用实例

(1) 1 200 m^3 球罐喷涂修复。该罐用 16MnR 制作,壁厚 24 mm,贮存介质为含 H_2 较高的液化石油气,使用 5 年后在焊接头区出现开裂。为此,在焊缝及熔合区及热影响区喷涂铜合金。预处理先在焊缝及热影响区用砂轮打磨除锈,打磨宽度为 150 ~ 170 mm,用蘸丙酮的棉纱擦洗两三次。用液化石油气火焰将喷涂部位预热到 250 ~ 350 ℃。喷涂镍包铝复合粉末作为底层。最后喷涂铜合金工作层,氧气压力为 0.6 ~ 8 MPa、乙炔压力为 0.05 ~ 0.1 MPa,喷涂宽度为 120 ~ 150 mm,喷涂距离 150 ~ 200 mm。经过 120 天运行考核,未发现 H_2S 应力腐蚀开裂,效果良好。

(2) 气缸体的喷涂修复。气缸体用合金铸铁制作,其主轴承座孔常因磨损与拉伤而失效。处理前先将主轴承孔座进行整体加工,消除椭圆用氧 - 乙炔焰将喷涂部位加热至 300 ~ 350 ℃,烧掉其表面微孔和石墨中油污,先用三氯乙烯清洗干净,用石英砂进行表面粗化处理后再在座孔表面每隔 2 ~ 3 mm 打一个三角形冲眼。在上、下半环栽植四只高度与涂层厚度一致的 M3 螺钉,以提高涂层基体的结合力。喷涂前再用丙酮擦洗一次。用氧 - 乙炔焰将座孔预热到 160 ~ 180 ℃。喷涂 0.1 mm 厚的镍包铝底层。用钢丝刷除沉积物后,喷涂镍基粉末工作层。氧化压力 0.6 ~ 0.8 MPa,乙炔压力 0.05 ~ 0.06 MPa,喷涂距离 150 ~ 200 mm。喷涂时涂层表面度不能超过 300 ℃。喷涂后将主轴承座孔下半环埋入 250 ℃ 左右的石棉中冷却到室温,上半环座外表面用水冷,以避免涂层脱落。喷涂后座孔的耐磨性和润滑性好,使用寿命长,经济效益好。

(3) 喷气发动机迷宫环密封件边缘喷涂修复。喷气发动机运转时,要求旋转部件与静止部件间的间隙保持不变,因而要求迷宫环密封件边缘应具有优良的耐磨性和耐热性。B - 747 客机 CF6 - 45AZ 发动机的迷宫环密封件用镍基合金制作。喷涂前用细氧化铝喷丸和硝酸侵蚀交替处理,除去原有涂层后,再用细氧化铝喷丸处理。用耐热带遮蔽不喷涂部位。采用 N_2、H_2 等离子先喷涂 0.15 mm 厚的 95.5Ni - 4.5Al 的镍包铝底层,电流 450 A,电压 70 V,粉末流量 4 kg/h,预热温度 60 ~ 121 ℃,最大允许温度 205 ℃,喷涂距离 150 mm。用 N_2、H_2 等离子喷涂 0.1 mm 厚工作层,合金粉末为 94Al_2O_3 - 2.5TiO_2 - 2.0SiO_2,电流 500 A,电压 75 V,粉末流量 3 kg/h。预热温度 66 ~ 121 ℃,最高允许温度 205 ℃,喷涂距离 100 mm。喷涂后去掉遮蔽带,用专用机械对边缘加工。

2.3 电镀修复技术

电镀是指利用电解的方法从一定的电解质溶液（水溶液、非水溶液）中，在经过处理的基体金属表面沉积各种所需性能或尺寸的连续、均匀而附着沉积的一种电化学过程的总称。电镀所获得的沉积层叫作电沉积层或电镀层。获得电镀层的技术属于表面工程技术中的覆盖层技术，属于原子沉积技术，是覆盖层技术领域较为古老而成熟且应用面较广泛的一种技术。电镀广泛用于各种金属和非金属的装饰防护，以及赋予这些金属和非金属的各种所需要的特殊性能或功能。电镀法形成的金属层不仅可补偿零件表面磨损，而且还能改善零件的表面性质，如可提高耐磨性（如镀铬、镀铁），提高反腐能力（如镀锌、镀铬等），形成装饰性镀层（如镀铬、镀银等），以及特殊用途，如防止渗碳用的修复技术之一，主要用于修复磨损量不大、精度要求高、形状结构复杂、批量较大和需要某种特殊层的零件。

常用的电镀技术有槽镀、电刷镀等。槽镀由于占地面积大，环境污染，设备维修部门不宜单独设置，需要槽镀时，可到电镀车间或电镀专业厂去完成。电刷镀由于设备简单，工艺灵活，可在现场使用，所以在设备维修中使用非常广泛。

2.3.1 概述

1. 电镀基本原理

图 2-14 所示为电镀的基本原理示意图。渡槽中的电解液，除镀铬采用铬酸溶液外，一般都用欲镀金属的盐类水溶液。渡槽中的阴极为电镀的零件，阳极为与镀层材料相同的极板（镀铬除外）。接通电源，在电场力的作用下，带正电荷的阳离子向阴极方向移动，带负电荷的阴离子向阳极方向移动。

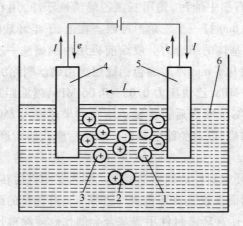

图 2-14 电镀基本原理示意图

1—阴离子；2—电解质；3—阳离子；4—阴极；5—阳极；6—电解液

电解液中的阳离子，主要是欲镀金属的离子和氢离子，金属离子在阴极表面得到电子，生成金属原子，并覆盖在阴极表面。同时氢离子也从阴极表面得到电子，生成氢原子，一部分进入零件镀层另一部分溢出镀槽。

2. 影响镀层质量的基本因素

影响镀层的质量因素较多,包括镀液的成分以及电镀工艺参数等,现对主要影响因素进行讨论。

(1)电镀液:电镀液对电镀质量影响很大,它是由含有镀覆盖金属的化合物(主盐)、导电的盐类(附加盐)、缓冲剂、PH 调节剂和添加剂的水溶液组成,可分为酸性的、碱性的和加有络合剂的酸性及中性溶液。

① 主盐浓度:在其他条件不变的情况下,主盐浓度越高,金属越容易在阴极析出,使阴极极化下降,导致结晶形核速率降低,所得镀层组织较粗大,这种作用在电化学极化不显著的单盐电镀液中更为明显。稀浓度电镀液的阴极极化作用虽比浓溶液好,但其导电性能较差,不能采用大的阴极电流密度,同时阴极电流效率也较低。因此,主盐浓度有一个合适的范围,同时,同一类型的镀液,由于使用要求不同,其主盐含量范围也不同。

② 附加盐:附加盐的主要作用是提高镀液的导电性,还可改善镀液的深镀能力、分散能力,得到细致的镀层。例如,以硫酸镍为主盐的镀镍溶液中加入硫酸钠和硫酸镁,会使镀镍层的晶粒更为细致、紧密。但导电盐含量过高,会降低其他盐类的溶解度。因此,导电盐的含量要适当。

(2)电流密度:任何电解液都必须有一个正常的电流密度范围。电流密度过低,阴极极化作用较小,镀层结晶粗大,甚至没有镀层;电流密度过高,将使结晶沿电力线方向向电解液内部迅速增长,造成镀层产生结瘤和枝状结晶,甚至烧焦;电流密度大小的确定应与电解液的组成、主盐浓度、pH 值、温度及搅拌等条件相适应,加大主盐浓度、升温及搅拌等措施均可提高电流密度的上限。

(3)温度:温度是影响电镀质量的另一个重要因素。温度升高,扩散加速,阴极极化下降,同时温度升高使离子脱水过程加速,离子和阴极表面活性增强,也降低了电化学极化。所以温度升高,阴极极化作用降低,镀层结晶粗大。

(4)表面预处理:为保证电镀质量,镀件电镀前需对镀件表面作精整和清理,去除毛刺、夹砂、残渣、油脂、氧化皮、钝化膜,使基体金属露出洁净、活性的晶体表面。这样才能得到连续、致密、结合良好的镀层。预处理不当,将会导致镀层起皮、剥落、鼓泡、毛刺、发花等缺陷。

(5)搅拌:搅拌可降低阴极极化,使晶粒变粗,但可提高电流密度,从而提高生产效率。此外,搅拌还可增强整平剂的效果。

3. 电镀前预处理和电镀后处理

(1)电镀前预处理:电镀前预处理是为了使待镀面呈现干净新鲜的金属表面,以获得高质量镀层。首先通过表面磨光和抛光等方法使表面粗糙度达到一定要求,再用溶液溶解或化学、电化学除油,接着用机械、酸洗以及电化学方法除锈,最后把表面放在弱酸中浸蚀一段时间进行镀前表面活性化处理等。

(2)电镀后处理:电镀后预处理包括钝化处理和除氢处理。钝化处理是指把已镀表面放入一定的溶液中进行化学处理,在镀层上形成一层坚实致密的、稳定性高的薄膜的表面处理方法。钝化处理使镀层耐蚀性大大提高,并增加表面光泽和抗污染能力。有些金属如锌,在电沉积过程中,除自身沉积出来外,还会析出一部分氢,这部分氢渗入镀层中,使镀件产生脆性甚至断裂,称为氢脆。为了消除氢脆,往往在电镀后,使镀件在一定的温度下热处理数小时,称为除氢处理。

4. 电镀金属

在维修中最常用的有镀铬、镀铜、镀铁等。

（1）镀铬：镀铬层在大气中很稳定，不易变色和失去光泽，硬度高，耐磨性、耐热性较好，是用电解法修复零件最有效的方法之一。

镀铬工艺具有以下特点：

① 铬具有较高的导热剂耐热性能，在 480 ℃ 以下不变色，到 500 ℃ 以上才开始氧化，700 ℃ 时硬度才显著下降。

② 镀铬层化学稳定性好，硬度高（高达 400～1 200 HV），摩擦系数小，所以耐磨性好。

③ 铬层与基体金属有较高的结合强度，甚至高于它自身晶间的结合强度。

④ 抗腐蚀能力强，铬层与有机酸、硫、硫化物、稀硫酸、硝酸或碱等均不起作用，能长期保持其光泽，使外表美观。

⑤ 铬层性脆，不宜承受不均匀的载荷、不能抗冲击，一般镀层不宜超过 0.3 mm。镀铬工艺较复杂，成本高，一般不重要的零件不宜采用。镀铬层的分类、特点与应用如表 2-4 所示。

表 2-4　镀铬层的分类、特点与应用

镀铬层分类		特　点	应　用
硬质镀铬	无光泽铬层	在低温、高电流密度下获得。铬层硬度高、韧性差，有稠密的网状裂纹，结晶组织粗大，耐磨性低，表面呈灰暗色	由于脆性大，很少使用，只用于某些工具、刀具的镀铬
	光泽铬层	在中等温度和电流密度下获得。硬度高、韧性好、耐磨、内应力较小、有密集的网状裂纹、结晶组织细致、表面光亮	适用于修复磨损的零件或作一般装饰性镀铬
	乳白铬层	在高温、低电流密度下获得。铬层硬度低、韧性好、无网状裂纹、结晶组织细密、耐磨性高、颜色呈乳白色	适用于承受冲击载荷的零件或增加尺寸和用于装饰性镀铬方面
多孔镀铬		多孔镀铬层的外表面形成无数网状沟纹和点状孔隙，能保存足够的润滑油以改善摩擦条件，使其具有吸附润滑性能及更高的耐磨性能	修复承受重载荷、温度高、滑动速度大和润滑供油不能充分的条件下工作的零件，如活塞环、气缸套筒等

（2）镀铜：镀铜层较软，富有延展性，导电和导热性能好，对于水、盐溶液和酸，在没有氧的溶解或氧化反应条件下具有良好的耐蚀性。它与基体金属的结合能力很强，不需要进行复杂的镀前准备，在室温和很小的电流密度下即可进行，操作很方便。

镀铜在维修中常用在以下方面：改善间隙配合件的摩擦表面，提高磨合质量，如缸套和齿轮镀铜；恢复过盈配合的表面，如滚动轴承、铜套、轴瓦、缸套外圈的加大；对紧固件起防松作用，如在螺母上镀铜可不用弹簧垫圈或开尾销；在钢铁零件镀铬、镀镍之前常用镀铜作底层；零件渗碳处理前，对不需要渗碳部分镀铜做防护层等。

（3）镀铁：镀铁是电镀工艺的一种，由于镀铁工艺比镀铬工艺成本低，效率高，对环境污染小，因此，近年来镀铁工艺发展很快，在修理中已逐渐取代镀铬，成为零件修复的重要手段之一。

镀铁按电解液的温度分为高温镀铁和低温镀铁。在 90～100 ℃ 温度下进行镀铁，使用直流电源的称为高温镀铁。这种方法获得的镀层硬度不高,且与基体结合不可靠;在 40 ~ 50 ℃ 常温下进行镀铁,采用不对称交流电源的称为低温镀铁。它解决了常温下镀层与基体结合的强度问题,镀层的力学性能较好、工艺简单、操作方便,在修复和强化机械零件方面可取代高温镀铁,并已得到广泛应用。

镀铁层的耐磨性能相当于或高于经过淬火的 45 号钢。镀铁层经过机械(磨削)加工后,宏观观察表面致密,无缺陷。在零件的本身强度和疲劳强度未到极限的前提下,镀铁修复后零件的使用寿命可与新件媲美。

2.3.2　电刷镀

1. 电刷镀技术的基本原理

电刷镀不用槽镀,只需要在不断供应电解液的条件下,用一只镀笔在工件表面进行擦拭,从而获得电镀层,所以电刷镀又称无槽镀或涂镀。

电刷镀是应用电化学沉积的原理,在导电零件需要制备镀层的表面上,快速沉积金属镀层的表面技术,它是表面工程技术的重要组成部分。

电刷镀原理如图 2 - 15 所示。电刷镀时,直流电源的负极通过电缆线与工件连接;正极通过电缆线与镀具(导电柄和阳极的组合体)连接。镀具前端的经包裹的与刷镀表面仿形的阳极与工件表面轻轻接触,含有欲镀金属离子的电刷镀专用镀液不断地供送到阳极和工件刷镀表面之间。在电场作用下,镀液中的金属离子定向迁移到工件表面,在工件表面获得电子还原成金属原子,还原的金属原子在工件表面形成镀层。

$$M^{n+} + ne \rightarrow M \downarrow$$

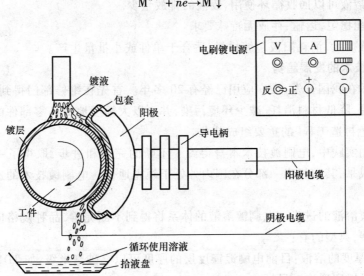

图 2 - 15　电刷镀原理示意图

阳极(通过包套)与工件刷镀表面接触、相对运动、使用很大的电流密度(一般为槽镀的 5 ~ 10 倍)是电刷镀技术必须具备的 3 个基本条件。这 3 个基本条件决定了电刷镀电源、电刷镀溶液、电刷镀工艺和电刷镀应用的一系列特点。

2. 电刷镀技术的特点

(1)电刷镀层具有良好的力学性能和物理 - 化学性能,电刷镀层与金属基本的结合强度高。例如,常用的镍镀层与碳钢的结合强度 ≥70 MPa,在钛、铝、铬及高合金钢等难镀材料和石墨等非金属材料上也都具有很高的结合强度。

电刷镀技术中有 100 多种镀液可供选用,可满足耐磨、耐蚀、减摩、抗氧化、防辐射、导电、导磁、防渗碳防渗氮、改善钎焊性以及其他特定功能的需求。

(2)维修质量高,水溶液操作,温升低,不会引起被修复工件的变形和金相组织的变化和产生残留应力等,设备上采用专门的厚度控制装置,误差小于 10%,镀层通常不需要再机械加工。

(3)工艺灵活、适应范围广。

① 电刷镀技术可以在各种金属和能导电的非金属材料表面进行刷镀制备镀层。

② 镀层种类几乎包括了元素周期表中可以用电化学方法沉积的所有元素,可以制备单金属镀层、合金镀层、非晶态镀层、复合镀层、组合镀层等性能各异的镀层。

③ 改变阳极的形态,可以在外圆、内孔、平面、曲面各种表面上镀层。

④ 可以在各种尺寸的表面上刷镀,小至几毫米,大至几米的工件都有成功的电刷镀实践。

⑤ 可以实现不解体刷镀和现场刷镀作业。

(4)生产效率高,节约能源。电刷镀的沉积速度一般是槽镀的 5 ~ 20 倍,最快可达 0.05 mm/min,而且辅助时间少、生产周期短、具有较高的生产率,且可节约能源,成本低。

(5)对环境污染小。

① 电刷镀溶液中不含剧毒物质(如氰化物),一般 pH 值为 4 ~ 10。

② 电刷镀溶液可以回收循环使用,废液的排放量少。

③ 溶液性能稳定,运输、存放无特殊要求。

(6)劳动强度大,消耗阳极包缠材料、适合于单件或小批量生产。

3. 电刷镀技术的发展趋势

电刷镀技术在我国开发、推广应用已经有 20 多年。首先在维修部门得到推广和应用,节约了大量的能源、降低材料消耗、减少环境污染,并可以大幅度地提高零部件的使用性能和寿命,是当代"绿色再造工程"的重要组成部分。

在推广应用实践中,电刷镀技术本身得到了不断的完善和进步,取得了一批具有自主知识产权的科研成果,其中相当一部分在国内外处于领先地位。电刷镀技术的进步和发展趋势主要体现在:

(1)电刷镀溶液的进步。电刷镀溶液的体系将得到不断完善,品种规格向能更加满足实际应用工况发展,典型的有:

① 刷镀大厚度的溶液:目前电刷镀镍度层的厚度可以突破毫米级,如 TDY112 溶液,并将有更多的溶液可以实现这一目标。

② 镜面溶液:在表面粗糙度为 $Ra63\mu m$ 的表面上,刷镀 $5\mu m$ 厚的镀层,即可获得低粗糙度、低孔隙率的镜面镀层。

③ 复合镀层:不仅可以获得常规的如 Al_2O_3 等微粒的复合镀层,而且可以获得所需性能的纳米级微粒的复合镀层。

④ 非晶态镀层:可以获得不同磷含量的非晶态或晶态合金镀层。

⑤ 固体制剂:部分电刷镀溶液以固体制剂形式的商品化供应。

（2）电刷镀设备的进步和发展趋势。电刷镀设备的进步与发展趋势是向大容量、小型化、多功能和操作更方便的方向发展。

① 大容量：容量 5 ~ 500A，甚至更大。

② 小型化：体积小、重量轻的电刷镀电源主要从主电路的进步来实现，主电路型式将有：调压 - 变压式、晶闸管式、逆变式、晶体管式等。

③ 多功能：随着电刷镀技术与其他表面工程技术复合应用，电刷镀电源的开展，电刷镀电源开始向多功能化发展，例如电刷镀 - 电弧喷涂电源、电刷镀 - 工模具修补机电源等。

（3）电刷镀工艺的进步和发展趋势。电刷镀工艺在成功地解决常用材料、难镀材料和特殊表面的电刷镀工艺的基础上，创新与其他表面工艺技术复合、交叉，又衍生出许多源于电刷镀技术而又不同于电刷镀技术的新工艺方法。例如：

① 流镀：流镀的工艺形式是阳极表面不进行包裹，阳极与刷镀表面不接触，保持 0.5 ~ 5 mm 左右的间隙，镀液充分地供送到阳极和刷镀表面，构成电的回路。阳极和工件表面可以相对运动，也可不作相对运动，如图 2 - 16 和图 2 - 17 所示。

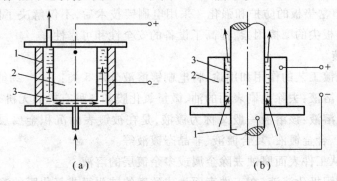

图 2 - 16　阳极和工件不相对运动的流镀
1—工件；2—阳极；3—镀液

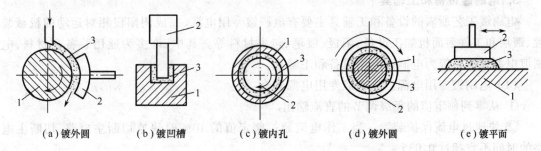

（a）镀外圆　　（b）镀凹槽　　（c）镀内孔　　（d）镀外圆　　（e）镀平面

图 2 - 17　阳极和工件之间相对运动的流镀
1—工件；2—阳极；3—镀液

② 珩磨镀：在刷镀过程中利用阳极和另设的珩磨块在沉积镀层的同时进行机械磨削的一种电刷镀工艺。

③ 使用电刷镀溶液的局部槽镀。只要位置和条件许可，可采用电刷镀溶液对零部件的局部进行槽镀。

④ 脉冲静镀：在采用电刷镀溶液进行局部槽镀工艺中引入脉冲工艺，可解决如花键槽的修复或强化类的难题。

⑤ 电喷镀：电喷镀是在阳极和刷镀表面不接触的情况下，靠连续喷射的电解液连通电的回路，完成沉积镀层的工艺方法。

⑥ 复合工艺：将电刷镀技术与其他相关表面工程技术有机结合，可以收到意想不到的效果。例如：电刷镀－堆焊、电刷镀－钎焊、电刷镀－高分子粘接、电刷镀－槽镀、电刷镀－催渗或扩渗、电刷镀－热喷涂、电刷镀－化学镀等。而且随表面工程技术的进步，这个空间将会越来越广。

（4）应用实践的进步与发展趋势。随着电刷镀装备、工艺等技术的不断完善和进步，电刷镀技术解决实际问题的能力不断增强，应用领域不断扩展，具备了解决国民经济中的重点、难点、热点技术问题的能力。例如：

① 发电设备难点的攻关。采用电刷镀大厚度镀层技术修复 3QFQS－200－2 型发电机组励磁机侧密封瓦轴颈的深达 2.5 mm 的大面积拉伤，经 3 年运行后检测磨损量几乎为零。目前已有 100 多根此类轴颈成功的电刷镀修复实践。此外，还成功地解决了气缸结合面泄漏、整流子表面强化等难题。

② 铁路提速道岔垫板的防护和强化　采用电刷镀技术后，不仅解决了防锈问题，而且大大降低了尖轨与垫板尖的摩擦因素，提高了设备的安全性和可靠性。

4. 电刷镀溶液

按溶液在电刷镀工艺的作用和用途，将电刷镀溶液分成 5 类：

（1）表面准备溶液：去除电刷表面的油、微量氧化膜和各种有机和无机杂质。

（2）沉积金属溶液：该溶液一般又称为镀液，是在被镀表面沉积金属层的溶液。按成分可分为单金属镀液、合金镀液、复合镀液、非晶态镀液等。

（3）退镀液：从工件表面腐蚀去除金属或多余镀层的溶液。

（4）钝化液和阳极化溶液：在工件表面生成致密的钝化膜或氧化膜的溶液。

（5）特殊用途溶液：在工件表面获得特殊功能的表面层，如抛光、染色、发黑和防变色等。

5. 电刷镀设备和工辅具

电刷镀工艺所需的设备和工辅具主要有电刷镀专用电源、完成阴阳极相对运动的机械装置、镀层和工件表面机加工设备、阳极、镀笔、包裹材料等。其中，许多为通用装备和材料，电刷镀电源和镀笔等为电刷镀专用设备和工辅具。

（1）电刷镀专用电源。电刷镀专用电源具有：

① 从零到额定值的无级调节的直流输出。

② 快速过电流保护装置。当工作电流超过额定值的 10% 时快速切断主电路，切断主电路的时间不宜超过 0.035 s。

③ 输出极性的转换。

④ 厚度控制装置。专用电刷镀电源上设有镀层厚度控制装置，可以动态地显示刷镀过程中镀层厚度的值，控制精度可达 ±10%。

电刷镀电源的型号以主电路的形式来区分，目前主电路的主要形式有：5 A、10 A、30 A、60 A、75 A、100 A、120 A、150 A、300 A、500 A、1 000 A 等规格。常用电刷镀电源的设备系列如图 2－18 所示。

（2）镀笔：镀笔是电刷镀的重要工具，主要由阳极、绝缘手柄和散热装置组成（见图 2－19），可根据电刷镀的零件大小和形状不同选用不同类型的镀笔。

图 2 - 18　电刷镀电源设备系列

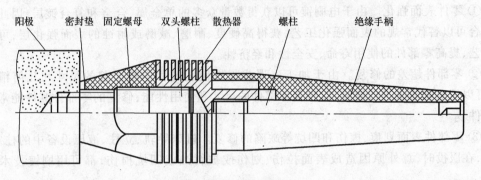

图 2 - 19　镀笔结构图

①　镀笔的阳极材料要求具有良好的导电性,能持续通过高的电流密度,不污染镀液,易于加工等。一般使用高纯度石墨、铂-铱合金及不锈钢等不溶性阳极。根据被镀零件的表面形状,阳极可以加工成不同形状,如圆柱形、平板型、瓦片形等(见图 2 - 20),其表面积通常为被镀面的 1/3。

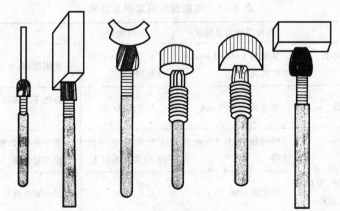

(a)圆柱形　(b)平板形　(c)瓦片形　(d)圆饼形　(e)半圆形　(f)板条形

图 2 - 20　各种不同形状的阳极

②　阳极需用棉花和针织套进行包裹,以贮存刷镀用的溶液,并防止阳极与被镀件直接接触,过滤阳极表面所溶下的石墨粒子。

③ 镀笔上油绝缘手柄,常用塑料或胶木制成,套在用纯铜做的导电杆外面。导电杆一头连接散热器,另一头与电源电缆接头连接。散热器一般选用不锈钢制作,尺寸较大的镀笔也可选用铝合金制作。

④ 电刷镀过程中的镀笔应专笔专用,不可混用。镀笔和阳极在使用过程中勿被油脂等污染。阳极包套一旦发生磨穿,应及时更换,以免阴阳两极直接接触发生短路。用完镀笔,应及时拆下阳极,用水冲洗干净,并按镀种分别存放保管,不要混淆。

6. 电刷镀技术的应用及典型实例

电刷镀技术已在我国的国防、交通运输、机械、电力、冶金、石油、化工、电子、矿山、纺织印染、航天航空、印刷、造纸、文物、装饰等部门获得了广泛应用,取得了明显的技术经济和社会效益。

（1）电刷镀技术的应用。

① 零件表面强化。由于电刷镀可以获得数量众多的单金属、合金和复合镀层,因此在某些场合可以替代常规的表面强化工艺,获得高硬度、耐磨、减磨或耐蚀的表面强化层,可以简化工艺,提高零部件的使用寿命、安全性和经济性。

② 零部件超差的修复。由于加工失误或零件使用过程中所引起的尺寸和几何精度超差,可以用电刷镀来进行修复,以恢复零部件的尺寸和使用性能,修复的零部件其性能常常优于新件。

③ 零部件表面划痕、擦伤和凹坑等缺陷的修复。机床导轨、立柱、液压设备中的柱塞、缸体等,在服役时,意外原因造成表面拉伤、划伤或被腐蚀成凹坑损伤,都可用刷镀技术进行修复。

④ 制备特殊功能及其他要求镀层。改善摩擦副的匹配;提高表面的导电、导磁、反光与吸光、防辐射与防氧化能力镀层;文物修补;印制电路板、电器触点、接头的维修等。

（2）电刷镀应用实例及效果。我国电刷镀技术的推广应用取得了丰硕的成果,表 2 – 5列出了部分成功的实例。

表 2 – 5　电刷镀应用实例及效果

零件名称		刷镀层种类及厚度	应用效果	备　注
铁路行业	各种柴油机机体孔、主轴承盖	快速镍 $t = 0 \sim 1$ mm,可溶性快速镍	A、B、C、D 比新件耐用	使用磨损、事故变形
	各种柴油机曲轴	快速镍 $t \leqslant 0.3$ mm	A、B、C、D	避免不同等级的尺寸出现在同一根轴上
	柴油机活塞	快速镍 $t \leqslant 0.3$ mm,流镀镍	A、B、C、D 可使用 20 万千米以上	第一环槽、活销孔磨损修复,可实现多次重复修复
	主发电机转子轴、传动花键主轴、柴油机连杆	快速镍 $t \leqslant 0.15$ mm	A、B、C、D	使用磨损修复
	主牵引电动机转子轴、变速箱体	快速镍 $t \leqslant 0.2$ mm	A、B、C、D 比新件耐用	使用磨损修复、孔尺寸和几何精度修复
	制动阀	镍钴合金 $t = 0.02$ mm	B、C、D	降低摩擦因素

零件名称		刷镀层种类及厚度	应用效果	备　注
铁路行业	柴油机主轴瓦连杆瓦	铟 $t = 0.005$ mm	D	新件保护,提高轴瓦在启动和停机时的使用性能
	提速道岔滑床垫钣	大厚度镍 $t = 0.01 \sim 0.005$ mm 铟 $t = 0.005$ mm	B、D 寿命和耐磨性均大于 9 亿吨通过量	防锈、降低摩擦因素
机械设备行业	各种机床的主轴箱	快速镍 $t \leqslant 0.5$ mm,可溶性快速镍	A、B、C、D	主轴孔加工超差或磨损修复
	机床主轴	快速镍 $\leqslant 1$ mm	A、B、C、D	磨损或加工超差
	机床立柱、导轨	锡 – 镍组合镀层修复拉伤深度可达几毫米	A、C	立柱、导轨拉伤修复
	6 m 龙门刨导轨	铜 – 镍组合镀层	A、C、D	拉伤长 750 mm,深度 0.45 mm
	2 000 kN 油压机柱塞	锡 – 铋合金 + 快速镍	A、B、C、D	基体上 4 条宽 4 mm、深 6 mm、长 1 000 mm划痕的修复
	15 000 kN 石墨电极挤压机主柱塞、缸套	铜 – 镍钨 – 锡组合镀层	A、B、C、D	柱塞拉伤面积 2 700 mm × 430 mm,深为 0.5 ~ 6 mm;缸套拉伤面积 900 mm × 430 mm,深度 0.5 ~ 3 mm
电力、电器行业	20 万 kW 发电机主轴	可溶性大厚度镍	A、B、C、D	$\phi 420 \times 100$ 轴轻表面大面积拉伤,最大深度达 2.5 mm
	汽轮机气缸	快速镍 $t \geqslant 0.5$ mm 可溶性快速镍	A、B、C、D	结合面变形,最大不平度 0.6 mm
	铝排母线	银 $t = 0.03 \sim 0.05$ mm	C、D	降低接触电阻,防止铝排表面氧化
	汽轮发电机组导电部位	银 $t = 0.03 \sim 0.05$ mm	D	提高传导、疏散瞬间反向电流能力
	汇流铜排、变压器母线	银 $t = 0.03 \sim 0.05$ mm	B、C、D	减少电阻,降低温升
	20 万千瓦汽轮发电机	快速镍 $t = 0.10$ mm	A、B、C、D	安装叶片的凸缘部加工超差
汽车行业	汽车液压泵壳体、变速器轴、后桥轴及差速器	快速镍 $t = 0.20$ mm	A、B、C、D	内腔或轴承孔磨损修复
	汽车曲轴及汽车缸体	快速镍 $t \leqslant 0.30$ mm	A、B、C、D 及 B、C、D	轴颈磨损、缸体拉伤修复
	W5DL 依发汽车气泵壳体	铜 – 镍组合镀层 $t = 0.20 \sim 0.30$ mm	A、B、C、D	内腔磨损修复
	轴瓦瓦背	铜或镍 $t = 0.10 \sim 0.20$ mm	A、B、C、D	磨损修复
	连杆铜套孔	铜或镍 $t = 0.10$ mm	A、B、C、D	磨损修复
	尼桑 40t 拖车发动机缸体	碱铜 $t = 0.01 \sim 0.03$ mm	C	第三缸下部被连杆击穿一直径为 130 mm 的孔洞,刷镀改善铝合金体钎焊性

	零件名称	刷镀层种类及厚度	应用效果	备　注
坦克、农机、工程机械行业	东方红 – 75 型拖拉机焊后大轴	快速镍 t = 0.30 mm 快速铁	A、B、C、D	加工超差修复
	18006 推土机后桥轴、变速轴、端盖	快速镍 t = 0.20 mm	A、B、C、D	
	坦克变速器主轴、后桥孔等	快速镍 t = 0.30 mm	A、B、C、D	
	1m³ WY100 型挖掘机 6135 发动机曲轴	快速镍 t = 0.30 mm	A、B、C、D	曲轴主颈烧伤修复
模具方面	塑料注塑模具	镜面镍 t = 0.02 ~ 0.05 mm，Ni – P 合金	B、D 提高型腔表面的硬度、耐磨、耐蚀、脱模性	经 63 万模生产后表面仍光洁如新
	锌基合金模具	快速镍 t = 0.05 ~ 0.10 mm	B、D 提高模具表面硬度 4 倍多	
	彩色电视机机壳模具	快速镍 t = 0.30 ~ 0.50 mm	A、B、C、D	型腔面划伤、压痕修复
	T280 – 69 电动机轴孔冲模	镍 – 钨 "D" t = 0.10 mm	A、B、C、D 提高压铸模使用寿命 4 倍；玻璃模寿命 10 倍	
	鞋楦模	光亮镍 t = 0.30 ~ 0.50 mm，镜面镍	A、B、C、D	提高耐磨性、改善防污能力，寿命提高十倍
矿山冶金石油勘探机械方面	QY 型倾斜式煤层掩护液压支架	锌 t = 0.05 ~ 0.10 mm	A、B、D	支架总重 70 t，电刷现场不解体修复防腐层
	潜油电泵轴、轧机人字齿轴、减速机轴、碎石机偏心轴、榨机榨辊	快速镍 t = 0.20 ~ 0.30 mm	A、B、C、D	泵长轴 ϕ17.5 mm × 400 ~ 600 mm，人齿轴 ϕ400 mm × 2 100 mm，偏心轴长 2 900 mm，其他工艺难修复
	油田抽油泵缸套高压阀门芯阀座	镍 – 磷 t = 0.05 ~ 0.10 mm	原泵缸套寿命 79 天，刷镀后寿命 132 天	提高阀座锥面硬度
	乙二醇溶液注入泵柱塞	镍 – 磷 t = 0.05 ~ 0.10 mm	提高寿命 3 ~ 4 倍	采用 45 调质钢加镀层代替原 18 – 8 不锈钢
	天然气排水采气工艺用水泵轴	镍 – 磷 t = 0.05 ~ 0.10 mm	提高寿命 3 倍以上	提高耐 H2S 腐蚀能力
	连续缩聚反应搅拌釜主轴	快速镍 t = 0.40 mm	A、B、C、D	轴全长 5.7 m，重 1.6 t
	金刚石制造主机增压器缸体	锡 – 铋合金 + 快速镍 t ≥ 0.60 mm	A、B、C、D	缸体内壁划伤 320 mm × 11 mm × 0.6 mm，压力 700 MPa
	罗茨风机轴、矿井主扇轴	快速镍 t ≥ 1 mm	A、B、C、D	最大磨损 2.15 mm 或拉伤 1 mm

注：A 为恢复零件的尺寸和几何精度；B 为提高硬度、耐磨性和使用寿命；C 为节约资金、有明显经济效益；D 为改善使用性能。

2.4 粘接修复技术

粘接修复技术是指利用适宜的胶黏剂作为修复工艺材料,采用适当的接头形式和合理的粘接工艺而达到连接的目的,将待修零部件进行修复的技术。

粘接技术最早得到广泛应用、最先创造明显的经济价值的领域是金属设备修理领域。早在 20 世纪 60 年代初,粘接技术首先在英国飞机制造业奇迹般地解决了铆接技术不能解决的一些技术难题,从而消除了人们对粘接技术可靠性的怀疑。随后粘接修理技术就开始步入飞机修理行业中,且功效卓著。这样一来,世界各国、各行各业对粘接修理技术刮目相看,争先推广应用,当今粘接修理技术已经发展成为跨学科、跨行业,跨多种技术领域的一种新的交叉技术,可部分代替焊接、铆接、过盈连接和螺栓连接,同时由于粘接修复技术工艺、设备简单,操作方便,成本低廉,粘接层密封防腐性能好,耐疲劳强度高,因此得到越来越广泛的应用。

2.4.1 粘接的基本原理

胶黏剂在被粘物表面浸润与固化后,胶黏剂与被粘物的界面上,必须产生粘接力,才能使胶黏剂与被粘物粘接在一起。那么,粘接力是如何产生的? 对这一粘接的本质问题,主要有如下几种理论:

1. 机械结合理论

这种理论认为,被粘物表面存在一定的粗糙度,有些表面是多孔性的。胶黏剂渗透到表面的沟痕或孔隙中,固化后在界面上产生机械啮合力。这种理论是最早提出来的,在粘接多孔材料、布、纺物及纸等是可以起到主要作用的。但从广泛意义上说,机械啮合力虽然存在,但就不一定都是主要的了。

2. 吸附理论

这种理论认为,粘接力是由胶黏剂与胶粘物分子在界面层上相互吸附而产生的,这种吸附力是范德华力和氢键力。这一理论是现今较为普遍的理论,因为他广泛存在所有的粘接体系中。

3. 化学键理论

这种理论认为,胶黏剂与被粘物表面产生化学反应,形成化学键结合,像铁链一样把两者牢固地连接起来,因为化学键力要比分子间力大 1 ~ 2 个数量级,所以能获得高强度的牢固粘接。化学键力有离子键力、共价键力、配位键力等。这种理论是有效的,但它只限于胶黏剂与被粘物界面发生化学反应的情况。

4. 扩散理论

这种理论认为,胶黏剂分子与被胶接物表面分子在分子热运动作用下相互扩散产生了黏附作用。这种理论主要用于解释热塑性高聚物之间的粘接现象。

5. 静电理论

这种理论认为胶黏剂和被粘物之间存在双电层,由于静电的相互吸引而产生粘接力。当被粘物金属材料表面与高分子胶黏剂接触时,由于金属对电子的亲和力低,容易失去电子,而非金属对电子亲和力高,容易得到电子,故电子可以从金属移向非金属,使界面两侧产生接触电势,并形成双电层。双电层电荷性质相反,从而产生了静电引力。总之,当胶黏剂与被粘物体系是一种电子接受体与供给体组合形式时,都可能产生界面静止引力。

应该说上述各种理论都只能从某一方面解释胶粘时的黏附现象。事实上,胶粘时的黏附力常常是上述理论综合作用的结果。

2.4.2　粘接技术的主要特点

粘接技术的主要特点包括以下几点:

(1)粘接可以连接各种不同种类的材料。金属与金属、金属与非金属都可粘接;各种材料的表面均可进行表面粘接。

(2)零件可避免热应力和热形变的产生。粘接与表面粘涂时,通常都是在较低的温度下进行,因此,对于薄壁零件、受热敏感的零件及对焊接等不能进行的零件是非常有利的。

(3)粘接可提高疲劳寿命。结构粘接承受荷载时,应力分布在整个粘合面上,这就避免了高度的应力集中。特别是薄板的连接,如采用铆接或点焊,由于应力集中在铆钉或焊点上,容易产生疲劳破坏。

(4)粘接比铆、焊及螺纹连接可减轻重量。

(5)粘接比焊接、铆接的强度低,特别是冲击强度和剥离强度低;表面粘涂涂层与基体的结合强度亦较低。一般其抗拉强度为 $30 \sim 50$ MPa,与热喷涂涂层的结合强度大体相同。目前其抗拉强度可以达到 80 MPa。

(6)工艺简单,不需用专门的复杂设备,可到现场施工,生产效率高,加工成本低。

(7)粘接与表面粘涂在使用温度上有一定的局限性。有机胶黏剂多数在 $100 \sim 150℃$ 下使用,少数可达 250℃ 以上,无机胶黏剂虽可达 $600 \sim 1\ 000$ ℃,但性质变脆。

2.4.3　胶黏剂的组成和分类

1. 胶黏剂的组成

以高分子有机化合物为基础组成的胶黏剂称为有机胶黏剂,分天然胶黏剂和合成胶黏剂两类。天然胶黏剂如虫胶、鱼胶、天然橡胶等,其粘接性能较低,不适合金属部件的粘接。合成胶黏剂一般由黏料、固化剂、促进剂、增韧剂、偶联剂、填料、溶剂、稳定剂等组成,各组分采用的原料和配比不同,胶黏剂的性能也不同。

(1)黏料:黏料是决定胶黏剂性能的基本成分。合成高分子化合物是胶黏剂中性能最好、用量最多的黏料,它包括热固性树脂、热塑性树脂、合成橡胶、热塑性弹性体等。

热固性树脂固化后具有高的强度、耐热性、耐介质性和耐久性等性能,适宜配置结构胶黏剂。属于这类树脂的有酚醛树脂、环氧树脂、聚氨酯、有机硅树脂等。

热塑性树脂多用于配置非结构胶黏剂,属于这类树脂的有聚乙烯醇缩醛、聚氯乙烯、聚苯乙烯等。

合成橡胶是一种新型的重要弹性体材料,有固体和液体两类,硫化后具有优异的弹性,耐冲击与振动,可用于配置橡胶型胶黏剂,亦可与热固性树脂配合配制综合性能良好的结构胶黏剂。用作胶黏剂的合成橡胶有氯丁橡胶、丁腈橡胶、硅橡胶、聚硫橡胶等。

热塑性弹性体又称热塑性橡胶,可用于配制溶剂型胶黏剂、压敏胶黏剂、热熔胶黏剂。热塑性弹性体有苯乙烯、聚酯等。

此外,用于配制瞬间胶黏剂和厌氧胶黏剂的黏料分别有 α – 氰基丙烯酸酯和双甲基丙烯酸酯。

（2）固化剂：固化剂能参与化学反应，使胶黏剂固化，并可改变黏料的自身结构。它对胶黏剂的性能特别是粘接强度有着重要的影响。许多黏料固化剂是不可缺少的，例如环氧树脂常采用改性胺类固化剂，或采用聚酰胺作固化剂。

（3）促进剂：促进剂是一种促进化学反应、缩短固化时间、降低固化温度的物质。例如，以低分子聚酰胺为固化剂的环氧树脂，需加促进剂提高固化速度，常用的促进剂有叔胺等。

（4）增韧剂：增韧剂用于提高胶黏剂的韧性，减少固化时的收缩率，提高胶层的剥离强度和冲击强度。例如，环氧树脂的增韧剂用得最广泛的是聚硫橡胶与丁腈橡胶。

（5）偶联剂：偶联剂可通过化学键的形式将被粘物与胶黏剂偶联起来，能较大提高粘接强度、耐水性和耐湿热老化性能。常用的偶联剂有有机硅烷。

（6）填料：填料是一种非黏性的固体物质，加入填料可降低固化收缩率及线膨胀系数，提高抗剪强度、刚度、硬度、耐热性等。另外，为使胶黏剂具有特定的性能，如耐磨损、耐腐蚀、耐高温、导电等，亦需加入某种能获得特定性能的填料。常用的填料及作用如表 2 - 6 所示。

表 2 - 6　常用的填料及作用

填　料　名　称	主　要　作　用
石棉纤维、玻璃纤维、云母粉、铝粉	提高冲击性能
金属及氧化物、石英粉、瓷粉、水泥、碳化硼	提高硬度与抗压性能
石英粉、二氧化钛、硅胶粉、瓷粉、酚醛树脂	提高耐热性能
石墨粉、滑石粉、石英粉、二硫化钼	提高耐磨性能
铝粉、铜粉、石墨粉、铁粉	增加导热性
银粉、铜粉	增加导电性
石墨粉、高岭土粉、二硫化钼	增加润滑性
氧化铝、二氧化钛、瓷粉	增加粘接力

（7）溶剂：溶剂是易于挥发的有机溶剂，其作用是溶解黏料，它只对于溶剂型的黏料才是不可缺少的。

（8）稳定剂：稳定剂有助于胶黏剂在配制、贮存和使用期间性能的稳定。它包括抗氧剂、光稳定和热稳定剂。常用的稳定剂有 264 抗氧剂、氧化锌和 4010 防老化剂等。

必须说明，不是任何一种牌号的胶黏剂都具有以上所述的成分。显然黏料是基本的、不可缺少的，而其他组分则按性能上的需要才加入。

2. 胶黏剂的分类

胶黏剂的种类很多，分类的方法也不一，一般可从如下几个方面来进行分类：

（1）按胶黏剂的基本成分分类。胶黏剂的性能主要决定于基本成分的种类，因此，按基本成分的分类也是最基本的分类。基本成分按照化学门类首先可以分为有机类和无机类，有机胶黏剂按其生产来源又可分为合成胶黏剂和天然胶黏剂。合成胶黏剂在机械工业中应用最广，品种也最多，经常使用的有环氧树脂、酚醛树脂、有机硅树脂和硅橡胶、丁腈橡胶及其混合物等。在机械工业中使用的无机粘接剂主要是磷酸 - 氧化铜胶黏剂。

（2）按固化方式分类，胶黏剂可分为如下几种：

① 反应型：胶黏剂中的不同成分在一定条件下发生不可逆化学反应而导致固化，环氧树

脂、酚醛树脂、有机硅树脂和硅橡胶都属于这一类型。

②溶剂型：胶黏剂溶于溶剂中，粘合后溶剂从粘合端面挥发或被被粘物体吸收而固化，橡胶类粘接剂即属于这种类型。

③热熔型：以热塑性高聚物为主要成分，加热至熔融状态即可进行粘合，随后冷却而固化，如聚乙烯热熔胶、聚酰胺热熔胶以及松香、皮胶等天然胶黏剂等。

④厌氧型：这类胶黏剂在有氧气存在的情况下是液态的，可以长期存放，但一经隔绝空气，便能很快固化。目前，国内生产有多种牌号的厌氧胶可供选用。

⑤压敏型：这类胶黏剂对压力很敏感，只要用手指一按，就能与被粘表面粘合。它实际上是不固化的，粘后可以剥离。它通常被制成胶带，如电工的绝缘胶布，外科用的橡皮胶等均属这一类型。

（3）按使用性能分类。胶黏剂按使用性能可以分为结构胶、通用胶、软质材料用胶、特种胶和密封胶等。

①结构胶：主要用于受力结构的粘接，它的结合强度指标一般在常温下剪切强度不小于20 MPa。主要有环氧–丁腈、酚醛–丁腈、酚醛–缩醛和有机硅–酚醛等。

②通用胶：主要是指结合强度要求不很高，但可适用于多种材料的胶黏剂。例如，用于非受力的金属构件，强度不高的木材、陶瓷、塑料等。环氧树脂、聚氨酯等胶黏剂具有很强的通用性，因此通用胶常常是以这些胶种为主体的。

③软质材料用胶：系指适用于橡胶、纤维织物、软质塑料等产品的粘接和粘补的胶黏剂。常用的有合成橡胶浆、聚氨酯胶黏剂等。

④特种胶：一般是指除了起粘接作用以外，还能满足粘接接头的某些特殊性能要求黏接剂，如耐高温、耐低压、耐腐蚀、耐磨和导电、导磁等性能。这类胶黏剂一般是在特定的基本成分中加入适当的改进性物质得到的。

⑤密封胶：用于各种机械、车辆、仪器、管道等连接部位，用以防止漏油、漏水和漏气。

2.4.4　胶黏工艺

胶黏工艺的一般过程是表面处理、配制胶、涂胶、固化、质量检验和修整加工。

1. 表面处理

表面处理是胶黏工艺的关键工序，主要内容是清除表面的锈蚀、油污和其他杂质，并使表面具有一定的粗糙度，以保证胶黏剂对胶黏面有良好的浸润性，并增加胶接的有效面积。

2. 配制胶

对于多组分或需自行配制的胶黏剂，为获得最佳性能，必须严格按照比例称取各组分，并应按一定顺序加入调制。调制时力求均匀，使各组分充分反应，填料完全浸胶，并避免空气混入造成气泡。

3. 涂胶

涂胶要根据胶黏剂的物理性能、被粘面的尺寸形状和批量以及现有生产设备等因素，分别选择刷涂、刮涂或喷涂等方式。操作时应涂满、涂匀，且厚度适当。

4. 固化

固化是胶与黏接物形成牢固黏合力的过程。固化的条件包括固化压力、固化温度和固化时间三方面。

5. 检验

在胶接生产中,必须加强中间检验,严格控制每道工序质量。胶接后根据具体对象,可进行无损或破坏性检验;对于要求密封性的胶接件或修补的裂缝,可按要求的压力进行密封试验。

2.4.5　粘接修理工作中的不安全因素

粘接修理工作中涉及的不安全因素主要有以下两点:

(1) 在从事粘接操作过程中因粗心大意,使用粘接工具、器械、设施时不慎受到伤害,或者由于粘接环境的外界因素,导致砸伤、碰伤、摔伤、中毒等这些可以视为飞来之祸。只要提高警惕,严格遵守操作和安全章程,细心行事,上述问题完全可以避免或者降低到最低程度。

(2) 对胶黏剂的性能不了解或忽视,引起中毒,造成对身体的伤害。粘接修理工在接触使用一些带毒性的胶黏剂时,如果不提高安全意识,不采取防范措施,久而久之,往往会引起慢性中毒。粘接修理工在进行不停车(产)粘接堵漏操作时,如果被粘物泄漏出来得是剧毒药品,如溴气、煤气等,如果所采取的安全措施不当,或者出现意外的不安全因素,粘接修理工就有急性中毒的可能。因此,粘接修理工在完成这样粘接工程时,各种安全措施必须全部到位后,粘接修理工才可以进入粘接操作程序。不要一听说有毒的物品,就不敢去碰,只要加强安全意识,采取安全措施,一些中毒现象都是可以避免的。在使用胶黏剂的过程中,虽然会接触到一些易燃性、易爆性及毒性物质,但是人们已经从实践中找到了许多能够防止中毒、避免火灾、爆炸等危险的安全措施。

2.4.6　粘接修理工必备的安全防护知识

粘接修理工必备的安全防护知识有以下几点:

(1) 首先,尽量了解要使用的胶黏剂是否有毒性和危害性;然后,选择必要的、合理的安全防范或有排气装置的举措。

(2) 尽量避免和减少人体直接与胶黏剂接触,应穿戴好劳保防护用品。

(3) 尽量选择空气新鲜、通风良好、凉爽或有排气装置的环境进行粘接工作。

(4) 在粘接操作现场不准吸烟、吃食物。

(5) 称量、配制有毒性的胶黏剂时,宜在带抽风装置的隔离柜中操作,减少毒性对人体的侵害。

(6) 粘接操作环境要求严禁出现明火,有关照明电器装置要有防爆功能。

(7) 装胶黏剂及溶剂的瓶打开使用后,要及时将瓶盖盖严。

(8) 尽量避免用溶剂洗手,防止皮肤脱脂、干裂,可选用一些护肤用品保护皮肤。

(9) 在使用一些刺激性较大、难闻的胶黏剂时,可在鼻孔内先抹上一些医用凡士林或保健软膏,事后用温开水洗净。

(10) 胶黏剂的溶剂应存在通风、阴凉、干燥处,远离火种,并且要附设各种消防器材。

(11) 一旦有毒物浸入人体,首先用大量的自来水冲洗,然后尽快上医院求助。

(12) 加强安全意识,多学一些自救医疗知识,多备一些急救药品,以防万一。

2.4.7　粘接与表面粘涂技术在设备维修中的应用实例

胶粘因其具有工艺简单、使用设备少、成本低廉、接头重量轻、密封绝缘性能好、粘接件不易产生形变和金相组织变化的特点,不仅在某些设备和零部件生产中代替了传统的铆、焊及螺栓连接工艺,而且在机械维修中也得到广泛应用。例如,粘接修补破损的零件、恢复磨损零件的尺寸,以及密封泄漏等。因此,胶接与表面粘涂技术在产品制造和设备维修中,是一种重要的不可缺少的技术手段,其应用十分广泛,表现在如下几个重要的方面:

(1)断裂零件的胶接修复。

(2)零件表面磨损、划伤的修复。

(3)零件表面腐蚀的修复。

(4)零件的密封与堵漏。

(5)铸件缺陷(气孔、缩孔等)的修补等。

实例1:波音747飞机排气管的喷管接头漏气的粘接修理。

波音747飞机排气管接头部位是比较耐热的部位,此部位一旦产生漏气就要快速进行粘接修理。基本工艺如下:

(1)首先将漏气部位原来的残胶铲除掉,并及时将粘接修理处清洗干净。

(2)选用比较耐高温的有机硅密封胶。

(3)根据密闭处对胶层强度和硬度的要求配胶。

要求强度和硬度大时,可按A组分:B组分=(1.5~2):1。

要求强度和硬度小时,可按A组分:B组分=1:(1.5~2)。

配胶时,要将胶液充分搅拌均匀,让胶中的气泡排尽后方可施胶。

(4)室温固化,待全部凝胶后便可使用。若想缩短修理时间,可采取加温固化工艺,即光照处理1~2 h即可,光照温度宜控制在60 ℃左右。

实例2:机床导轨磨损后的粘接修理。

机床导轨虽然是钢制品,但在运转过程中时而发生磨损现象。最常见的磨损现象有3种情况:其一导轨面局部产生凹形磨损痕;其二:导轨面局部出现较深的条形磨损痕迹;其三:整个导轨面被严重磨损,引起机床精度严重下降,乃至无法使用。

对于第一、第二种磨损情况的修理工艺如下:

(1)首先将凹形和条形磨损后的沉积物取尽,可用利器划、拨、铲、刮,随后用超级清洗剂将磨损处清洗干净。

(2)用无色火焰或远红外线光束直接处理磨损处,每处理一次的时间要适度控制(被处理面温度不超过200 ℃为宜),直至被处理处不冒烟,无异物排出为止。

(3)再次用超级清洗剂将磨损处的异物(主要是油迹)清洗干净。

(4)再次用远红外线光束将磨损处加温到60 ℃左右。

(5)将导轨专用耐磨胶按使用说明要求配制好,然后立即涂抹在磨损处,涂胶面应略高出导轨面0.5~1 mm。

(6)室温固化24 h,或光照加温(50 ℃左右)2 h左右,使胶体完全硬化。

(7)根据机床精度要求,对粘接修理面进行研磨刮拂处理后,便可恢复使用。

对于第三种磨损情况的修理工艺如下:

(1)先将整个导轨面用煤油或90号汽油清洗干净。如果导轨面各部位磨损程度不一致,出现不合格的凸凹现象或局部损伤现象,应将整个导轨面研磨加工成合格的平整面。再选用尼龙塑料板、氟塑料板或布质层压塑料板按钢导轨面的形状,加工成与钢导轨完全吻合的形状。

(2) 重复前面(2)、(3)、(4)道工序的操作。

(3) 用超级清洗剂将塑料板清洗干净(如果是采用氟塑料板,应按另外的要求对其表面进行处理)。

(4) 选用环氧或改性环氧树脂为基的胶黏剂,按其使用说明配出均匀的胶液后,立即涂刷在钢导轨面和塑料导轨板面上,涂层一定要涂均匀,厚度控制在 1 mm 左右(指单边厚度)。

(5) 将塑料板涂胶之面完全粘贴吻合于钢导轨面上,并施于一定的正面压力(指垂直于胶黏面的作用力),将多余的胶黏挤压溢出被粘接面(四周各处均有等量的胶液溢出为好,假若是局部未见胶液溢出,或许是施压不均匀,或者是涂胶过少所至,宜及时纠正弥补),控制胶层最终厚度 0.15 mm 左右为宜。

(6) 室温固化 48 h 后,该机床导轨面即可投入使用。

上述粘接修理机床导轨的方法,有如下优点:

(1) 工艺简单,操作方便。

(2) 可以避免钢导轨的咬啃现象。

(3) 导轨耐磨性大大提高,从而延长机床设备的修理期,可降低修理成本。

(4) 无须进行研磨刮拂及热变形处理,既节省了工时,又节约了合金材料,还提高了导轨质量。

2.5　表面强化技术

零件的修复,有时不仅仅可以补偿尺寸,恢复配合关系,还可以赋予零件表面更好的性能,如耐磨性、耐高温性等,采用表面强化技术可以使零件表面获得更好的性能。

强化技术是指采用某种工艺手段,通过材料表层的相变、改变表层的化学成分、改变表层的应力状态以及提高工件表面的冶金质量等途径来赋予基体材料本身所不具备的特殊力学、物理和化学性能,从而满足工程上对材料及其制品提出的要求的一种技术。它可以延长零件的使用寿命,节约稀有、昂贵材料,对各种高新技术发展具有重要作用。

2.5.1　表面形变强化

表面形变强化是利用机械能使工件表面产生塑性变形,引起表面形变强化的方法,有喷(抛)丸、滚压和孔挤压 3 种工艺。

1. 喷丸

喷丸强化是利用高速弹丸强烈冲击工件表面,使之产生形变硬化层并引进残余应力的一种机械强化工艺方法。1929 年,美国人 F. P. Zi mmerll 等人首先将喷丸强化技术应用于弹簧的表面强化,取得了良好效果。表面喷丸强化工艺不受材料种类、材料静强度、零件几何形状和尺寸大小限制,且成本低,强化效果显著,在提高机件可靠性及耐久性方面,取得了显著成效。

喷丸强化设备的结构如下:

(1) 气动式喷丸机:气动式喷丸机是依靠压缩空气带动将弹丸从喷嘴高速喷出,冲击工件的设备。按喷丸的运动方式可分为吸入式、重力式、直接加压式 3 种类型。图 2－21 所示为吸入式气动喷丸机的结构示意图。

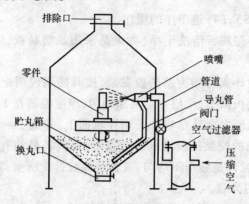

图 2-21 吸入式气动喷丸机的结构示意图

（2）机械离心式喷丸机：喷丸依靠高速旋转的机械离心轮而获得动力的抛丸机，称为机械离心式抛丸机。其主要结构如图 2-22 所示。

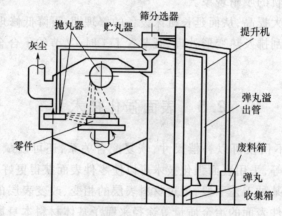

图 2-22 机械离心式抛丸机结构示意图

经过喷丸处理的零件，其形状、尺寸和质量等基本上不发生明显变化，只是材料表层组织结构、残余应力、表面粗糙度发生变化。喷丸过程中影响和决定强化效果的各种因素叫做喷丸强化工艺参数，其中包括：弹丸质量、弹丸尺寸、弹丸硬度、弹丸密度、弹丸速度、弹丸流量、喷射角度、喷射时间、喷嘴到零件表面的距离等，上述诸参数中任何一个发生变化，都会影响零件的强化效果。在实际生产过程中，是通过弹丸（尺寸、硬度、破碎率等）、喷丸速度、表面覆盖率、表面粗糙度 4 个参数来检验、控制和评定喷丸强化质量。

2. 滚压

滚压强化技术是 1929 年由德国人提出的，1933 年美国在铁路上开始应用滚压方法，滚压可以显著地提高零件的疲劳强度，并且降低缺口敏感性。滚压特别适用于形状简单的大零件，尤其是尺寸突然变化的结构应力集中处，如火车轴的轴颈、齿轮的齿根等，滚压处理后，其疲劳寿命都有明显的提高。图 2-23 所示为滚压装置结构示意图。

3. 孔挤压

孔挤压是利用棒、衬套、模具等特殊的工具，对零件孔或周边连续、缓慢、均匀地挤压，变成塑性变形的硬化层，其结构示意图如图 2-24 所示。塑性变形层内组织发生变化，引起形变强化,并产生残余压应力,降低了孔壁粗糙度,对提高材料疲劳强度和应力腐蚀能力很有效。

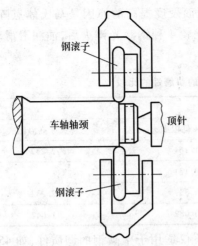

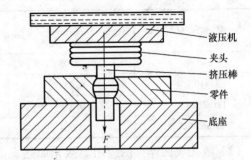

图 2-23　滚压强化用装置的结构示意图　　　图 2-24　挤压棒挤压强化装置的结构示意图

2.5.2　固态扩渗表面强化——化学热处理

化学热处理是利用固态扩散使其他元素渗入金属工件表面的热处理工艺,也称之为固态扩渗热处理。化学热处理是将工件放在含有渗入元素的活性介质中,加热到一定温度后进行保温,使渗入元素被吸附并扩散渗入表面层,改变表面层化学成分,致使工件表面层的组织结构和性能发生变化。化学热处理强化可以提高工件表面强度、硬度和耐磨性,提高表面疲劳强度,提高表面耐腐蚀性,使工件表面具有良好的抗黏着能力和低的摩擦系数。

表面化学热处理种类较多,一般以渗入的元素来命名。常用的表面化学热处理强化方法有渗碳、渗氮、碳氮共渗、渗硼、渗金属(通常为 W、V、Cr 等)等。

2.5.3　表面固态相变强化——表面淬火

表面固态相变是固态相变的一种表面强化工艺,利用快速加热将钢件表面加热到其共析温度以上转变为奥氏体,然后快冷,形成马氏体组织的硬化层,而心部仍然保持其原始组织,这种工艺称为表面淬火。

表面淬火方法很多,根据加热时所用的功率密度大小可分为较高能率密度加热和高能率密度加热。根据加热方法的不同可分为感应加热、火焰加热、激光加热、电子束加热等。根据加热能量来源不同可分为:内热源加热和外热源加热。

1. 激光加热表面淬火

(1) 激光及激光加热的基本原理。激光是 20 世纪 60 年代出现的重大科学技术成就之一。激光是用相同频率的光诱发而产生的。由于激光具有高亮度、高方向性和高单色性等很具有价值的特殊性能,一经问世就引起了各方面的重视。70 年代制造出大功率的激光器以后,相继出现了一些激光处理的表面强化新技术。目前,已有激光淬火、激光合金化、激光涂层以及激光冲击硬化等。

激光加热表面淬火就是用激光束照射工件表面,工件表面吸收其红外线而迅速达到极高的温度,超过钢的变相点。随着激光束离开,工件表面的热量迅速向心部传递而造成极大的冷却速度,靠自己冷却而使表面淬火。

激光淬火比常规淬火的表面硬度高,激光淬火表面硬度提高的原因是马氏体点阵畸变,特殊碳化物的析出,硬化层晶粒超细化。表 2-7 中比较 4 种钢激光淬火后,油润滑滑动摩擦情况下耐磨性。激光淬火显著地提高了钢的耐磨性。

表 2-7　激光淬火与常规淬火的耐磨性的比较

钢　　材	磨　损　量　/　mm^3		
	激光淬火	淬火 + 低温回火	淬火 + 高温回火
45	0.105	1.161	2.232
T10	0.082	0.131	—
18Cr2NiWA	0.386	0.837	2.232
40CrNiMoA	0.064	0.082	1.047

(2)激光表面淬火的应用。激光加热表面淬火不仅适用于中碳钢的调质件,如 45、40Cr 和 40CrMnNo,而且对铸铁、低碳钢和高碳钢也能进行激光淬火,发展很快。激光淬火大量用于处理内燃机、汽车和拖拉机发动机气缸套内壁取得良好的效果。我国已有一些生产线,如有的气缸内壁获得 3~6 mm 宽、0.3~0.4 mm 深的淬硬带,表面硬度为 750~1 000 HV,缸径呈规律性缩小 0.01~0.03 mm,使用寿命提高 12 倍。美国通用汽车公司,1978 年以来先后用 5 台 5KWCO$_2$ 激光器,处理大增压柴油机铸铁气缸,15 min 处理 1 件,提高耐磨性,成为正式工艺。我国一汽公司用激光淬火处理发动机气缸,寿命提高一倍,行车超过 $3×10^5$ km。激光淬火处理拖拉机缸套使用寿命达 8 000 h。T10A 钢冲孔模激光淬火后,刃部硬度为 1 200~ 1 300 HV,首次重磨寿命由 0.4~0.5 万次提高到 1.0~1.4 万次。激光淬火处理可锻铸铁的齿轮转向器箱体内孔,每件处理时间 18 s,每年处理 3.3 万件,耐磨性提高 9 倍,处理费仅为渗碳的 1/5。激光淬火的 Z-351 组合机镶钢导轨硬度与耐磨性远高于 HT200 灰铸铁高频淬火。照相机快门推板激光淬火度高,耐磨性好,使用寿命长。汽车阀杆导孔内壁激光淬火后,耐磨性提高 3 倍,形变减小 1/2,汽车后桥激光淬火后,其使用寿命提高 4 倍。AH-64 直升机的行星齿轮,传动齿轮用激光淬火代替渗碳淬火。美国用激光淬火代替渗氮处理导弹发射系统用凸轮,硬度高,形变小,耗电减少 71%。美国用二氧化碳连续激光器,功率 4 kW,处理 T-142 坦克的端部连接器的悬挂装置,速度为 5.1 mm/s,进行深层淬火。淬硬层深度为 3~5 mm,在淬硬层深度 0.5~3.0 mm 范围内硬度均匀,为 50HRC,往内降低到 36HRC,随后又升到 42HRC。这种深层处理与感应加热相比没有感应圈设计等难题,可能会是激光加热器的新领域。

2. 电子束加热表面淬火

(1)电子束及其加热的基本原理。电子束表面淬火是将工件置于 13 Pa、1~3 Pa、33Pa 真空室中,用 $10^3~10^5$ W/cm² 的高速电子流轰击工件表面,在 $10^{-3}~10^{-1}$ s 的极短时间内,加热到钢的变态点以上,转变为晶粒极细的奥氏体。由于电子束能量极高、集中,加热层很薄,可以靠自激冷却进行淬火。电子束照射方式,可以是连续的,也可以是脉冲的。

在无扫描装置的条件下,用于表面淬火加热的电子束以散焦为宜。聚焦的电子束能量集中于一点,适用于焊接。采用散焦的方法,能量的分布是不均匀的,两边低,中间高,呈高斯分布曲线,所以会造成淬火区硬度不均匀,硬化层呈球顶状。用线状电子束扫描装置可得到长方形的硬化层,这样能量分布较为均匀,是比较理想的硬化层。电子束加热速度快,淬火组织很细,可以得到细针马氏体、隐晶马氏体,甚至超细化组织,这是电子束热处理的重要特点之一。电子束淬火一般不需要回火。

经电子束加热表面淬火后,工件表面层呈压应力状态,有利于提高疲劳强度,从而延长工件使用寿命。电子束热处理是在真空中进行,所以无氧化,无脱碳,不影响零件的粗糙度,处理后表面呈白亮色。电子束淬火后,零件几乎不发生形变,不需要再精加工,可直接装配使用。由于电子束的射程长,局部淬火部分的形状不受限制,即使是深孔底部及狭小的沟槽内部也能淬火。

(2)电子束表面淬火的特点。能量密度高,最高可达 10^9 W/cm^2,表面淬火最高需要 10^5 W/cm^2。电子束能量转换率高,大于 90%。局部淬火面积小,聚焦细微,电流为 1 ~ 10 mA 时,能量聚焦为 10 ~ 100 μm,电流 1mA,可聚焦小于 0.1 μm,热影区小。

① 作用时间短,0.1 s,工件变形小。

② 在真空度 1.33 ~ 13.3 Pa 工作室中进行处理,工件不氧化,无污染。

③ 用磁场或电场直接控制电子束强度、聚焦位置及扫描速度,可实现高精度、无惯性控制,精度为 0.1 μm 左右,速度大于 100 m/s。使人们对电子束表面淬火很感兴趣,可能成为与激光淬火竞争的对手。需在真空工作室中工作是它的缺点,影响它的推广使用。

(3)电子束表面淬火的应用。电子束表面淬火首先用于汽车工业和宇航工业。铬硼钢制造的汽车离合器进行电子束表面淬火,工作室真空度为 6.67 Pa,容积为 0.03 m^3。电子束以预定的图案照射 3 个排成一列离合器沟槽表面上加热淬火,然后工件旋转到下一个沟槽再进行加热淬火,直到 8 个沟槽都淬完后降下工作台取下工件。淬硬层深度为 1.5 mm,表面硬度为 58HRC。整个操作共需 42 s 时间,每小时处理 250 个工件,并克服了感应加热表面无法克服的形变问题。用电子束表面淬火处理 M50(Cr - 4Mo - V)钢制作的航空发动机主轴轴承圈,旋转接触面淬硬层深度 0.75 mm,代替整体淬火,解决了疲劳断裂问题。用电子束淬火处理柴油发动机凸轮顶杆,电子束流为 0.98 mA,加热电压为 45 kV,功率为 4.4 kW,时间为 0.9 s,生产率为 625 件/h,能准确控制淬硬层部位,效果很好。用 2.5 kW 电子束淬火铸铁,温度为 1 000 ~ 1 050 ℃,冷却速度大于 2 200 K/s,得到 0.6 mm 淬硬层,渗层中团絮状石墨溶解到奥氏体中,获得细粒状石墨加马氏体组织。

2.6　钳工修复和机械修复技术

钳工和机械加工是零件修复过程中最主要、最基本、最广泛应用的工艺方法。它既可以作为一种独立的手段直接修复零件,也可以是其他修复方法(如焊、镀、涂等工艺的准备)或最后加工必不可少的工序。

2.6.1　钳工修复

1. 铰孔

铰孔是利用铰刀进行精密孔加工和修整性加工的过程,它能提高零件的尺寸精度和减小表面粗糙度值,主要用来修复各种配合的孔,修复后其公差等级可达 IT7 ~ IT9,表面粗糙度

Ra 值可达 $3.2 \sim 0.8$ μm。

2. 研磨

用研磨工具和研磨剂,在工件上研掉一层极薄表面层的精加工方法称为研磨。研磨可使工件表面得到较小的表面粗糙度值、较高的尺寸公差和几何公差。

研磨加工可用于各种硬度的钢材、硬质合金、铸铁及有色金属,还可以用来研磨水晶、天然宝石及玻璃等非金属材料。

经研磨加工的表面尺寸误差可控制在 $0.001 \sim 0.005$ mm 范围内。一般情况下,表面粗糙度 Ra 值可达 $0.8 \sim 0.5$ μm,最高可达 Ra 0.006 μm,而几何误差可小于 0.005 mm。

3. 刮研

用刮刀从工件刮去较高点,再用标准检具(或与之相配的件)涂色检验的反复加工过程称为刮研。刮研用来提高工件表面的几何公差、尺寸公差、接触公差、传动公差和减少表面粗糙度值,使工件表面组织紧密,并能形成比较均匀的微浅凹坑,创造良好的存油条件。

(1)刮研特点。刮研技术具有以下优点:

① 可以按照实际使用要求将导轨或工件平面的几何形状刮成中凹或中凸等各种特殊形状,以解决机械加工中不易解决的问题,消除由一般机械加工所遗留的误差。

② 刮研是手工作业,不受工件形状、尺寸和位置的限制。

③ 刮研中切削力小,产生热量小,不易引起工件受力变形和热变形。

④ 刮研表面接触点分布均匀,接触精度高,如采用宽刮法还可以形成油楔,润滑性好,耐磨性高。

⑤ 手工刮研掉的金属层可以小到几微米以下,能够达到很高的精度要求。

刮研法缺点是工效低、劳动强度大、但在机械设备维修中,刮研法仍占有相当的比重。例如,导轨和相对滑行面之间、轴和滑动轴承之间、导轨与导轨之间、两相配零件的密封表面等,都可以用刮研而获得良好的接触精度,增加运动副承载能力和耐磨性,提高导轨和导轨之间的位置精度,增加密封表面的密封性。

(2)刮刀:刮刀是刮研时的主要工具,一般采用碳素工具钢(如 T10A、T12、T12A)或轴承钢(如 GCr15)经锻造、加工、热处理及刃磨制成。刮刀的刃部要求有较小的表面粗糙度值、合理的角度及刃口形状,硬度在 60 HRC 以上。

刮刀分平面刮刀及曲面刮刀两种:

① 平面刮刀主要用来刮研平面,也可以用来刮研外曲面。按刮研表面精度不同,又可分为粗刮刀、细刮刀及精刮刀 3 种。

② 曲面刮刀主要用来刮研内曲面,如滑动轴承、部分轴瓦或轴套等,常用的曲面刮刀如图 2-25 所示。

(a)三角刮刀   (b)蛇头刮刀

图 2-25 曲面刮刀

三角刮刀是用来刮研内曲面的,其断面形状呈三角形,每个面中间开有凹形槽,面的边缘留 $2 \sim 3$ mm 的棱边作为刃面。

蛇头刮刀也是用来刮研内曲面的,其断面形状呈矩形,并在两平面上开有凹形刀槽,刀头两圆弧的侧面有 4 条圆弧刀刃,粗刮刀的圆弧半径大,精刮刀的圆弧半径小。

(3) 显示剂:显示剂是用来反映工件待刮表面与基准工具刮研后,保留在其上面的高点或接触面积的一种涂料。

① 种类:常用的显示剂有红丹粉、普鲁士蓝油、烟墨油、松节油等。

● 红丹粉有铁丹和铅丹两种,在全损耗系统用油调和而成,多用于黑色金属刮研。

● 普鲁士蓝油是由普鲁士蓝粉和全损耗系统用油调和而成,用于刮研铜、铅工作。

● 烟墨油是由烟墨和全损耗系统用油调和而成,用于刮研有色金属。

● 松节油用于平板刮研,接触研点白色发光。

● 酒精用于校对平板,涂于超级平板上,研出的点子精细、发亮。

● 油墨与普鲁士蓝油用法相同,用于精密轴承刮研。

② 使用方法:显示剂使用正确与否,直接影响刮研表面质量。使用显示剂时,应注意避免砂粒、切削和其他杂质混入而拉伤工件表面。显示剂应调得干些,涂在研件表面上要薄而均匀,研出的点子细小,便于提高刮研精度。

(4) 平面刮研的方法、步骤和注意事项。

① 平面刮研的方法有手推式刮研和挺刮研两种,如图 2 - 26 所示。

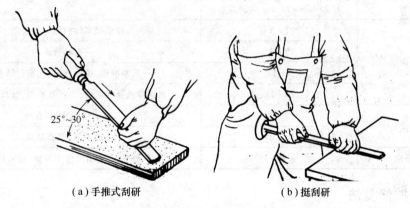

（a）手推式刮研　　　　　　　（b）挺刮研

图 2 - 26　平面刮研

● 手推式刮研有推、压和提起 3 个动作,如图 2 - 26(a)所示,手推式基本上是手臂运动,要求用较大的臂力来操作。

● 挺刮研是将刮刀柄放在小腹右侧骨肉发达处,双手握住刀杆,左手离刃口 80 mm 处,利用大腿和腰部的力量向前推挤,双手将刮刀下压并掌握刮研方向。当刮出一段刀花后,将刮刀立即提起,双手和臀部的动作也要密切配合,如图 2 - 26(b)所示。

② 刮研步骤:

● 粗刮是用平面粗刮刀刮研。刮研是刀痕宽约 8 ~ 16 mm,长约 30 ~ 60 mm,并应连成片。第一遍刮研方向与加工方向成 45°,第二遍刮研方向与第一遍方向成 90°,连续刮研工件表面。在整个刮研面上刮除量应均匀,不允许出现中间低,四周高的现象。刮研表面 25 mm × 25 mm 面积内有 2 ~ 3 个点时,粗刮结束。

● 细刮是用平面刮刀刮研。刮研时,刀痕宽度 6 ~ 12 mm,长 10 ~ 25 mm,按一定方向依次刮研。刀痕依点子而分布,可连刀刮研。刮第二遍时,与上一遍交叉成 45°~ 60°方向进行。

在刮研中,应将高点周围部分也刮去,使周围的次高点显示出来,可节省刮研时间;同时要防止刮刀倾斜,避免刮刀回程时在刮研表面拉出深痕。当刮研表面 25 × 25 mm 面积内出现12 ~ 15 点时,细刮完成。

- 精刮是用平面精刮刀刮研。刮刀刃口必须保持锋利和光洁,防止刮研时出现撕纹,刮研压力宜小,刀痕减小到最小程度,即宽约 1.5 mm,长约 2.5 mm。可将点子分成 3 种类型刮研:刮研最大最亮的点子;挑开中等点子;留下小点子不刮。这样连续刮几遍,点子会越来越多,在刮刀最后两三遍时,交叉刀痕,刀痕大小、形状要一致,排列要整齐,使刮研面美观。精刮后,刮研表面 25 mm × 25 mm 面积内显点数在 20 点以上。

- 刮花可增加刮研面的美观,能使滑动件之间形成良好的润滑条件,并且在使用过程中还可以根据花纹的消失来判断平面的磨损程度。常见的花纹有斜纹花、鱼鳞花和半月花等几种。

(5)刮研精度的检查。刮研精度常用的检查方法有两种。一种是 25 mm × 25 mm 正方形方框罩在被检表面上,工具方框内接触点的显示数目多少来决定接触精度;另一种方法是用允许的平面度和直线度数值来表示。各种平面接触精度的显点如表 2 - 8 所示。

表 2 - 8　各种平面接触精度显点数

平面种类	每 25 mm × 25 mm 内研点数	应 用
一般平面	2 ~ 5	较粗糙零件的固定结合面
	5 ~ 8	一般结合面
	8 ~ 12	一般基准面、机床导向面、密封结合面
	12 ~ 16	机床导轨及导向面、工具基准面、量具接触面
精度平面	16 ~ 20	精密机床导轨、直尺
	20 ~ 25	1 级平板、精密量具
超精密平面	>25	0 级平板、高精度机床导轨、精密量具

2.6.2　机械修复法

1. 修理尺寸法

修理时不考虑原来的设计尺寸,采用切削加工或其他的加工方法恢复失效零件的形状精度、位置精度、表面粗糙度和其他技术条件,从而获得一个新的尺寸,这个尺寸即为修理尺寸。而与此相配合的零件则按这个修理尺寸制作新件或修复,这种方法成为修理尺寸法。

例如,在卧式车床横向进给机构中,当横向进给丝杠、螺母磨损后,将造成丝杠螺母配合间隙增大,影响传动精度。为恢复其精度,可采取修丝杠、换螺母的方法修复。修理丝杠时,可车深丝杠螺纹,减小外径,使螺纹深度达到标准值。此时丝杠的尺寸为修理尺寸,螺母应按丝杠的修理尺寸重新制作。

确定修理尺寸时,首先应考虑零件结构上的可能性和修理后零件的强度、刚度是否满足需要。例如,轴的尺寸减小量一般不超过原设计尺寸的 10%,轴上键槽可扩大一级;对于淬硬的轴颈,应考虑修理后能满足硬度要求等。

2. 镶加零件法

相配合零件磨损后,在结构和强度允许的条件下,用增加一个零件来补偿由于磨损和修复去掉的部分，以恢复原配合精度，这种方法称为镶加零件法。

例如，箱体上的一般孔磨损后，可用扩孔镶套的方法进行修复。这时，套和箱体上的孔可用过盈配合连接或用过渡配合加骑缝螺钉紧固，如图 2 - 27 所示。

箱体或复杂零件上的内螺纹损坏后，可扩孔以后再加工直径大一级的螺纹孔来修复或考虑在其他部位新制螺纹孔。也可用扩孔后镶丝套的方法进行修复，如图 2 - 28 所示。

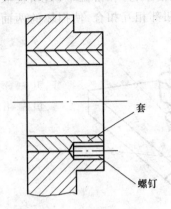

图 2 - 27　用扩孔镶套的方法

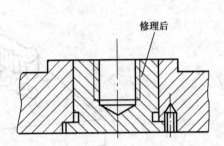

图 2 - 28　用镶丝套的办法修复螺纹孔

3. 局部更换法

有些零件在使用过程中，各部分可能出现不均匀的磨损，某个部分磨损严重，而其余部分完好或磨损轻微。在这种情况下，一般不宜将整个零件报废。如果零件结构允许，可把损坏的部分除去，重新制作一个新的部分，并以一定的方法使新换上的部分与原有零件的基本部分连接成为整体，从而恢复零件的工作能力，这种修理方法称局部更换法。

4. 换位法

有些零件在使用时产生单边磨损，或磨损有明显的方向性，而对称的另一边磨损较小。如果结构允许，在不具备彻底对零件进行修复的条件下，可以利用零件磨损的一边，将其换一个方向安装继续使用，这种方法称为换位法。

5. 塑性变形法

塑形变形法是利用外力使金属产生塑性变形，恢复零件的几何形状，或使零件非工作部分的金属向磨损部分移动，以补偿磨损掉的金属，恢复零件工作表面原来的尺寸精度和形状精度。常用的方法有镦粗法、扩张法、缩小法、压延法和校正。

6. 金属扣合法

金属扣合法是利用的塑性变形或热胀冷缩的性质将损坏的零件连接起来，已达到修复零件裂纹或断裂的目的。这种技术可用于不易焊补的钢件、不允许有较大变形的铸件以及有色金属的修复，对于大型铸件如机床床身、轧机机架等基础件的修复效果就更为突出。

（1）金属扣合法的特点

① 整个工艺过程完全在常温下进行，排除了热变形的不利因素。

② 操作方法简便，不需要特殊设备，可完全采用手工作业，便于现场就地进行修理工作，具有快速修理的特点。

③ 波形槽分散排列，扣合件（波形键）分层装入，逐片铆击，避免了应力集中。

（2）金属扣合技术的分类。金属扣合技术分为强固扣合、强密扣合、优级扣合和热扣合 4

种。在实际应用中,可根据具体情况的技术要求,选择其中一种或多种联合使用,以达到最佳效果。

① 强固扣合法:该法适用于修复壁厚为 8 ~ 40 mm 的一般强度要求的薄壁机件。其工艺过程是:先在垂直于机件的裂纹或折断面的方向上,加工出具有一定形状和尺寸的波形槽,然后把形状与波形槽相吻合的高强度合金波形键镶入槽中,并在常温下铆击,使波形键产生塑形变形而充满槽腔,这样波形键的凸缘与波形槽的凹部相互扣合,使损坏的两面重新牢固地连接成一体,如图 2 - 29 所示。

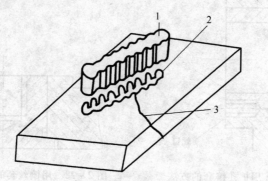

图 2 - 29 强固扣合
1—波形键;2—波形槽;3—裂纹

● 波形键的设计和制作。通常将波形键(见图 2 - 30)的主要尺寸凸缘直径 d、颈部宽度 b、间距 l(波形槽间距 W)规定成标准尺寸,根据机件受力大小和铸件壁厚决定波形键的凸缘个数,每个断裂部位安装波形键的个数、波形槽间距等。一般取 b 为 3 ~ 6 mm,其他尺寸可按下列经验公式计算:

$$d = (1.4 \sim 1.6)b$$
$$l = (2 \sim 2.2)b$$
$$t \leqslant b$$

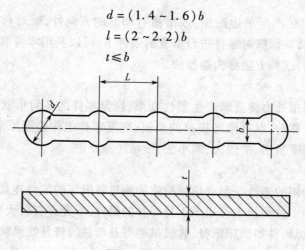

图 2 - 30 波形键

通常选用的凸缘个数为 5、7、9。一般波形键材料常采用 1Cr18Ni9 或 1Cr8Ni9Ti 奥氏体镍铬钢。对于高温工作的波形键可采用热膨胀系数与机件材料相同或相近的 Ni36 或 Ni42 等高镍合金钢制造。

波形键成批制作的工艺过程是:下料—挤压或锻压两侧波形—机械加工上下表面和修整

凸缘圆弧—热处理。

● 波形键的设计和加工。波形槽尺寸除槽深 T 大于波形键厚度 t 外,其余尺寸与波形键尺寸相同,而且它们之间配合的最大间隙可达 $0.1 \sim 0.2$ mm。槽深 T 可根据机件壁厚 H 而定一般取 $T = (0.7 \sim 0.8)H$。

为改善工件受力状况,波形槽通常布置成一前一后或一长一短的方式,对于承受弯曲载荷的机件,可将波形槽设计成阶梯状,以减小机件内壁因开机槽而遭削弱。

小型机件的波形槽加工可利用铣床、钻床等加工成形。大型机件拆卸和搬运不便,因而采用手电钻和钻模横跨裂纹钻出与波形键的凸缘等距的孔,用锪钻将底锪平,然后钳工用宽度等于 b 的錾子修正波形槽宽度上的两平面,即成波形槽。

● 波形键的扣合与铆击。先用压缩空气把波形槽清理干净,将波形键镶入槽中,再用铆钉枪铆击波形键。铆时由两端向中间推进,轮换对称铆击,最后铆击裂纹上凸缘时不宜过紧,以免撑开裂纹。为使波形件充分冷作硬化,提高其抗拉强度,操作时每个部位应先用圆弧冲头垂直冲击中心部,再用平底冲头铆击边缘,直至铆紧为止。

② 强密扣合法:在应用了强固扣合法以保证一定的强度条件之外,对于有密封要求的机件,如承受高压的汽缸、高压容器等防渗漏的零件,应采用强密扣合法,如图 2 - 31 所示。

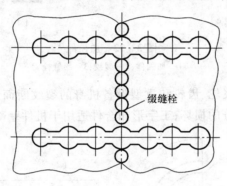

缀缝栓

图 2 - 31　强密扣合法

它是在强固扣合法的基础上在两波形键之间、裂纹或折断面的结合线上,加工缀缝栓孔,并使第二次钻的缀缝的栓孔稍微切入已装好的波形键和缀缝栓,形成一条密封的“金属纽带”以达到阻止流体受压渗漏的目的。

缀缝栓可用 $\phi 5 \sim \phi 8$ mm 的低碳钢或纯铜等软质材料制造,这样便于铆紧。缀缝栓与机件的链接与波形键相同。

③ 优级扣合法。主要用于修复在工作过程中要求承受高载荷的厚壁机件,如水压机横梁、轧钢机主梁、辊筒等。为了使载荷分布到更多的面积和远离裂纹或折断处,需在垂直于裂纹或折断面的方向上镶入钢制的砖形加强件,用缀缝栓连接,有时还用波形键加强,如图 2 - 32 所示。

加强件除砖形外还可制成其他形式,如图 2 - 32 所示。图 2 - 32(a) 为修复钢件,用于张紧的加强件。图 2 - 32(b) 为用于承受冲击载荷的加强件,靠近裂纹处不加缀逢栓固定,以保持一定的弹性。图 2 - 32(c) 为 X 形加强件,有利于扣合时拉紧裂纹。图 2 - 32(d) 为十字形加强件,用于承受多方面载荷。

④ 热扣合法。热扣合法是利用加热的扣合件在冷却过程中产生收缩而将裂开的机件锁

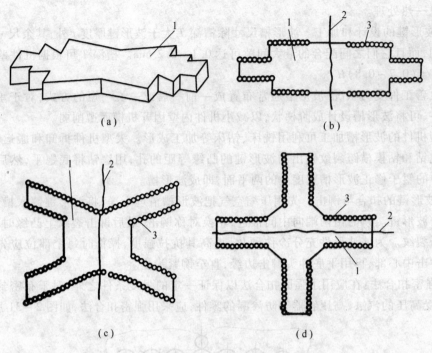

图 2-32 加强件
1—加强件;2—裂纹;3—缀缝栓

紧。该法适用于修复大型飞轮、齿轮和重型设备机身的裂纹断面。如图 2-33 所示,圆环状扣合件适用于修复轮廓部分的损坏;工字形扣合件适用于机件壁部的裂纹或断裂。

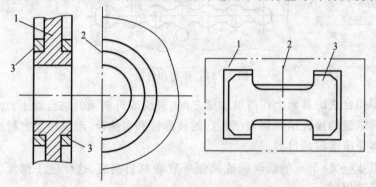

图 2-33 热扣合法
1—机件;2—裂纹;3—扣合件

综上所述,可看出金属扣合法的优点是:使修复的机件具有足够的强度和良好的密封性;所需设备、工具简单,可现场施工;修理过程中机件不会产生热变形和热应力等。其缺点主要是薄壁铸件(厚度 <8 mm)不宜采用;波形键与波形槽的制作加工较麻烦等。

2.7 机械零件修复的选择

在机械设备维修中,充分利用修复技术,合理地选择修复工艺,是提高修理质量、降低修理成本、加快修理速度的有效措施。

2.7.1　修复技术的选择原则

合理选择修复技术是维修中的一个重要问题,特别是对于一种零件存在多种损坏形式或一种形式可用几种修复技术维修的情况下,选择最佳修复技术显得更加必要。在选择和确定合理的修复技术时,要保证质量,降低成本,缩短周期。从技术经济观点出发,结合本单位实际生产条件,需要考虑以下一些原则。

1.技术合理

采用的修复技术应能满足待修零件的修复要求,修复后能保持零件原有技术要求。为此,要作以下几项考虑:

(1)待选的修复技术对零件材质的适应性。在现有修复技术中,任何一种方法都不能完全适应各种材料,都有其局限性,所以在选择修复技术时,首先应考虑修复技术对修复机械零件材质的适应性。

如喷涂技术在零件材质上的适用范围较宽,金属零件如碳钢、合金钢、铸铁件和绝大部分有色金属及其合金等几乎都能喷涂。但对少数有色金属及其合金(紫铜、钨合金、钼合金等)喷涂则较困难,主要是这些材料的导热系数很大,喷涂材料与它们熔合困难。

又如喷焊技术,它对材质的适应性较复杂、铝、镁及其合金、青铜、黄铜等材料不适用于喷焊。

表 2-9 列出了几种修复工艺对常用材料的适应性,可供选择修复技术时参考。

表 2-9　修复工艺对常用材料适应性对照表

修复工艺	低碳钢	中碳钢	高碳钢	合金结构钢	不锈钢	灰铸铁	铜合金	铝
镀铬	+	+	+	-		+		
镀铁	+	+	+	+	+	+		
气焊	+	+				-		
手工电弧堆焊	+	+	+	+	+	-		
振动堆焊	+	+	+	+	+	-		
埋弧堆焊	+	+	+	+	+			
等离子堆焊	+	+	-	+	+	-		
金属喷涂	+	+	+	+	+	+	+	+
氧-乙炔火焰喷焊	+	+	+	+	-	-		
钎焊	+	+	+	+	+	+	+	+
粘接	+	+	+	+	+	+	+	+
金属扣合						+		
塑性变形	+	+						+

注:表中的"+"为修复效果良好;"-"表示修复,但需采取一些特殊措施;空格表示不适用。

(2)各种修复技术能达到的修补层厚度。各种零件由于磨损程度不同,要求的修复层厚度也不一样。所以,在选择修复技术时,必须了解各种修复技术所能达到的修补层厚度。

(3)零件构造对修复工艺选择的影响。例如,直径较小的零件用埋弧堆焊和金属喷涂修复技术就不适合;轴上螺纹车成直径小一级的螺纹时,要考虑到螺母的拧入是否受到临近轴直径尺寸较大的限制等。

（4）修复零件修补层的力学性能。修补层的强度、硬度、修补层和零件基体的结合强度以及零件修复后强度变化情况，是评价修理质量的重要标准，也是选择修理技术的重要依据。

例如，铬镀层硬度可高达 800～1 200 HV，其与钢、镍、铜等机械零件表面的结合强度可高于本身晶格间的结合强度；铁镀层硬度可达 500～800 HV（45～60 HRC），与基体金属的结合强度大约在 200～300 MPa。又如，喷涂层的硬度范围为 150～450 HB，喷涂层与工件基体的抗拉强度约为 20～30 MPa，抗剪强度为 30～40 MPa。

在考虑修补层力学性能时，也要考虑与其有关的问题。如果修复后修补层硬度较高，虽有利于提高耐磨性，但加工困难，如果修复后修补层硬度不均匀，则会引起加工表面不光滑。

机械零件表面的耐磨性不仅与表面硬度有关，而且与表面金相组织、表面吸附润滑油的能力等有关。例如，采用镀铬、镀铁、金属喷涂及振动电弧堆焊等修复技术均可用获得多空隙的修补层，空隙中能储存润滑油使用的机械零件即使在短时间内缺油也不会发生表面研伤现象。

2. 经济合算

在保证零件修复技术合理的前提下，应考虑到所选择修复技术的经济性。所谓经济合算，是指不单纯考虑修复费用，同时还要考虑零件的使用寿命，两者结合起来综合评价。

通常修复费用应低于新件制造的成本，即

$$S_修/T_修 > S_新/T_新$$

式中　$S_修$——修复旧件的费用（元）；

　　　$T_修$——旧件修复后的使用期（h 或 km）；

　　　$S_新$——新件的制造成本（元）；

　　　$T_新$——新件的使用期（h 或 km）。

上式表明，只要旧件修复后的单位使用寿命的修复费用低于新件的单位使用寿命的制造费用，即可认为此修复是经济的。

在实际生产中，还需注意考虑因缺乏备品配件而停机、停产造成的经济损失情况。这时即使所采用的修复费用较高，但从整体的经济方面考虑也是可取的，不应受上式限制。有的工艺虽然修复成本很高，但其使用寿命却高出新件很多，也应认为是经济合算的工艺。

3. 生产可行性

选择修复技术时，还要注意结合本单位现有的生产条件、修复技术水平、协作环境进行。同时应指出，要注意不断更新现有修复技术，通过学习、开发和引进，结合实际采用较先进的修复技术。

总之，选择修复技术时，不能只从一个方面考虑问题，而应综合地从几个方面来分析比较，从中确定出最优方案。

2.7.2　选择机械零件修复技术的方法与步骤

遵照上述选择修复技术的基本原则，选择机械零件修复技术的方法与步骤如下：

（1）了解和掌握待修机械零件的损伤形式、损伤部位和程度；了解机械零件的材质、物理、力学性能和技术条件；了解机械零件在机械设备中的功能和工作条件。为此，需查阅机械零件的鉴定单、图册或机械制造技术、装配图及其工作原理等。

（2）考虑和对照本单位的修复技术装备状况、技术水平和经验，并估算旧件修复的数量。

（3）按照选择修复技术的基本原则，对待修机械零件的各单位损伤部位选择相应的修复技术。如果待修机械零件只有一个损伤部位，则到此就完成了修复技术的选择过程。

（4）全面权衡整个机械零件各损伤部位的修复技术方案。实际上，一个待修机械零件往往同时存在多处损伤，尽管各部位的损伤程度不一，有的部位坑内处于未达极限损伤状态，但仍应当全面加以修复。此时按照步骤（3）确定机械零件各单个损伤的修复技术之后，就应当加以综合权衡，确定其全面修复的方案。为此，必须按照下述原则全面权衡修复方案：

① 在保证修复质量前提下，力求修复方案中采用的修复技术种类最少。

② 力求避免各修复技术之间的相互不良影响（例如热影响）。

③ 尽量采用简便而又能保证质量的技术。

（5）择优确定一个修复方案。当待修机械零件全面修复技术方案有多个时，最后需要再次根据修复技术选择基本原则，择优选定其中一个方案作为最后采纳的方案。

2.7.3　实施修复时应考虑的问题

实施修复时应考虑的问题有如下几点：

（1）修理的对象不是毛坯，而是有损伤的旧机械零件，同时损伤形式各不相同。因此修理时，既要考虑修理损伤部件，又要考虑保护不修理表面的精度和材料的力学性能不受影响。

（2）机械零件制造时的加工定位基准往往被破坏，为此，加工时需要预先修复定位基准或给出新的定位基准。

（3）需修复的磨损的机械零件，通常其磨损不均匀，而且需补偿的尺寸一般较小。

（4）机械零件需修理表面在使用中通常会产生冷作硬化，并沾有各种污秽，修理前需有整理和清洗工序。

（5）修复过程中采用各种技术方法较多，批量较小，辅助工时比例较高，尤其对于非专业化维修单位而言，多是单件修复。

（6）修复高速运动的机械零件，其原来平衡性可能受破坏，应考虑安排平衡工序，以保证其平衡性的要求。

（7）有些修复技术可能导致机械零件材料内部和表面产生微裂纹等，为保证其疲劳程度，要注意安排提高疲劳强度的工艺措施和采取必要的探伤检验等手段。

（8）有些修复技术（如焊接或堆焊）会引起机械零件变形，在安排工序时，应注意把会产生较大变形的工序安排在前面，并增加校正工序。对于精度要求较高、表面粗糙度要求低的工序应安排在后面。

2.7.4　零件修复方案实例

WK-4A 挖掘机提升机构中的卷筒齿轮在使用过程中由于长期满负荷工作发生了断齿现象（同时打掉 1 个全齿、3 个 2/3 个齿 和 5 个 1/4 个齿），当时气温在 -18℃ 以下，由于没有备件，又急需生产使用，需要全面抢修。

具体的施工方案如下：

（1）由于齿轮的材质为 ZG45，热处理 HB229-245，所以选取比母材性能高的 THJ560 焊条为焊接材料。

（2）焊前对焊条进行加热烘干，烘干温度为250℃，用直流反接焊接。

（3）焊前对堆焊部位清理干净，不得有油污和铁锈，必要时用磨光机进行打磨。之后对堆焊部位进行预热，达到250℃

（4）采用短弧间歇焊，焊好一层后用尖锤敲击焊接部位，用于清除药皮、消除焊接产生的残余应力，同时起到锻打的功效，沿齿宽和节距方向交替进行，按齿形进行堆焊直到齿形形成。

（5）随后对堆焊部位进行保温处理60 min。

（6）然后用磨光机进行打磨，去掉多余的高于齿厚的部分，到此为止，堆焊修复工作完成。

采用此法修补的卷筒齿轮经跟踪考察使用情况，效果很好，为检修提供了一种切实可行的修复大型齿轮的方法。

思 考 题

1. 对失效的机械零件进行修复与直接更换零件相比有何优点？
2. 铸铁补焊有何特点？铸铁件补焊的种类有哪些？
3. 堆焊有何特点？堆焊的种类有哪些？常见的几种自动堆焊原理是什么？
4. 喷焊有何特点？施工前应注意什么？
5. 热喷涂修复技术的基本原理是什么？有什么特点？
6. 简述氧 – 乙炔火焰喷涂的技术原理、特点、所用装置及过程。
7. 电刷镀与槽镀的基本原理是什么？两者有何异同？
8. 电刷镀溶液有几类？各有何作用？
9. 简述电刷镀技术所用设备和电刷镀过程。
10. 粘接修复技术的原理是什么？有何主要特点？
11. 什么叫表面强化技术？有哪些表面强化技术？
12. 电子束加热表面淬火的基本原理是什么？有何特点？
13. 什么叫刮研修复？刮研修复有何特点？
14. 简述刮研修复方法的特点和步骤。
15. 什么叫金属扣合法？金属扣合法有何特点？
16. 选择机械零件修复技术的方法与步骤有哪些？

第3章　普通机床电气故障诊断与维修

3.1　机床电气故障诊断的方法与步骤

在现代化加工生产过程中,遇到机床电气控制线路出现故障后,怎么能熟练、准确、迅速、安全地诊断与维修?首先需要了解机床的结构和运动形式,同时要掌握机床的各操作手柄、按钮的作用,并在此基础上能够较为熟练地操作机床,熟悉机床电气控制线路的工作原理,进而再运用各种方法对故障进行判断、分析、检测、诊断和维修。

3.1.1　机床电气故障的种类

机床在运行过程中可能受到很多因素的影响。例如,外界环境温度和湿度的影响、机械设备自然磨损、元器件的质量及绝缘老化等。因此,机床的电气控制线路将不可避免地出现一些故障。

机床电气故障可分为两大类:

1. 较容易发现的故障

这种故障具有明显的外表特征。例如,电动机和元器件的过热、冒火、冒烟和烧焦味等。

2. 较隐蔽的故障

这种故障没有明显的外表特征,并常常出现在机床电气控制线路的控制电路中。例如,接触器、继电器等触点接触不良或损坏、接线松脱、元器件损坏等。

3.1.2　机床电气故障的诊断与维修步骤

机床电气控制线路元器件多,线路较为复杂,在遇到故障时,需按照以下步骤进行诊断:

(1) 观察故障现象,了解发生故障的具体详细情况,调查故障。当工业机械发生电气故障后,切忌盲目动手诊断与维修。电气故障现象是多种多样的,例如,同一类故障可能有不同的故障现象,不同类故障可能有同种故障现象,这种故障现象的同一性和多样性,给查找故障带来复杂性。但是,故障现象是诊断与维修机床电气故障的基本依据,是电气故障诊断与维修的起点,因而要对故障现象进行仔细观察、分析,找出故障现象中最主要的、最典型的方面,了解故障发生的时间、地点、环境等。

(2) 分析故障原因,初步确定故障范围,缩小故障部位。根据调查结果,参考该机床电气控制线路图分析故障原因,初步判断出故障产生的部位,然后逐步缩小故障范围,直至找到故障点并加以消除。分析故障时应有针对性,例如,属于电动机的故障,应先检查电动机。当遇到断路或短路故障时,应先考虑动作频繁的元器件,后考虑其余元器件。

(3) 确定故障的部位,并判断故障点。确定故障部位是在对故障现象进行周密的考察和细致分析的基础上进行的。在这一过程中,往往要采用多种手段和方法。

① 先判断是机床电气控制线路的主电路还是控制电路的故障。例如,在电动机连续控制线路中,按起动按钮,接触器若不动作,故障必定在控制电路;若接触器吸合,但主轴电动机

不能起动,故障原因必定在主电路中。

② 主电路故障:可依次检查接触器主触点及三相交流电动机的接线端子等是否接触良好。

③ 控制电路故障:可检查有没有电压;控制电路中的熔断器是否熔断;按钮的触点是否接触不良;接触器线圈是否断线等。

在确定故障部位、判断故障点时,可通过以下方式确定:

① 断电检查:检查前先断开机床总电源,然后根据故障可能产生的部位,逐步找出故障点。检查时应先检查电源线进线处有无碰伤而引起的电源接地、短路等现象,螺旋式熔断器的熔体是否熔断,热继电器是否动作。再进一步检查电路中元器件是否有损坏,连接导线是否断路、松动,绝缘是否过热或烧焦。

② 通电检查:作断电检查仍未找到故障时,可对机床电气设备作通电检查。

在通电检查时要尽量使电动机和其所传动的机械部分脱开,将机床上的控制器和转换开关置于零位,行程开关还原到正常位置。然后,使用万用表检查电源电压是否正常,有否缺相或严重不平衡的情况。再进行通电检查,检查的顺序为:先检查机床的电气控制线路的控制电路,后检查主电路;先检查辅助系统,后检查主传动系统;先检查交流系统,后检查直流系统;合上开关,观察各电气元器件是否按要求动作,是否有冒火、冒烟、熔断器熔断的现象,直至查到发生故障的部位。

注意:机床的动作是由机床电气控制线路和机械系统相互配合实现的,出现故障时应注意机械系统的影响,在掌握机床电气控制线路的同时还应了解机床的机械原理,进而快速地找出故障点。

(4) 故障修复:根据所查找的故障点进行修复;然后通电试车,直到机床能正常运行。

以上是诊断与维修机床电气控制线路故障的步骤,实际中应根据故障的实际情况灵活查找,并通过动手实践,不断总结积累经验。

3.1.3 机床电气故障的诊断的一般方法

1. 直观法

在诊断前,根据实际经验并通过"问、看、听、摸、闻"来了解故障前后的操作情况和故障发生后出现的异常现象,以便根据故障现象判断出故障发生的部位,进而准确地排除故障。

故障调查:

(1) 问:机床发生故障后,首先应向操作者了解故障发生前的情况,根据电气设备的工作原理来分析发生故障的原因。一般询问的内容有:故障发生在开车前、开车后,还是发生在运行中?是运行中自行停车,还是发现异常情况后由操作者停下来;发生故障时,机床工作在什么工作顺序,按动了哪个按钮,扳动了哪个开关;故障发生前后,设备有无异常现象(如响声、气味、冒烟或冒火等);以前是否发生过类似的故障,是怎样处理的,等等。

(2) 看:仔细察看机床电气控制线路的各种元器件的外观变化情况,例如,看机床电气控制柜内熔断器的熔丝是否熔断,其他电气元器件有无烧坏、发热、断线,导线连接螺钉是否松动,电动机的转速是否正常。

(3) 听:在机床电气控制线路还能运行和不扩大故障范围、不损坏设备的前提下,可通电试车,仔细听电动机、变压器和一些电气元器件在运行时声音是否正常,可以帮助寻找发生故障的部位。

（4）摸：电动机、变压器和电气元器件的线圈发生故障时，温度显著上升，可切断电源后用手去触摸，看是否有过热现象。

（5）闻：故障出现后，首先断开电源，然后打开机床电气控制柜，可将鼻子靠近电动机、变压器、继电器、接触器、绝缘导线等处，闻闻是否有焦味。如有焦味，则表明元器件的绝缘层已被烧坏，主要原因则是过载、短路或三相电流严重不平衡等故障所造成。

2. 状态分析法

机床发生故障时，根据机床电气设备所处的状态进行分析的方法，称为状态分析法。电气设备的运行过程可以分解成若干个连续的阶段，这些阶段就称为状态。任何电气设备都处在一定的状态下工作，例如，机床中使用的电动机工作过程可以分解成起动、正转、反转、高速、低速、制动、停止等工作状态。机床电气故障总是发生于某种状态，而在这一状态中各种元器件所处状态恰恰正是分析故障的重要依据。例如，当机床的某台电动机起动时，有哪些元器件工作，有哪些接触器触点闭合等，因此，检查电动机起动故障时，只需要注意控制电动机起动的每个元器件（如按钮、接触器、继电器等）的工作状态。

3. 测量法

测量法是准确确定故障点的一种有效方法。这种方法需要使用测量工具和仪表（如试灯、电池灯、试电笔、万用表、兆欧表、钳形电流表等），通过在通电或断电的情况下，对机床电气控制线路中电阻、电压、电流等参数的测量，判断电气控制线路的通与断及元器件的好与坏。以下主要介绍万用表测量法。

（1）万用表电阻测量法：万用表电阻测量法是检测电气故障一种常用的方法。此方法是指利用万用表电阻挡测量机床电气控制线路上某两点间的电阻值来确定机床电气故障点或元器件的好坏。其方法有电阻分阶测量和电阻分段测量法。

① 电阻分阶测量法是当测量电路回路中某相邻两阶的电阻值为无穷大（∞）时，则说明该两阶点有故障；若测得这相邻两阶电阻值很小，则说明这两点是通路或短路。如图 3－1 所示，先断开电源，然后按下起动按钮 SB2 不放松，先测量 1－7 两点间的电阻值，若电阻值为无穷大（∞），说明 1－7 之间的电路断路，然后分阶测量 1－2、1－3、1－4、1－5、1－6 各点间的电阻值。若电路正常，则所测这两点间的电阻值为"0"；当测量到某标号间的电阻值为无穷大（∞）时，则说明万用表表笔刚测过的触点或连接导线出现断路。

② 电阻分段测量法是当测量到电路回路中某相邻两点的电阻值为无穷大（∞）时，则说明该两点间即为故障点。若测得这相邻两点电阻值很小，则说明这两点是通路或短路。如图 3－2 所示，检查时，先切断电源，按下起动按钮 SB2，然后依次逐段测量相邻两点 1－2、2－3、3－4、4－5、5－6 间的电阻。若测得某两点的电阻值为无穷大，说明这两点间的触点或连接导线断路。

例如，测得 2－3 两点间电阻为无穷大（∞）时，说明停止按钮 SB1 或连接 SB1 的导线断路。

万用表电阻测量法的优点是安全、简单、直观，缺点是测得电阻值不准确，容易造成判断错误，应注意以下几点：

- 用电阻测量法检查故障时应断开电源。
- 当测得电路与其他电路并联时，必须将该电路与其他电路断开，否则所测得电阻值是不准确的。

（2）万用表电压测量法：电压测量法是指当电路接通时，利用万用表电压挡测量机床电气控制线路上某两点间的电压值来确定机床电气故障点或故障元器件的方法。这种方法比较简单、直观，与电阻测量法最大的区别就是在通电的情况下查找故障，而且应区分电路中是对交流电压还是直流电压的测量，并根据该电路上的电压值，选择好万用表的电压量程，切不可用万用表的电流挡或电阻挡进行带电测量，否则烧坏万用表。

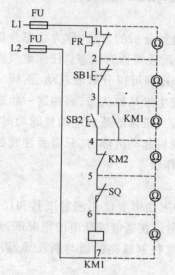

图 3-1　电阻分阶测量法

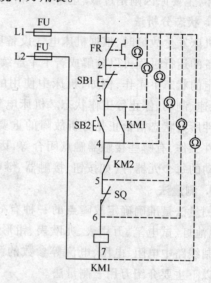

图 3-2　电阻分段测量法

用电压测量法测量机床电气故障的方法有：电压分阶测量、电压分段测量。

① 电压分阶测量法：在检测故障时，首先需接通电源，按步骤操作机床观察现象，当发现电路某一部分有问题时，选电路中某一公共点作为参考点，然后逐阶测量出相对参考点的电压值。例如，把万用表选择开关旋到交流电压 500 V 挡位上，如图 3-3 所示，首先用万用表测量 1、7 两点间的电压，若电路正常应为 380 V，然后按下起动按钮 SB2 不放，将黑表笔放到 7 号线上，红表笔分别依次测 2、3、4、5、6 点，分别测量 7-2、7-3、7-4、7-5、7-6 各阶之间的电压。若各阶电压均为 380 V，则说明电路正常；若测到某阶电压无电压（即电压读数为 0 V），则说明此处有断路。

② 电压分段测量法：这种方法是分别测量同一条支路上所有电器元件两端的电压值。如图 3-4 所示，在检测故障时，首先需接通电源，用万用表电压挡测试 1-7 两点，电压值为 380 V，说明电源电压正常。然后，将万用表的红黑表笔逐段测量相邻两标号点 1-2、2-3、3-4、4-5、5-6、6-7 间的电压。如果电路正常，按下 SB2 后，除 6-7 两点间的电压为 380 V 外，其他任何相邻两点间的电压值均为零。

例如，按下起动按钮 SB2，接触器 KM1 不吸合，说明发生断路故障，此时可用万用表的电压挡逐段测试各相邻两点间的电压。若测量到某相邻两点间的电压为 380 V 时，说明这两点间有断路故障。

4. 短接法

短接法简单、实用，查找故障快捷迅速，是电气维修者常用的方法之一。短接法是用导线

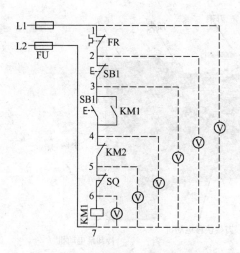

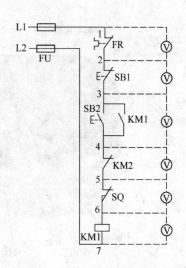

图 3 - 3　电压分阶测量法　　　　图 3 - 4　电压分段测量法

将机床上两等电位点短接起来,以确定故障点的方法。它主要用于判断电路可能出现断路故障的检查,例如导线虚接、虚焊、触点接触不良等。但在使用过程中一定要注意"等电位"点短接,错误的短接会发生短路事故。短接法有局部短接和长短接两种,这两种方法都是当电路通电时,利用绝缘导线的短接来观察电路的工作情况,以确定故障点。只不过长短接法可把故障点缩小到一个小的范围,查找得快一些。

短接法检查故障时应注意以下几点:

短接法是用手拿绝缘导线带电操作,所以一定要注意安全,避免发生触电事故。

短接法只适用于检查压降极小的导线和触点之间的断路故障。对于压降较大的电器,如电阻器、接触器和继电器的线圈等断路故障,不能采用短接法,否则会出现短路事故。

3.2　CA6140 型卧式车床电气控制线路的故障诊断与维修

CA6140 型卧式车床是一种应用极为广泛的金属切削机床,其主要功能是可以车削外圆、内圆、端面螺纹及车削成形表面。本节以 CA6140 型卧式车床电气控制线路的故障进行诊断与维修。

3.2.1　CA6140 型卧式车床

1. 主要结构

CA6140 型卧式车床与其他车床相比,具有性能优越、机构先进、操作方便和外形美观等特点。车床是机床中使用最为广泛的一种金属切削机床,主要用于加工零件的各种回转表面(例如,内、外圆柱面、端面、圆锥面、成形回转面等),还可通过尾架进行车削螺纹和孔加工。CA6140 型卧式车床主要由床身、主轴变速箱、进给箱、刀架、丝杠、光杠及尾架等部分组成。其主要结构如图 3 - 5 所示。

2. 运动形式

CA6140 型卧式车床运动形式包括主运动和进给运动。

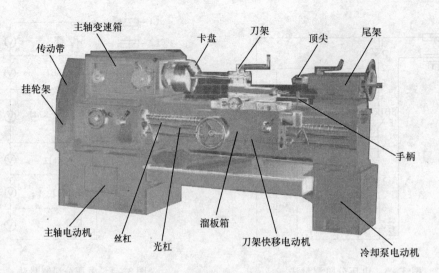

图 3 - 5　CA6140 型卧式车床结构图

- 主运动:即卡盘或顶尖带动工件的旋转运动。
- 进给运动:即溜板箱中的溜板带动刀架的直线进给运动。

CA6140 型卧式车床运行时,主运动消耗功率较大,刀架的进给运动消耗的功率很小。

3. 型号及含义

CA6140 型卧式车床的型号及其含义:

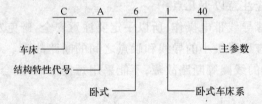

4. 电力拖动与电气控制要求

CA6140 型卧式车床共有 3 台电动机,其电力拖动及电气控制应满足以下要求:

主轴电动机是完成车床主轴运动和刀架进给运动的驱动源,一般只需要单向旋转,常选用三相笼形异步电动机。当车削螺纹时,主轴要求有正反转,采用机械方法实现反转。根据加工工件的材料、尺寸、工艺要求和刀具的种类,主轴还应具有不同的切削速度,其变速是由主轴电动机经 V 带传送到主轴变速箱实现。

在车床车削加工过程中,为避免刀具和工件温度过高,应由冷却泵电动机提供冷却液冷却。冷却泵电动机只需要单向旋转,但必须在主轴电动机起动后方可起动;当主轴电动机停止时,冷却泵电动机也应同时停止。

为减轻劳动者的劳动强度和提高生产效率,车床刀架可由快速电动机拖动,其移动方向由进给操作手柄配合机械装置实现。

车床必须有过载、短路、欠电压、失压保护环节。

车床具有安全电压所提供的局部照明电路。

3.2.2　CA6140 型卧式车床电气控制线路

为了能正确分析机床电气控制线路图,在识读电气控制线路基本环节的基础上还必须要掌握以下几点:

(1)机床电气控制线路图按功能被划分成若干区域,称为图区。图区从左到右依次使用阿拉伯数字编号,标注在电路图下方的方框(即图区栏)中。

(2)机床电气控制线路图的每部分电路在机床操作中的用途,必须使用文字标明在机床电气控制线路图上方的用途栏中。

(3)在机床电气控制线路图中,每个交流接触器线圈与受其控制的触点的从属关系如图 3 - 6 所示,即在交流接触器的文字符号 KM 的下方画两条竖直线,分成左、中、右 3 栏,把受其控制而动作的触点所处的图区号(即图区栏中的阿拉伯数字)表示出来,对没有使用的触点在相应的栏中用"×"标出或不标出任何符号。

在机床电气控制线路图中,继电器线圈文字符号下方画一条竖直线,分成左右栏,如图 3 - 7 所示。对没有使用的触点在相应的栏中用"×"标出或不标出任何符号。

图 3 - 6　交流接触器线圈符号下的数字标记　　图 3 - 7　继电器线圈符号下的数字标记

CA6140 型卧式车床电气控制线路图(也称车床电气原理图)由主电路、控制电路、照明、信号灯电路组成,如图 3 - 8 所示。

1. 主电路分析

主电路共有 3 台电动机:M1 为主轴电动机,带动主轴旋转和刀架作进给运动;M2 为冷却泵电动机;M3 为刀架的快速移动电动机。

三相交流电源通过空气开关 QF 引入,主轴电动机 M1 由交流接触器 KM 控制起动,热继电器 FR1 对主轴电动机 M1 起过载和断相保护。冷却泵电动机 M2 由中间继电器 KA1 控制起动,热继电器 FR2 为冷却泵电动机 M2 实现过载和断相保护。中间继电器 KA2 为控制刀架的快速移动电动机 M3 起动用,因快速移动电动机 M3 是短时工作,故不设过载与断相保护。

2. 控制电路分析

(1)主轴电动机 M1 的控制。按下起动按钮 SB2,交流接触器 KM 的线圈得电吸合,KM 的主触点吸合,主轴电动机 M1 起动。按下停止按钮 SB1 电动机 M1 停转。

(2)冷却泵电动机 M2 的控制。只有在交流接触器 KM 得电吸合,KM 辅助常开触点吸合实现自锁,主轴电动机 M1 起动后,合上开关 SB4,中间继电器 KA1 线圈得电吸合,冷却泵电动机 M2 才能起动,实现顺序控制。

(3)刀架快速移动电动机 M3 的控制。刀架快速移动电动机 M3 的起动是由安装在进给操纵手柄顶端的按钮 SB3 来控制,它与中间继电器 KA2 组成点动控制环节。将操纵手柄扳

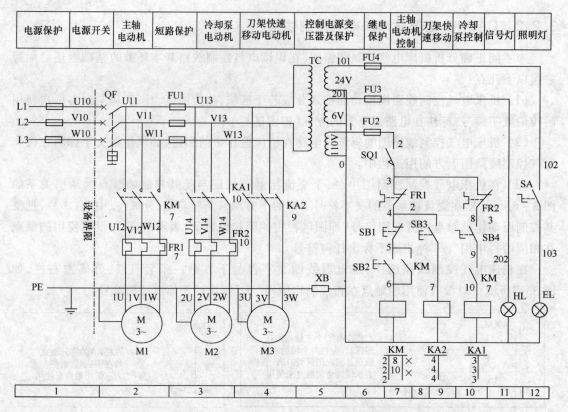

图 3 - 8　CA6140 卧式车床电气控制线路图

到所需要的方向,压下按钮 SB3,中间继电器 KA2 线圈得电吸合,电动机 M3 得电起动,刀架就向指定方向快速移动。

3. 照明、信号灯电路分析

控制变压器 TC 的二次侧分别输出 24 V 和 6 V 电压,作为机床照明灯和信号灯的电源。EL 为机床低压照明灯,由开关 SA 控制;HL 为电源信号灯。

4. CA6140 型卧式车床电气控制线路组成

CA6140 型卧式车床电气控制线路组成如表 3 - 1 所示。

表 3 - 1　CA6140 型卧式车床电气控制线路组成

序号	识读任务	参考区域	电路组成	元件功能
1	电源电路	1	FU	主轴电动机的短路保护
2		2	QF	电源开关
3		2	KM 的 3 个主触点	控制主轴电动机 M1 旋转
4		2	FR1 的热元件	主轴电动机 M1 过载与断相保护
5	主电路	2	M1	主轴电动机
6		3	FU1	M2 和 M3 的短路保护
7		3	KA1 的 3 个主触点	控制冷却泵 M2 旋转
8		3	FR2 的热元件	对冷却泵 M2 起过载与断相保护

续表

序号	识读任务	参考区域	电路组成	元件功能
9	主电路	3	M2	冷却泵电动机
10		4	KA2 的 3 个主触点	控制快速移动电动机 M3 旋转
11		4	M3	快速移动电动机
12		5	TC	输出 110 V 控制电压,24 V 照明电压,6 V 信号灯电压
13				
14		6	FU2	控制电路的短路保护
15		6	FU3	信号灯的短路保护
16		6	FU4	照明灯的短路保护
17		7	SQ1	安全保护
18		7	SB1	总停按钮
19	控制电路	7	SB2	主轴起动按钮
20		7	KM 线圈	控制 KM 的吸合与释放
21		8	KM 的辅助常开	KM 自锁
22		9	SB3	刀架快速移动按钮
23		9	KA2 线圈	控制 KA2 的吸合与释放
24		10	SB4	控制冷却泵
25		10	KM 的辅助常开	顺序控制 KA1
26		10	KA1 线圈	控制 KA1 的吸合与释放
27		11	HL	电源指示灯
28	照明灯	12	SA	照明开关
29		12	EL	照明灯

3.2.3　CA6140 型卧式车床的常见电气故障分析

1. 主轴电动机 M1 不能起动

根据故障点及故障现象(见表 3 - 2),分析造成 CA6140 型卧式车床主轴不能正常起动的故障原因如下:

(1)闭合电源开关 QF,按下起动按钮 SB2 后,交流接触器 KM 没有吸合,主轴电动机 M1 不能起动。分析故障现象后,故障原因应在控制电路中。

控制电路:可依次检查变压器 TC、熔断器 FU2、热继电器 FR1 的常闭触点、停止按钮 SB1、起动按钮 SB2 和交流接触器 KM 的线圈是否断路或接线松脱以及损坏等原因。

(2)按下起动按钮 SB2 后,交流接触器 KM 吸合,但主轴电动机 M1 不能起动,故障原因电路必在主电路中。

主电路:可依次检查三相电源 U11、V11、W11、KM 的主触点、FR1 热元件、U12、V12、W12 和三相交流电动机的接线端断线或接线松脱以及损坏等原因。

表 3 - 2　主轴电动机 M1 不能起动的故障诊断表

序号	故障点	观 察 现 象			
		照明灯	指示灯	主轴电动机	车床电气控制箱内部
1	KM 主触点损坏	亮	亮	不能起动	KM 吸合
2	FU2 开路	亮	亮	不能起动	KM 不吸合
3	KM 线圈损坏			不能起动	
4	KM 线圈的 0 号线断开			不能起动	

2. 主轴电动机 M1 不能停车

CA6140 型卧式车床主轴电动机不能停车的故障原因多数是因为交流接触器 KM 的铁心上面的油污使上下铁心不能释放或交流接触器 KM 的主触点发生熔焊，或停止按钮的常闭触点发生短路所致。如表 3 - 3 所示，根据发生的故障现象查找故障原因，并进行正确处理。

表 3 - 3　主轴电动机 M1 不能停车的故障诊断表

序号	故障现象	故障原因	故障处理方法
1	主轴电动机不能停车	KM 的主触点发生熔焊	切断电源，更换接触器主触点
2		接触器机械卡死、铁心剩磁过大或动铁心与静铁心的接触面有油污	更换接触器
3		KM 的常开触点接错	重新接线
4		停止按钮的常闭触点发生短路	检查是接线有误还是触点损坏，可对症处理

3. 刀架快速移动电动机 M3 不能起动

首先观察故障现象。根据故障点及故障现象（见表 3 - 4），可以分析出造成 CA6140 型卧式车床刀架快速移动电动机 M3 不能起动的故障原因如下：

表 3 - 4　刀架快速移动电动机不能起动的故障诊断表

序号	故 障 点	故 障 现 象	
		刀架快速移动电动机	车床电气控制箱内部
1	SB3 开路	不能起动	KA2 不吸合
2	KA2 线圈开路	不能起动	KA2 不吸合
3	KA2 三个主触点	不能起动	KA2 吸合
4	KA2 线圈的 0 号线断开	无声音	KA2 不吸合

按点动按钮 SB3 中间继电器 KA2 没吸合，则故障必在控制线路中，这时可用万用表进行电压分阶测量法依次检查热继电器 FR1 的常闭触点，停止按钮 SB1 的常闭触点，点动按钮及 SB3 和中间继电器 KA2 的线圈是否断路。

4. 车床照明灯、指示灯不亮

首先观察故障现象。根据故障点及故障现象（见表 3 - 5）可检查变压器 TC 的接线，更换熔断器的熔丝或灯泡（或指示灯），恢复正常照明。

表 3 – 5　车床照明灯和指示灯不亮故障诊断表

序号	故 障 点	故 障 现 象
1	照明灯电路熔丝烧断	照明灯不亮
2	照明灯损坏	
3	照明电路断路	
4	指示灯电路熔丝烧断	电源指示灯不亮
5	指示灯损坏	
6	指示灯断路	

3.3　X62W 万能铣床电气控制线路的故障诊断与维修

铣床在机械行业金属切削机床中应用广泛。铣床主要是用铣刀加工工件的各种表面。铣床按结构形式和加工性能的不同,可分为卧式铣床、立式铣床、龙门铣床、仿形铣床及各种专用铣床。本节以 X62W 万能铣床为例对铣床电气线路的故障进行诊断与维修。

3.3.1　X62W 万能铣床

X62W 万能铣床是一种多功能、高效率、通用的多用途机床,主要用于对各种零件进行平面、斜面、螺旋面及其成型表面的加工。它还可以加装万能铣头、分度头和工作台等机床附件来扩大加工范围。

1. 主要结构

X62W 万能铣床主要由床身、主轴、横梁、工作台、回转盘、横溜板和升降台等部分组成,床身内安装有主轴传动机构及主轴变速箱、进给变速箱。X62W 万能铣床主要结构如图 3 – 9 所示。

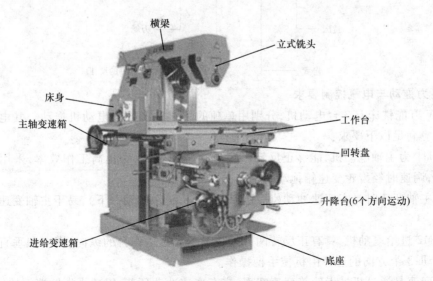

图 3 – 9　X62W 万能铣床的结构图

2. 运动形式

X62W 万能铣床运动形式包括主运动、进给运动和辅助运动,如图 3 – 10 所示。

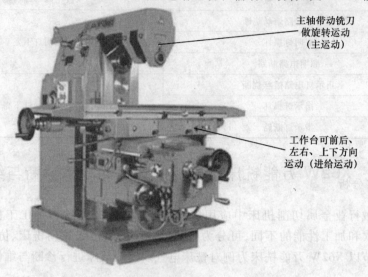

主轴带动铣刀
做旋转运动
(主运动)

工作台可前后、
左右、上下方向
运动(进给运动)

图 3 – 10　X62W 万能铣床的运动形式

主运动是主轴带动铣刀的旋转运动。

进给运动是工作台在 3 个相互垂直方向上,即上下、左右(纵向)、前后(横向)的直线运动。

辅助运动是工作台在 3 个相互垂直方向上的快速直线运动。

3. 型号及其含义

X62W 万能铣床的型号及其含义:

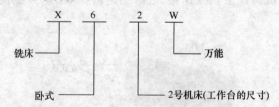

铣床
卧式
2号机床(工作台的尺寸)
万能

4. 电力拖动与电气控制要求

X62W 万能铣床有 3 台电动机,分别用单独的三相笼形异步电动机拖动。其电力拖动及电气控制应满足以下要求:

(1)M1 为主轴电动机,能够正反转以完成顺铣和逆铣;为提高工作效率,采用反接制动进行停车;调速时经齿轮变速箱拖动主轴。

要求主轴变速时具有变速冲动(即变速时电动机稍微转动一下),易于主轴变速箱内齿轮啮合。

(2)M2 进给电动机,具有正反转两种运动形式满足工作台的纵向、横向和垂直 3 个方向的进给运动;3 个方向的选择由机械手柄操作。

进给变速是通过机械齿轮箱变速实现,应有变速冲动环节,以减小齿轮端面的冲击。

进给电动机与主轴电动机需实现两台电动机的连锁控制,即主轴工作后才能进行进给。

(3)M3 为冷却泵电动机,通过带动冷却泵,供给铣削用的冷却液。

要求有短路、过载、断相、欠压等保护、连锁以及照明电路。

3.3.2　X62W 万能铣床的电气控制线路

X62W 万能铣床电气控制线路主要分为主电路、控制电路和照明信号电路三部分,如图 3-11 所示。

1. 主电路分析

主电路有 3 台电动机,主轴电动机 M1 是通过换向开关 SA5 与 KM1、KM2 进行正反转(顺铣与逆铣)和反接制动及瞬时控制。M2 为工作台进给电动机,由 KM3、KM4 控制正反转,并有快慢速控制和限位控制,能通过机械机构实现工作台 6 个方向的运动;M3 为冷却泵电动机。

2. 控制电路分析

(1) 主轴电动机:起动主轴时,合上电源开关 QS,把换向开关 SA5 转到主轴所需的旋转方向。按下起动按钮 SB3 或 SB4(两地控制),KM1 得电自锁(为工作台进给控制做好准备工作),主轴电动机 M1 起动;起动后,当主轴电动机 M1 转速高于 120r/min 时,速度继电器 KS 的常开触点闭合,为电动机停车控制做好准备。停止主轴时,按停止按钮 SB1 或 SB2,KM1 线圈失电,切断主轴电动机 M1 的三相电源,同时 KM2 线圈得电,通过 KM2 的主触点改变电源相序进行反接制动,主轴制动停止。当主轴转速低于 100 r/min,KS 的常开触点自动断开,KM2 线圈失电,制动结束。

主轴在变速时,为利于齿轮切合,电动机必须完成瞬时冲动,利用变速手柄和主轴变速冲动行程开关 SQ7 通过机械上的联动机构进行控制。

(2) 工作台的控制:工作台 6 个方向进给运动、快速移动和圆工作台都由进给电动机 M2 拖动,由接触器 KM3、KM4 控制进给电动机 M2 的正反转。快速移动是由进给电动机通过牵引电磁铁将进给传动换成快速传动。其中转换开关 SA3 是控制圆工作台运动的,在不需要圆工作台运动时,转换开关 SA3 的触点 SA3-1 闭合,SA3-2 断开,SA3-3 闭合。

① 工作台纵向(左右)运动的控制。工作台的纵向运动是由进给电动机 M2 驱动,由纵向操纵手柄来控制。此手柄是复式的,一个安装在工作台底座的顶面中央部位,另一个安装在工作台底座的左下方。手柄有 3 个:向左、向右、零位。当手柄扳到向右或向左运动方向时,手柄的联动机构压下行程开关 SQ2 或 SQ1,使接触器 KM4 或 KM3 动作,控制进给电动机 M2 的转向。工作台左右运动的行程,可通过调整安装在工作台两端的撞铁位置来实现。当工作台纵向运动到极限位置时,撞铁撞动纵向操纵手柄,使其回到零位,进给电动机 M2 停转,工作台停止运动,从而实现了纵向终端保护。

工作台向左运动:在主轴电动机 M1 起动后,将纵向操作手柄扳至向右位置,一方面机械接通纵向进给离合器,同时压下行程开关 SQ2,使 SQ2-2 断开,SQ2-1 接通,而其他控制进给运动的行程开关都处于原始位置,此时使接触器 KM4 吸合,进给电动机 M2 反转,工作台向右进给运动。其控制电路的通路为:11-15-16-17-18-24-25-KM4 线圈-0。

工作台向右运动:当纵向操纵手柄扳至向左位置时,机械上仍然接通纵向进给离合器,但却压动了行程开关 SQ1,使 SQ1-2 断开,SQ1-1 接通,使接触器 KM3 吸合,进给电动机 M2 正转,工作台向右进给运动,其通路为:11-15-16-17-18-19-20-KM3 线圈-0。

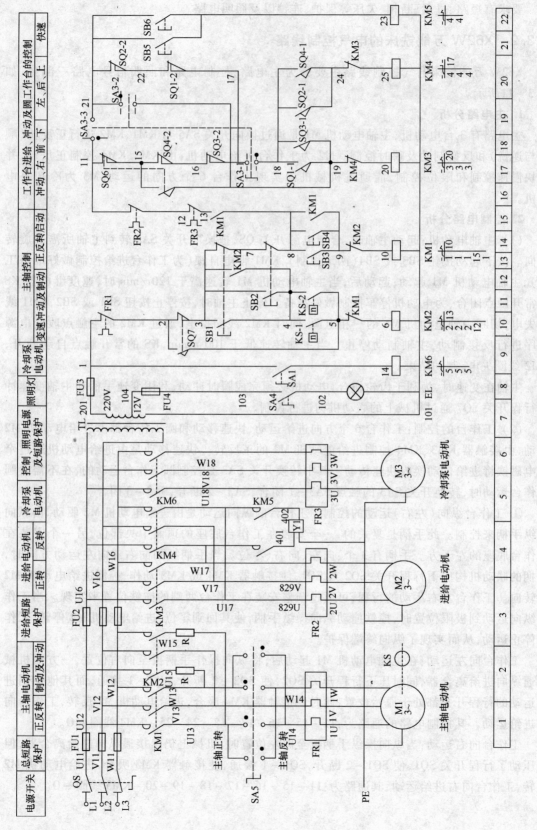

图3-11　X62W万能铣床电气控制线路图

②　工作台垂直(上下)和横向(前后)运动的控制。工作台的垂直和横向运动,由垂直和横向进给手柄操纵。此手柄也是复式的,有两个完全相同的手柄分别装在工作台左侧的前、后方。手柄的联动机械一方面压下行程开关 SQ3 或 SQ4,同时能接通垂直或横向进给离合器。操纵手柄有 5 个位置(上、下、前、后、中间),5 个位置是连锁的,工作台的上下和前后的终端保护是利用装在床身导轨旁与工作台座上的撞铁,将操纵十字手柄撞到中间位置,使进给电动机 M2 失电停转。

工作台向后(或者向上)运动的控制:将十字操纵手柄扳至向后(或者向上)位置时,机械上接通横向进给(或者垂直进给)离合器,同时压下行程开关 SQ3,使 SQ3-2 断开,SQ3-1 接通,使接触器 KM3 吸合,进给电动机 M2 正转,工作台向后(或者向上)运动。其通路为:11-21-22-17-18-19-20-KM3 线圈-O。

工作台向后(或者向上)运动的控制:将十字操纵手柄扳至向前(或者向下)位置时,机械上接通横向进给(或者垂直进给)离合器,同时压下行程开关 SQ4,使 SQ4-2 断开,SQ4-1 接通,使接触器 KM4 吸合,进给电动机 M2 反转,工作台向前(或者向下)运动。其通路为:11-21-22-17-18-24-25-KM4 线圈-O。

③　进给电动机变速时的瞬动(冲动)控制。进给电动机变速时,为使齿轮易于啮合,进给变速与主轴变速一样,设有变速冲动环节。当需要进行进给变速时,应将转速盘的蘑菇形手轮向外拉出并转动转速盘,把所需进给量的标尺数字对准箭头,然后再把蘑菇形手轮用力向外拉到极限位置并随即推向原位,就在一次操纵手轮的同时,其连杆机构二次瞬时压下行程开关 SQ6,使 KM3 瞬时吸合,进给电动机 M2 作正向瞬动。其通路为:11-21-22-17-16-15-19-20-KM3 线圈-O,由于进给变速瞬时冲动的通电回路要经过 SQ1~SQ4 四个行程开关的常闭触点,因此只有当进给运动的操作手柄都在中间(停止)位置时,才能实现进给变速冲动控制,以保证操作时的安全。同时,与主轴变速时冲动控制一样,电动机的通电时间不能太长,以防止转速过高,在变速时打坏齿轮。

④　工作台的快速进给控制。为提高劳动生产率,要求铣床在不作铣切加工时,工作台能快速移动。工作台快速进给也是由进给电动机 M2 来驱动,在纵向、横向和垂直 3 种运动形式 6 个方向上都可以实现快速进给控制。

主轴电动机 M1 起动后,将进给操纵手柄扳到所需位置,工作台按照选定的速度和方向作常速进给移动时,再按下快速进给按钮 SB5(或 SB6),使接触器 KM5 通电吸合,接通牵引电磁铁 YA,电磁铁通过杠杆使摩擦离合器合上,减少中间传动装置,使工作台按运动方向作快速进给运动。当松开快速进给按钮时,电磁铁 YA 失电,摩擦离合器断开,快速进给运动停止,工作台仍按原常速进给时的速度继续运动。

⑤　圆形工作台运动的控制。X62W 万能铣床需要铣切螺旋槽、弧形槽等曲线时,可在工作台上安装圆形工作台及其传动机械,圆形工作台的回转运动也是由进给电动机 M2 传动机构驱动的。

圆工作台工作时,应先将进给操作手柄都扳到中间(停止)位置,然后将圆工作台组合开关 SA3 扳到圆工作台接通位置。此时 SA3-1 断开,SA3-3 断开,SA3-2 接通。准备就绪后,按下主轴起动按钮 SB3 或 SB4,则接触器 KM1 与 KM3 相继吸合。主轴电动机 M1 与进给电动机 M2 相继起动并运转,而进给电动机仅以正转方向带动圆工作台作定向回转运动。其通路为:11-15-16-17-22-21-19-20-KM3 线圈-O。由以上分析可知,圆工作台与工作台进给有互锁,即当圆工作台工作时,不允许工作台在纵向、横向、垂直方向上有任何运动。若误操作而扳动进给运动操纵手柄(即压下 SQ1 ~ SQ4、SQ6 中任一个),进给电动机 M2 即停止。

(3)冷却泵和照明控制:合上开关 SA1,KM6 线圈得电吸合,冷却泵电动机 M3 工作。X62W 万能铣床照明灯由变压器 TC 提供电压,闭合开关 SA4,照明灯亮。

3. X62W 万能铣床的电气控制线路组成

其电气控制线路组成如表 3-6 所示。

表 3-6 X62W 万能铣床电动机电气控制线路组成

序号	识读任务	参考区域	电路组成	元件功能
1	电源电路	1	QS	电源开关
2		1	FU1	短路保护
3		2	KM1 主触点	控制主轴电动机工作
4		2	SA5	控制主轴电动机正反转
5		2	FR1 热元件	对主轴电动机进行过载保护
6		2	M1	主轴电动机
7		2	KM2 主触点	主轴电动机反接制动
8		2	R	制动电阻器,起限流作用
9		2	KS	速度继电器,实现反接制动
10		3	FU2	对 M2、M3 实现短路保护
11	主电路	3	KM3 主触点	控制进给电动机 M2 正转
12		3	FR2 热元件	进给电动机 M2 实现过载保护
13		3	M2	进给电动机
14		4	KM4 主触点	控制进给电动机 M2 反转
15		4	KM5 主触点	控制 YA
16		4	YA	实现快速进给
17		5	KM6 主触点	控制冷却泵
18		5	FR3	对冷却泵实现过载保护
19		5	M3	冷却泵电动机
20		6、7	TC	降为 220V 和 12V 交流电压
21		7	FU3、FU4	控制与电源电路实现短路保护
22				
23		8	SA4	控制照明灯
24	控制电路	8	EL	照明灯
25		9	SA1	起动冷却泵开关
26		9	KM6 线圈	控制 KM6 的吸合
27		9、10	SQ7	主轴变速冲动开关
28		10、11、13	SB1\SB2	制动按钮
29		10、11	KS-1、KS-2	主轴正反向的制动

序号	识读任务	参考区域	电路组成	元件功能
30		10	KM2 线圈	控制 KM2 的吸合
31		13、14	SB3 \SB4	主轴起动按钮
32	控制电路	13	KM1 线圈	控制 KM1 的吸合
33		15	KM1 的辅助常开触点	实现顺序控制
34				

3.3.3　X62W 万能铣床常见电气故障分析

　　X62W 万能铣床电气控制线路与机械系统的配合十分密切,其电气控制线路的正常工作往往与机械系统的正常工作是分不开的,这就是铣床电气控制线路的特点。正确判断是电气还是机械故障和熟悉机电部分配合情况,是迅速排除电气故障的关键。这就要求电气维修者不仅要熟悉电气控制线路的工作原理,而且还要熟悉有关机械系统的工作原理及机床操作方法。

　　1. 主轴电动机不能正向起动

　　(1)观察故障现象。观察 X62W 万能铣床主轴电动机不能正向起动的故障现象(见表 3 - 7),确定故障点。

表 3 - 7　主轴电动机不能正向起动故障诊断表

序号	故 障 点	故 障 现 象		
		照明灯	主轴电动机	电气控制箱内部
1	SB1 或 SB2 损坏	亮	不能正向起动	KM1 吸合
2	KM2 常闭触点断开			
3	KM1 线圈损坏	亮	不能正向起动	无动作
4	KM1 线圈的 0 号线开路			

　　(2)分析故障现象。根据上述故障点及故障现象,可以分析出造成 X62W 万能铣床主轴电动机不能正向起动的原因如下:

　　① 主电路:主电路中存在断点。例如,U12、V12、W12、KM1 主触点、U13、V13、W13 处断线或接线松脱以及元件损坏等原因造成的。

　　② 控制电路:SB1、SB2、KM2 常闭触点、KM1 线圈、0 号线断线或接线松脱以及元件损坏等原因。

　　2. 主轴停车时无制动

　　(1)观察故障现象。观察 X62W 万能铣床主轴停车时无制动的故障现象(见表 3 - 8),确定故障点。

表 3 – 8　主轴电动机停车无制动故障诊断表

序号	故 障 点	故 障 现 象	
		主轴电动机	电气控制箱内部
1	SB1 或 SB2 损坏	不能制动	KM2 不吸合
2	KM2 线圈损坏或 0 号线开路		
3	主电路 KM2 缺相	不能制动	KM2 吸合
4	速度继电器触点过早断开		

（2）分析故障现象。根据上述故障点及故障现象，可以分析出造成 X62W 万能铣床主轴停车无制动的原因如下：

主轴无制动时要首先检查按下停止按钮 SB1 或 SB2 后，反接制动接触器 KM2 是否吸合，KM2 不吸合，则故障原因一定在控制电路部分，检查时可先操作主轴变速冲动手柄，若有冲动，故障范围就缩小到速度继电器和按钮支路上。

若 KM2 吸合，则故障原因就较复杂一些，其故障原因之一，是主电路的 KM2、R 制动支路中，至少有缺一相的故障存在；其二，速度继电器 KS 的常开触点过早断开，但在检查时，只要仔细观察故障现象，这两种故障原因是能够区别的，前者的故障现象是完全没有制动作用，而后者则是制动效果不明显。

通过以上分析可知，主轴停车时无制动的故障原因，较多是由于速度继电器 KS 发生故障引起的。例如，KS 常开触点不能正常闭合，其原因有推动触点的胶木摆杆断裂；KS 轴伸端圆销扭弯、磨损或弹性连接元件损坏；螺丝销钉松动或打滑等。若 KS 常开触点过早断开，其原因有 KS 动触点的反力弹簧调节过紧、KS 的永久磁铁转子的磁性衰减等。

3. 工作台不能正常进给

X62W 万能铣床工作台不能正常进给常有以下几种情况：

（1）工作台不能作向上进给运动。由于 X62W 万能铣床电气控制线路与机械系统配合密切，工作台向上进给运动的控制是处于多回路线路之中，因此，不宜采用按部就班地逐步检查的方法。在检查时，可先依次进行快速进给、进给变速冲动或工作台向前进给、向左进给及向后进给的控制，来逐步缩小故障的范围（一般可从中间环节的控制开始），然后再逐个检查故障范围内的元器件、触点、导线及接点，来确定出故障点。在实际检查时，还必须考虑到由于机械磨损或移位使操纵失灵等因素，若发现此类故障原因，应与机修钳工互相配合进行修理。

举例：假设故障点在图区 20 的行程开关 SQ4 – 1，由于安装螺钉松动而移动位置，造成操纵手柄虽然到位，但行程开关 SQ4 – 1（18 – 24）常开触点仍不能闭合，在检查时，若进给变速冲动控制正常后，也就说明向上进给回路中，线路 11 – 21 – 22 – 17 是完好的，再通过向左进给控制正常，又能排除线路 17 – 18 和 24 – 25 – 0 存在故障的可能性。这样就将故障的范围缩小到 18 – SQ4 – 1 – 24 的范围内。再经过仔细检查或测量，就能很快找出故障点。

（2）工作台不能作纵向进给运动。先检查横向或垂直进给是否正常，如果正常，说明进给电动机 M2、主电路、接触器 KM3、KM4 及纵向进给相关的公共支路都正常，此时应重点检查图区 17 上的行程开关 SQ6（11 – 15）、SQ4 – 2 及 SQ3 – 2，即线号为 11 – 15 – 16 – 17 支路，因为只要行程开关的三对常闭触点中有一对不能闭合或有一根线头脱落就会使纵向不能进给。然后再检查进给变速冲动是否正常，如果也正常，则故障的范围已缩小到行程开关 SQ6（11－15）及 SQ1－1、SQ2－1 上，但一般 SQ1－1、SQ2－1 两个常开触点同时发生故障的可能性较小，而 SQ6（11－15）由于进给变速时，常因用力过猛而容易损坏，所以可先检查 SQ6（11－15）触点，直至找到故障点并予以排除。

（3）工作台各个方面都不能进给。先进行进给变速冲动或圆工作台控制，如果正常，则故障可能在组合开关 SA3－1 及引接线 17、18 号上，若进给变速也不能工作，要注意接触器 KM3 是否吸合，如果 KM3 不能吸合，则故障可能发生在控制电路的电源部分，即 11－15－16－18－20 号线路及 0 号线上，若 KM3 能吸合，则应着重检查主电路，包括进给电动机的接线及绕组是否存在故障。

（4）工作台不能快速进给。常见的故障原因是牵引电磁铁 YA 电路不通，多数是由于线头脱落、线圈损坏或机械卡死引起。如果按下快速进给按钮 SB5 或 SB6 后，接触器 KM5 不吸合，则故障在控制电路部分；若 KM5 能吸合，且牵引电磁铁 YA 也正常吸合，则故障大多是由于杠杆卡死或离合器摩擦片间隙调整不当引起，应与机修钳工配合进行修理。需强调的是在检查中 11－15－16－17 支路和 11－21－22－17 支路时，一定要把组合开关 SA3 扳到中间空挡位置，否则，由于这两条支路是并联的，将检查不出故障点。

注意：机床电气故障不是千篇一律的，所以在维修中不可生搬硬套，而应该采用理论与实践相结合的灵活处理方法。

3.4　Z3050 型摇臂钻床电气控制线路的故障诊断与维修

钻床是一种用途广泛的孔加工机床。它主要用钻头钻削精度不高的孔。钻床结构形式很多，有立式钻床、卧式钻床、深孔钻床等。摇臂钻床属于立式钻床，是一般机械加工车间常用的机床之一。本节以 Z3050 型摇臂钻床为例对钻床电气控制线路的故障进行诊断与维修。

3.4.1　Z3050 型摇臂钻床

Z3050 型摇臂钻床主要用于加工带有多个孔的零件，可对工件进行钻孔、扩孔、铰孔、镗孔和攻螺纹等加工。

1. 主要结构

Z3050 型摇臂钻床主要由底座、工作台、主轴、摇臂、摇臂升降丝杠、主轴箱、内立柱、外立柱等组成，如图 3－12 所示。Z3050 型摇臂钻床内立柱固定在底座上，在它外面空套着外立柱，外立柱可绕固定不动的内立柱回转 360°。摇臂一端的套筒部分与外立柱滑动配合，借助升降丝杠沿外立柱可上下移动，还可以与外立柱一起相对内立柱回转。主轴箱由主轴电动机、主轴、主轴传动机构、进给和进给变速机构等部分组成，安装在摇臂上，可以通过手轮操作使它沿摇臂水平导轨进行移动。

2. 运动形式

Z3050 型摇臂钻床的运动形式包括主运动、进给运动和辅助运动。

（1）主运动：主轴带动钻头作旋转运动。

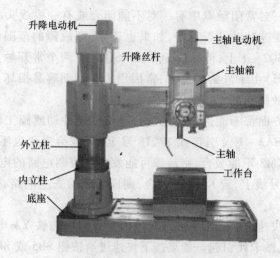

图 3 - 12　Z3050 型摇臂钻床的结构图

（2）进给运动：钻头的上下移动。

（3）辅助运动：主轴箱沿摇臂水平移动、摇臂沿外立柱上下移动、摇臂与外立柱一起相对于内立柱回转运动。通过主轴箱内的主轴、进给变速传动机构及正反转摩擦离合器和操纵手柄、手轮，可以实现主轴的正反转、进给、变速、空挡及停车控制。Z3050 型摇臂钻床对主轴箱、摇臂及内外立柱的夹紧由液压泵电动机提供动力，采用液压驱动的菱形块夹紧机构。

3. 型号及其含义

Z3050 型摇臂钻床的型号及其含义：

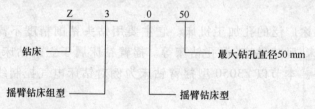

4. 电力拖动与电气控制要求

Z3050 型摇臂钻床共有 4 台电动机，其电力拖动与电气控制应满足以下要求：

主轴电动机 M1 只单一方向旋转，热继电器 FR1 作其长期过载保护。M1 因容量小可直接起动。

摇臂升降电动机 M2 需正反转，因是短时工作，故不需要加过载保护。

液压泵电动机 M3 拖动液压泵供出压力油，以实现立柱、摇臂及主轴箱的放松与夹紧，M3需正反转，热继电器 FR2 作 M3 的长期过载保护。

冷却泵电动机 M4 单方向转动，因容量较小，可用开关直接控制。

3.4.2　Z3050 型摇臂钻床的电气控制线路

Z3050 型摇臂钻床电气控制线路如图 3 - 13 所示。主要由主电路、控制电路和照明信号电路组成。

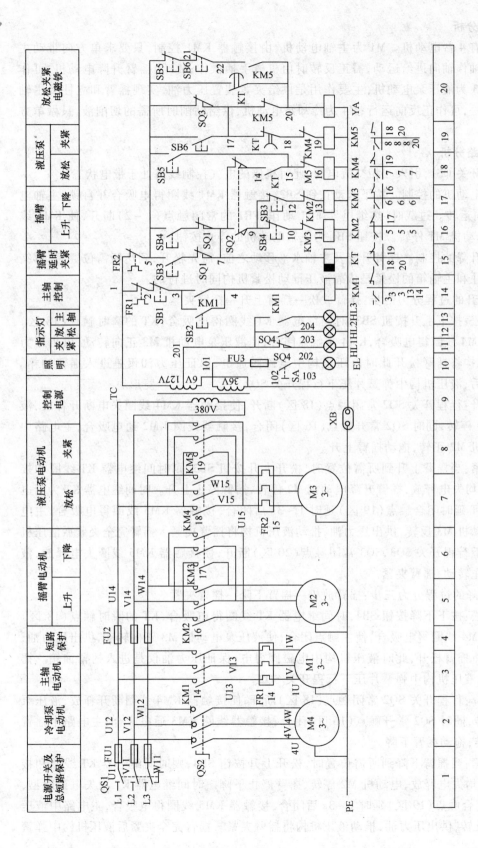

图3-13 Z3050型摇臂钻床电气控制线路图

1. 主电路分析

主电路共有4台电动机。M1为主轴电动机,由接触器KM1控制,只要求单方向带动主轴旋转和使主轴作轴向进给运动,需正反转时由机械手柄操作;M2为摇臂升降电动机,可作正反向运行;M3为液压泵电动机,主要作用是供给夹紧装置压力油,实现摇臂和立柱及主轴箱的夹紧和放松,可作正反向运行;M4为冷却泵电动机,供给钻削时所需的切削液,只做单方向旋转。

2. 控制电路分析

接通电源开关QS1,引入三相交流电源,此时机床的电气控制线路处于带电状态。

(1)主轴电动机的控制。按下起动按钮SB2,接触器KM1线圈得电吸合并自锁,主轴电动机M1单方向运转。过载时,热继电器FR1动作,FR1的常闭触点(1-2)断开,使KM1线圈失电,主轴电动机M1停转。按钮SB1为主轴电动机的停止按钮。

(2)摇臂升降的控制。摇臂升降及主轴水平移动之前,需先松开,到达所需位置后,再夹紧,摇臂、外立柱和主轴箱的松紧是依靠液压推动松紧机构同时进行的。

① 摇臂上升的过程分为三步:摇臂放松→摇臂上升→摇臂夹紧。

• 摇臂放松:按下上升按钮SB3,时间继电器KT线圈得电吸合,KT的瞬时触点(18区)闭合,接触器KM4线圈得电吸合,KM4主触点闭合,使液压泵电动机M3正向转动,供出压力油,推动液压机构将摇臂松开此时液压机构中电磁阀通电,保证压力油仅是进入摇臂油箱。摇臂完全松开后,液压机构中弹簧片压下行程开关SQ2。

• 摇臂上升:行程开关SQ2常闭触点(18区)断开,使接触器KM4线圈失电断开释放,液压泵电动机M3停转,同时SQ2常开触点(16区)闭合,接触器线圈KM2通电吸合,主电路中摇臂升降电动机M2正转,拖动摇臂上升。

• 摇臂夹紧:当摇臂上升到所需位置时,松开上升按钮SB3,则时间继电器KT线圈和接触器KM2线圈均失电释放,摇臂升降电动机M2停转,摇臂停止上升。时间继电器KT为断电延时型,这时KT延时闭合触点(19区)延时1~3s后闭合,接触器KM5线圈得电吸合,主电路中液压泵电动机M3反转,供出压力油,推动液压机构将摇臂夹紧。摇臂完全夹紧后液压机构中弹簧片压下行程开关SQ3,SQ3常闭触点(20区)断开,使接触器KM5线圈失电释放,液压泵电动机停止转动,摇臂夹紧。

② 摇臂下降的过程分为三步:摇臂放松→摇臂下降→摇臂夹紧。

• 摇臂放松:按下下降按钮SB4,时间继电器KT线圈得电吸合,KT的瞬时触点(18区)闭合,接触器KM4线圈得电吸合,使主触点闭合,使液压泵电动机M3正向转动,供出压力油,推动液压机构将摇臂松开,此时液压机构中电磁阀得电,保证压力油仅是进入摇臂油箱。摇臂完全松开后,液压机构中弹簧片压下行程开关SQ2。

• 摇臂下降:行程开关SQ2常闭触点(18区)断开,使接触器KM4线圈断开释放,液压泵电动机M3停转,同时SQ2常开触点(16区)闭合,接触器线圈KM3通电吸合,主电路中摇臂电动机M2反转,拖动摇臂下降。

• 摇臂夹紧:当摇臂下降到所需位置时,松开上升按钮SB4,则时间继电器KT线圈和接触器KM3线圈均失电释放,电动机M2停转,摇臂停止下降。时间继电器KT为失电延时型,这时KT延时闭合触点(19区)延时1~3s后闭合,接触器KM5线圈得电吸合,主电路中液压泵电动机M3反转,供出压力油,推动液压机构将摇臂夹紧。摇臂完全夹紧后液压机构中弹簧片压下行程开关 SQ3，SQ3 常闭触点（20 区）断开，使接触器 KM5 线圈失电释放，液压泵电动机停止转动，摇臂夹紧。

为了确保安全，对摇臂升降电动机 M2 的接触器 KM2 和 KM3 实现了电气和机械双重互锁。组合开关 SQ1 做摇臂上升和下降的限位开关，保证摇臂在安全区域内升降。当摇臂上升时，碰撞到 SQ1（15 区），摇臂上升停止；当摇臂下降时，碰撞到 SQ1（16 区），摇臂就停止下降。

（3）主轴箱和立柱放松和夹紧的控制。主轴箱和立柱放松和夹紧的控制是同时进行的，其动作过程是放松→转动→夹紧。

① 主轴箱和立柱放松：按下放松按钮 SB5，接触器 KM4 线圈得电吸合，使主电路中液压泵电动机 M3 正向转动，供出压力油，由于此时电磁阀并未带电，所以压力油只进入主轴箱油腔和立柱油腔，推动液压机构使主轴箱和立柱放松。主轴箱和立柱放松后，可用手动操作使立柱转动或主轴箱水平移动。

② 主轴箱和立柱夹紧：按下夹紧按钮 SB6，接触器 KM5 线圈得电吸合，使主电路中液压泵电动机 M3 反向转动，供出压力油。由于此时电磁阀并未带电，所以压力油只进入主轴箱油腔和立柱油腔，推动液压机构使主轴箱和立柱夹紧。此时，主轴箱或是立柱不可以水平移动。

主轴箱和立柱重新夹紧摇臂升降电动机 M2 和液压泵电动机 M3 均是短时工作，所以都采用点动控制。

（4）冷却泵电动机 M4 的控制。冷却泵电动机 M4 的控制较简单。即闭合 QS2，冷却泵电动机 M4 工作。断开 QS2，冷却泵电动机 M4 停转。

3. Z3050 型摇臂钻床电气控制线路组成

Z3050 型摇臂钻床电气控制线路组成如表 3-9 所示。

表 3-9　Z3050 型摇臂钻床电气控制线路组成

序号	识读任务	参考区域	电路组成	元 件 功 能
1	电源电路	1	QS1	电源开关
2		1	FU1	总短路保护
3	主电路	2	QS2	控制冷却泵 M4
4		2	M4	提供冷却液
5		3	KM1 主触点	控制主轴电动机 M1 正转
6		3	FR1	对主轴电动机的过载保护
7		3	M1	驱动主轴
8		3	FU2	短路保护
9		4	KM2 主触点	控制摇臂电动机正转
10		4	M2	驱动摇臂升降
11		5	KM3 主触点	控制摇臂电动机反转
12		6	KM4 主触点	控制液压泵电动机正转
13		6	FR2	对液压泵电动机的过载保护
14		6	M3	提供液压压力
15	控制电路	7	KM5 主触点	控制液压泵电动机反转
16		8	TC	控制、照明、指示电源

序号	识读任务	参考区域	电路组成	元件功能
17		9	FU3	照明短路保护
18		10	EL	工作照明
19		11－13	HL1、HL2、HL3	夹紧、放松,控制主轴指示灯
20		14	SB1	主轴电动机 M1 停止按钮
21		13	SB2	主轴电动机 M1 起动按钮
22		14	KM1 线圈	控制 KN1
23		15	SB3	摇臂上升按钮
24		16	SB4	摇臂下降按钮
25		16	KM3 辅助常闭	电气互锁
26		16	KM2 线圈	控制 KM2
27	控制电路	18	SB5	放松按钮
28		18、19	KM5、KM4 辅助常闭	电气互锁
29		18	KM4 线圈	控制 KM4 的吸合
30		19	SB6	夹紧按钮
31		19	KM5 线圈	控制 KM5 的吸合
32		15、16	SQ1	摇臂升降极限保护组合开关,上下限位
33		16、18	SQ2	摇臂放松时压到的位置开关
34		20	SQ3	摇臂夹紧时压到的位置开关
35		11、12	SQ4	控制夹紧、放松时指示灯亮和熄灭
36		15	KT	摇臂升降时,KT 接通,YA 吸合;
37				摇臂升降到位后延时后,KT 接通,KM5 得电
38		20	YA	夹紧、放松电磁铁

3.4.3　Z3050 型摇臂钻床常见电气故障分析

1. 主轴电动机不能起动

（1）观察故障现象。观察 Z3050 型摇臂钻床主轴电动机不能起动的故障现象（见表 3－10）,确定故障点。

表 3－10　Z3050 型摇臂钻床主轴电动机 M1 不能起动的故障诊断表

序号	故障点	故障现象			
		照明灯	主轴指示灯	主轴电动机	电气控制柜
1	U13、V13 断开		亮		接触器 KM1 不吸合
2	电动机损坏				
3	主轴控制回路有断开	亮		不能起动	
4	FR1 常闭触点损坏		不亮		接触器 KM1 不吸合
5	KM1 线圈损坏				

（2）分析故障现象。根据上述故障点及故障现象,可以分析出造成主轴电动机不能起动

的故障原因如下：

① 主电路：主轴电动机的主电路中有断点。例如，电源线、KM1 的主触点、FR1 热元件、主轴电动机 M1 断线或接线松脱。

② 控制电路：控制主轴电动机的控制回路有断点。例如，回路中 1 号线、2 号线、3 号线、4 号线间断开或元器件接线松脱。

2. 摇臂不能升降

Z3050 型摇臂钻床电气控制的特点是对摇臂的控制，它是机械、液压、电气三者的联合控制。下面分析摇臂升降中常见故障，摇臂升降的故障有可能是电气控制系统出现故障，也有可能是液压传动系统发生故障，在诊断与维修时应给予正确判断。

（1）观察故障现象。观察 Z3050 型摇臂钻床摇臂不能升降的故障现象（见表 3 – 11），确定故障点。

表 3 – 11　Z3050 型摇臂钻床摇臂不能升降的故障诊断表

序　号	故　障　点	观　察　现　象
1	SQ2	摇臂不能升降
2	电源相序	
3	M2 不能起动	
4	M2 电动机损坏	

（2）分析故障现象。按照表 3 – 11 故障现象及所对应的故障点，造成摇臂不能升降不能起动的故障原因如下：

① 主电路：三相交流电源相序接反，使液压泵电动机 M3 不是正转而是反转，或者不是放松而是夹紧，不能压下行程开关 SQ2，造成摇臂不能升降。维修时应重接电源相序。

摇臂升降电动机 M2 出现故障，维修时应修复或更换电动机。

② 控制电路：摇臂升降电动机 M2 不能起动。可能是接触器 KM2 或 KM3 的线圈烧坏或主触点接触不良，维修时修复或更换接触器。

行程开关 SQ2 安装位置不当或发生移动，使摇臂放松后没有压下 SQ2，应调整好 SQ2 的位置。

除以上故障原因外，液压系统发生故障，摇臂也不能完全松开。

3. 摇臂升降后夹不紧

由 Z3050 型摇臂钻床的摇臂升降后夹紧动作可知，夹紧动作的结束是由行程开关 SQ3 来完成的。因此，故障原因可能有：

（1）行程开关 SQ3 安装位置不合适，在尚未充分夹紧之前就动作，切断了 KM5 回路，使液压泵电动机 M3 过早停止。维修时应调整 SQ3 的位置。

（2）固定螺钉松动造成行程开关 SQ3 移位，使 SQ3 在摇臂夹紧动作未完成就被压下，也使液压泵电动机 M3 过早停止。维修时应重新固定 SQ3。

（3）液压系统发生故障。

4. 立柱、主轴箱不能放松

Z3050 型摇臂钻床的立柱、主轴箱不能放松的故障原因可能有：

（1）按下 SB5，接触器 KM4 吸合，但液压泵电动机不运转。故障原因是接触器 KM4 的线圈烧坏或主触点接触不良。维修时应修复或更换接触器。

（2）控制电路中 5 号线→SB5 常开触点→15 号线→KM5 辅助常闭触点→KM4 线圈→0 号线中间有断线或接线松脱。

（3）立柱油腔堵塞。

思 考 题

1. 简述机床电气故障诊断的一般方法。

2. CA6140 型卧式车床中 SQ 的作用是什么？

3. 当 CA6140 型卧式车床的主轴电动机 M1 只能点动时，故障原因可能是什么？此时冷却泵是否能正常工作？

4. 在操作 CA6140 型卧式车床时，按下按钮 SB2，发现接触器 KM 得电吸合，但主电动机 M1 不能起动，故障原因是什么？

5. 简述 X62W 万能铣床中主轴变速冲动和制动的控制过程。

6. X62W 万能铣床进给机床电气控制电路中具有哪些连锁保护？

7. X62W 万能铣床工作台不能快速进给的故障原因是什么？

8. Z3050 型摇臂钻床中，行程开关 SQ3 损坏会产生怎样的故障？如何诊断与修复？

9. Z3050 型摇臂钻床中，电磁铁 YA 的作用是什么？

第4章 机床的维修与保养

机床担负着机械加工的重要工作,它的技术性能直接影响机械加工产品的质量和制造的积极性。机床的正确使用可以防止发生非正常磨损和避免突发性故障,能使机床具有良好的工作性能和应有的精度,而精心维护机床则可以改善机床的技术状态,延缓劣化程度,消除隐患于萌芽状态,保证设备的安全运转,延长使用寿命,提高使用效能。

机床使用一定的时间,由于内部各机械零部件的磨损、电子元器件的老化、外部切削振动、载荷的变化等因素使机床的性能下降、精度减低,为此,要采用科学的手段进行机床的故障诊断,分析其产生的原因,制定合理的措施修理。

4.1 机床的故障诊断与排除

4.1.1 机床故障及其分类

机床是一个由许多零部件组成的复杂系统,在运行过程中会出现不同类型的故障。

1. 机床故障

机床故障,是指机床的各项技术指标偏离设计状态而无法正常工作,或性能下降达不到加工要求的现象。例如,导轨的磨损或变形使传动产生噪声、爬行、电动机不转、齿轮的磨损使得传动精度下降达不到加工要求等都属于机床故障。

2. 故障分类

机床故障的分类方法很多,不同的分类方法反映机床的不同侧面。对机床故障分类,便于针对不同的故障形式采用取相应的对策。

(1) 按发生的时间性分类:故障可分为突发性故障和渐发性故障。

① 突发性故障:主要是由各种不利因素和外界影响共同作用的结果,其发生特点是具有偶然性的,一般与使用时间无关,因而是难以预测的。

② 渐发性故障:主要是由于产品参数的劣化过程如磨损腐蚀老化等逐渐发展而形成的,其特点是发生的概率与使用时间有关。这种故障往往是由于机械磨损引起的,是逐渐发生的,因此,通常是可以进行预测的。

(2) 按故障显现的情况分类:故障可分为功能性故障和潜在故障。

① 功能故障:机械产品丧失了工作能力或工作能力明显降低,电气元器件老化损坏等丧失了应有的功能,称为功能故障。这类故障通过操作者的感受或测定器输出参数而判断出来。关键的零件坏了,机床根本无法工作属于功能性故障。

② 潜在故障:对运行中的设备如不采取预防性维修和调整措施,再继续使用到某个时候将会发生的故障。

(3) 按故障影响的程度分类:故障可分为轻微故障、一般故障、严重故障、恶性故障。

① 轻微故障:机床略微偏离正常的规定指标,但机床运行受影响轻微的故障。

② 一般故障:机床运行质量下降,导致能耗增加、环境噪声增大等故障。

③ 严重故障:某些关键部件或整机功能丧失,造成停机或局部停机的故障。

④ 恶性故障:机床遭受严重破坏造成重大经济损失,甚至危及人身安全或造成严重污染的故障。

(4) 根据故障发生的原因分类:可分为磨损性故障、错用性故障、先天性故障。

① 磨损性故障:机床机械部分使用过程中的正常磨损而引发的一类故障。

② 错用性故障:因使用不当而引发的故障。

③ 先天性故障:由于设计或制造不当而造成机床某些薄弱环节而引发的故障。

4.1.2　机床故障诊断及分类

机床故障诊断包括对机床运行状态的监测、识别和预测 3 方面的内容。通过对机床各部件某些特征参数,如振动、温度、噪声、油液等进行测定分析,将测定值与标准值进行比较,以判断机床的工作状态是否正常。机床故障诊断可分类如下:

1. 简易诊断和精密诊断

简易诊断相当于对人的健康所做的初级诊断。为了能为设备的状态迅速有效地做出概括的评价,它应具备以下功能:

(1) 设备所受应力的趋向控制和异常应力的检测。

(2) 设备劣化,故障的趋向控制和异常检测。

(3) 设备性能效率的趋向控制和异常检测。

(4) 设备的监测与保护。

(5) 指出有问题的设备

简易诊断通常由现场作业人员实施。

精密诊断是根据简易诊断认为有异常的设备需要进行的比较详细的诊断,其目的是判定异常部位,研究异常的种类和程度。精密诊断通常由专门技术人员实施。

2. 功能诊断和运行诊断

功能诊断是对新安装或刚维修后的设备进行运行工作情况和功能是否正常的诊断,并且按检查的结果对设备或机组进行调整。而运行诊断是对正常工作设备故障的发生和发展的监测。

3. 定期诊断和连续诊断

定期诊断是每隔一定时间,对工作的设备进行定期的检测,例如主轴承振动情况的定期检查。而连续监控则是采用仪表和计算机信息处理系统对机器运行状态进行监视和控制。连续监控用于因故障而造成生产损失重大、事故影响严重以及故障出现频繁和易发生突发故障的设备,也用于因安全和劳保上的原因不能点检的设备。

4. 直接诊断和间接诊断

直接诊断是直接确定关键零部件的状态,如主轴轴承间隙量、齿轮齿面磨损量以及腐蚀环境下的叶片腐蚀状况等。若直接诊断受到机器结构和工作条件的限制,可采用间接诊断。

间接诊断事是通过来自故障的二次效应,如按振动的信号来间接判断设备中关键件的状态变化。用于诊断的二次效应往往综合了多种信息。

4.1.3　普通机床常见故障及排除方法

机床在长期的使用过程中,由于齿轮、导轨、轴承等机械零件的磨损或损坏,会使机床各部件相对准确位置、相对运动关系发生改变。另外,机床控制系统电气控制线路,电器元件等出现异常情况,都会影响机床正常运转及加工性能,严重时,甚至使机床无法使用。机床常见故障主要表现在以下几方面:

1. 加工精度降低

机床是工艺系统中最重要的组成部分,零件的加工精度主要由机床来保证。一般情况下,只能用一定精度的机床加工出一定的加工精度的工件。引起机床误差的主要因素是它的制造误差、安装误差、磨损。在机床的制造中,主轴的回转误差、导轨误差、传动链误差对零件加工精度的影响更为重要。主要影响被加工零件的形状、相互位置、尺寸以及表面粗糙度等精度。

2. 噪声大

机床主轴部件及其传动轴与支承的轴承间的磨损增大、间隙增大,或轴上零件松动,传动元件如齿轮副磨损等都会加剧机床的振动。随着磨损的加剧,机床产生噪声增大,使被加工零件的表面质量降低,达不到所要求的表面粗糙度或表面产生波纹。

3. 动作失灵

机床在加工过程中要完成许多动作,以实现表面形成运动及各种辅助运动。机床出现故障时往往会使某些动作失灵,使机床无法正常运转。机床动作失灵可以表现在许多方面,如无法正常启动、停车、换向、手柄或手轮不能正常操作等。动作失灵从机械部分来看,往往是由于调整不当或是有零件变形或磨损严重。另外,动作失灵也可能是由于电气控制元件或气动、液压控制元件出现故障引起。普通机床常见故障产生原因及排除方法如表 4－1 所示。

表 4－1　车床常见故障产生原因及排除方法

序号	故障现象	产生原因	排除方法
1	主电动机启动后主轴不转或转数低于标准数	(1) 摩擦离合器过松或摩擦片烧伤、磨损 (2) 主传动 V 带过松或严重磨损	(1) 调整或更换摩擦片 (2) 调整传动带松紧程度或更换严重磨损的传动带
2	不能及时停车	(1) 正、反转开关手柄定位螺钉松动或定位压簧损坏 (2) 制动带调整太松或磨损 (3) 摩擦离合器调整过紧	(1) 旋转定位螺钉,更换定位压簧 (2) 调整制动带,或更换磨损制动带 (3) 调整摩擦片离合器至适当位置
3	主轴变速位置不准	变速链条松动	调整链条张紧机构
4	主轴箱视窗不见油液	(1) 油箱缺油 (2) 管路堵塞 (3) V 带过松打滑 (4) 油泵损坏	(1) 加入润滑油至油标位置 (2) 清洗,疏通管路 (3) 调整螺母,拉紧 V 带 (4) 修复或更换油泵
5	加工工件的圆柱度超差	(1) 车床主轴线与溜板箱移动的平行度超差 (2) 床身导轨扭曲超差 (3) 床身导轨变形或磨损 (4) 主轴中心与尾座中心不等高或中心偏移	(1) 校正主轴箱安装位置或修正磨损、变形的导轨,使其在允差范围内选用长度为 300 mm 莫氏 6 号检验棒测量,上母线 ≤0.02 mm,侧母线 ≤0.015 mm (2) 采用水平仪横放在托板上,移动溜板箱,检查床身扭曲度不超过 0.02/1000 mm (3) 采用刮研或磨削恢复精度,垂直面内直线度保证为 0.02/1 000 mm,0.04/全长 (4) 修复两者的同轴度至规定要求

序号	故障现象	产　生　原　因	排　除　方　法
6	加工工件圆度超差	(1) 主轴轴承间隙过大 (2) 轴承外径与箱体孔配合间隙过大 (3) 主轴轴承磨损,精度下降	(1) 调整主轴前、后轴承的轴向和径向间隙至要求 (2) 修整箱体孔圆度,采用刷镀或镀铬补偿间隙,也可重新镶套 (3) 更换轴承
7	精车外圆时表面产生有规律的波纹	(1) 机床安装垫铁不实,地脚螺母松动,机床产生振动 (2) 主电动机转子不平衡,产生振动 (3) 主传动 V 带松紧不一致产生振动 (4) 带轮不平衡产生振动 (5) 主轴箱内一对齿轮啮合过紧	(1) 重新校正机床安装水平,将垫铁塞实,螺母压紧 (2) 对电动机转子进行平衡,并更换损坏的滚动轴承 (3) 更换 V 带,要求松紧一致 (4) 修整带轮,保证内外圆同轴,必要时带轮进行动平衡并更换磨损、损坏的滚动轴承 (5) 对滚动轴承进行适当调整必要时更换齿轮
8	精车外圆时表面重复产生定距波纹	(1) 溜板箱走入齿轮与床身齿条啮合不正确 (2) 光杠弯曲 (3) 溜板箱内某传动齿轮损坏或啮合不正确	(1) 修整走入齿轮与齿条的啮合间隙 (2) 调直光杠 (3) 修复或更换齿轮
9	精车端面时重复出现环形波纹	(1) 主轴轴向窜动超差 (2) 中拖板横向丝杠,丝母间隙过大 (3) 横向丝杠走刀齿轮啮合不正确 (4) 横向丝杠弯曲	(1) 调整轴向间隙至合适位置 (2) 调整镶条,消除间隙 (3) 修整或更换走刀齿轮 (4) 调直丝杠
10	精车端面中凸、中凹超差	(1) 大拖板上横向导轨的垂直度超差 (2) 中拖板滑动间隙过大	(1) 修刮大拖板上横向燕尾导轨,垂直度只许向主轴偏,全长内允差 0.02 mm (2) 调整镶条,保证适当滑动间隙
11	用小拖板进刀的方法精车锥体时,表面粗糙度较差,并出现葫芦形	(1) 小拖板滑动间隙大 (2) 丝杠与螺母配合间隙大 (3) 丝杠弯曲 (4) 小拖板移动直线度差 (5) 小拖板移动导轨不平行	(1) 调整镶条,保证适当滑动间隙 (2) 修配或更换丝母 (3) 调直丝杠 (4) 刮研小拖板导轨面,保证直线度小于 0.01mm/全长 (5) 修整导轨,保证燕尾导轨两侧面平行度为 0.02mm/全长
12	车削时过载、溜板箱自动进刀停不住	安全过载离合器弹簧调得太紧	调整弹簧压力至合适为止
13	溜板箱快速移动不起来或停不住	(1) 快速移动电动机失控 (2) 齿轮平键损坏	(1) 检修快速电动机按钮开关,接点必须良好 (2) 配平键

续表

序号	故障现象	产　生　原　因	排　除　方　法
14	车螺纹时,螺距不等或乱扣	(1) 主轴轴向窜动 (2) 挂轮处啮合间隙过大 (3) 丝杠轴向窜动超差 (4) 开合螺母闭合不好 (5) 溜板箱松动 (6) 进给箱传动齿轮错位	(1) 调整主轴轴向间隙 (2) 调整挂轮架,使挂轮架间隙适当 (3) 调整丝杠轴向窜动在 0.01mm 内 (4) 调整开合螺母镶条 (5) 紧固溜板箱螺钉 (6) 调整到正确的齿轮啮合位置
15	车螺纹时,螺距大小不一	丝杠弯曲	调直丝杠
16	精车螺纹时,螺纹表面有波纹	(1) 丝杠轴向窜动超差 (2) 机床产生振动 (3) 刀具刃磨不正确 (4) 方刀架与小拖板结合面接触不好	(1) 调整丝杠轴向窜动 (2) 消除产生剪床振动的各种因素 (3) 正确刃磨刀具 (4) 刮削结合面并调整
17	精车外圆时,表面产生混乱波纹	(1) 主轴的轴向窜动超差 (2) 主轴滚动轴承滚道磨损 (3) 卡盘法兰与主轴结合定位面接触不好 (4) 方刀架底面与小拖板上面接触不好 (5) 大、中、小拖板与导轨配合间隙过大 (6) 大拖板与床身配合不好,润滑不良	(1) 修磨垫片,消除主轴轴向窜动 (2) 更换滚动轴承 (3) 整修定位锥面,保证接触面积80%以上 (4) 刮修或磨削方刀架底面和小拖板上表面,保证接触精度每25 mm×25 mm 面积不小于12 点 (5) 调整大、中、小拖板镶条,保证间隙 (6) 刮研大拖板与床身导轨结合面,保证接触精点25mm×25mm 不小于 15 点,对结合面进行清洗、润滑

万能升降台铣床常见故障产生原因及排除方法如表 4 - 2 所示。

表 4 - 2　万能升降台铣床常见故障产生原因及排除方法

序号	故障现象	产　生　原　因	排　除　方　法
1	主轴箱内有周期性响声及主轴温升过高	(1) 传动轴弯曲,齿轮啮合不良 (2) 齿轮打坏 (3) 主轴轴承的润滑不良或轴承间隙过小 (4) 主轴轴承磨损严重或保持架损坏	(1) 校直或更换传动轴 (2) 更换损坏齿轮 (3) 保证充分润滑,调整轴承间隙在0.005 mm 以内 (4) 更换轴承
2	主轴变速时无振动	(1) 主轴电动机冲动控制接触点不到位 (2) 联轴器销子折断	(1) 调整冲动小轴尾端的调整螺钉,使冲动接触到位 (2) 更换销子
3	进给箱变速无冲动	(1) 电动机冲动线路故障 (2) 冲动开关触点调整不当或位置变动	(1) 由电工维修 (2) 调整冲动开关触点距离紧固螺钉

序号	故障现象	产 生 原 因	排 除 方 法
4	主轴变速箱变速手柄不灵活	(1) 竖轴与手柄孔咬死 (2) 扇形齿与齿条啮合间隙过小 (3) 滑动齿轮花键轴拉毛 (4) 拨叉移动轴弯曲或有毛刺 (5) 凸轮和滚珠拉毛	(1) 拆卸修理,加强润滑 (2) 调整间隙在 0.15 mm 以内 (3) 修光拉毛部位 (4) 校直弯轴,去除毛刺 (5) 修理凸轮,更换滚珠
5	进给变速手柄失灵	(1) 定位弹簧折断 (2) 定位销咬死或折断 (3) 拨叉磨损	(1) 更换弹簧 (2) 修正或更换定位销 (3) 修补或更换拨叉
6	机床开动时摩擦片发热冒烟	(1) 摩擦片间隙过小 (2) 摩擦片烧伤 (3) 润滑不良,油口堵塞	(1) 调整间隙至 2~3 mm (2) 更换摩擦片 (3) 清除污物,疏通油路
7	主轴或进给变速箱油泵不供油	(1) 柱塞泵损坏 (2) 油位过低或吸管未插入油池中 (3) 单向阀泄漏 (4) 润滑油过脏,滤油网堵塞	(1) 更换弹簧或柱塞,并研配泵体,间隙不大于 0.03 mm (2) 按规定加足润滑油,并将吸油管埋入油池 20~30 mm (3) 研配单向阀,保证密封性 (4) 清洗滤油网和油池,更换清洁的润滑油
8	进给箱工作时保险离合器不正常	(1) 锁紧摩擦片用调节螺母定位销松脱 (2) 离合器套内钢球接触孔严重磨损	(1) 调整并锁紧螺钉 (2) 焊补磨损部位或更换内套
9	进给箱出现周期性噪声和响声	(1) 齿面有毛刺 (2) 电动机轴或转动轴弯曲 (3) 离合器螺母上定位销松动	(1) 检修齿面 (2) 校直电动机轴或转动轴 (3) 固定松动件
10	工作台无自动进给	(1) 钢球保险离合器内弹簧疲劳或折断 (2) 钢球保险离合器调整螺母松动退出,使弹簧压力减弱 (3) 牙嵌离合器磨损严重,在扭动作用下自动脱开 (4) 操纵手柄调整不当,当手柄到位时离合器的行程不足 6 mm (5) 拉杆机构失灵,离合器无动作	(1) 更换弹簧 (2) 调整离合器间隙,并锁紧顶丝 (3) 修补或更换牙楔离合器 (4) 调整拉杆,使离合器结合到位 (5) 检修连接件
11	工作台无快速移动	(1) 快速摩擦片磨损严重 (2) 电磁离合器失灵	(1) 更换磨损的摩擦片 (2) 检修电磁离合器(电工)
12	正常进给时出现快速移动	(1) 摩擦片太脏或不平,内、外摩擦片间隙变小或间隙调整不合适,正常进给时处于半压紧状态 (2) 摩擦片烧坏,内、外摩擦片黏结	(1) 更换磨损的摩擦片,调大间隙 (2) 更换摩擦片

序号	故障现象	产生原因	排除方法
13	进给时出现明显的间隙停顿现象	(1) 进给箱中钢球安全离合器部分弹簧损坏或疲劳,使离合器传递力矩减小 (2) 导轨严重损伤	(1) 更换损坏或疲劳的弹簧 (2) 清洗、修复导轨损伤部位
14	加工达不到表面粗糙度要求	(1) 铣刀摆动大,刀杆变形 (2) 机床振动大 (3) 刀具磨钝	(1) 校正刀杆,更换铣刀 (2) 调整导轨、丝杠间隙,使工作台移动平稳,紧固非移动部件 (3) 更换刀具
15	尺寸公差达不到工艺要求	(1) 主轴回转中心与工作台面不垂直 (2) 工作台面不平 (3) 导轨磨损或导轨副间隙过大 (4) 丝杠间隙未消除 (5) 进给方向之外的非运动方向导轨未锁紧	(1) 调整或修磨台面至机床精度要求 (2) 修磨台面至机床精度要求 (3) 修刮导轨,调整间隙,保证 0.03 mm 塞尺不得塞入 (4) 进刀时消除丝杠副间隙 (5) 锁紧非运动方向导轨及部件
16	水平铣削表面有明显波纹	(1) 主轴轴向间隙过大 (2) 主轴径向摆动过大 (3) 工作台导轨润滑不良 (4) 机床振动大	(1) 调整主轴轴向间隙 (2) 调整主轴前轴承间隙,使主轴定心轴颈径向跳动公差为 0.01 mm (3) 保证良好润滑,消除工作台爬行 (4) 调整丝杠副、导轨间隙,锁紧非运动部件,紧固地脚螺钉
17	工件表面接刀处不平	(1) 主轴中心线与床身导轨不垂直,各相对位置精度不好 (2) 机床安装水平不合要求,导轨扭曲 (3) 主轴轴承间隙,支架支撑孔间隙过大 (4) 工作台塞铁过松	(1) 检验精度,调整或用磨削、刮研修复 (2) 重新调整机床安装水平保证在 0.02 mm/1 000 mm 之内 (3) 调整主轴间隙,修复支撑孔 (4) 调整塞铁间隙,保证工作台、升降台移动的稳定性

B2010A 龙门刨床常见故障产生原因及排除方法如表 4 - 3 所示。

表 4 - 3 B2010A 龙门刨床常见故障产生原因及排除方法

序号	故障现象	产生原因	排除方法
1	工作台运动不平稳,反向有冲击或爬行	(1) 床身导轨润滑油压力调得太高或工作台导轨的回油孔堵塞造成工作台往复运动的不平稳 (2) 工作台下面的齿条与转动蜗杆啮合不良或啮合间隙过犬;工作台的齿条接头不好、形成齿距误差太大 (3) 传动连轴节损坏或间隙太大	(1) 按说明书要求重新调整润滑油压力或用钢丝疏通回油孔 (2) 检查修整齿条和蜗杆的毛刺及调整蜗杆装配位置,可用着色法检查,保证啮合角度正确或用补偿垫板来调整齿条和蜗杆的啮合间隙保持在 0.4 ~ 0.6 mm 内;检查齿条连接缝处时,将工作台翻放,用平尺,千分表和圆柱棒测量对接处,保证误差在 0.15 mm 内 (3) 更换联轴节并调整轴的同轴度在 0.2 mm 内,防止由于两轴不同心造成往复运动时产生抖动

序号	故障现象	产 生 原 因	排 除 方 法
1	工作台运动不平稳,反向有冲击或爬行	（4）多头蜗杆轴,长传动轴,变速箱传动轴三者同轴度误差大,造成旋转时有松紧现象 （5）换向触点开关磨损产生电气不稳定 （6）导轨润滑油压不足	（4）三者同轴度的误差对工作台运动平稳有直接影响,修复调整同轴度在 0.2 mm 内,用手转动电动机联轴器不应有松紧不匀现象,调正后拧紧地基螺钉 （5）检查修复换向开关 （6）按机床说明书要求,调整润滑油压力
2	横梁在上、下两位置移动时,平行度超差,或横梁升降时,丝杆产生尖叫声	（1）立柱调整垫铁松动,立柱产生倾斜变形 （2）横梁夹紧装置未调节好,在横梁夹紧松开时压板未完全脱开,使横梁升落阻力太大 （3）横梁升降时产生不同步:销子有松动,锁紧螺母过松;升降丝杠与减速箱蜗轮副间隙太大 （4）横梁的升降丝杠的磨损部位不一致或在相同位置上螺距累积误差不相等 （5）润滑不良,产生尖叫声 （6）横梁连续使用多次使丝杠受力而发热 （7）由于外力作用或应力变形造成丝杠弯曲 （8）床身导轨扭曲变形	（1）调整左右两立柱下部的床身垫铁,使立柱导轨与床身导轨的垂直度在 0.03/1000 内,两立柱相互平行度在全长上允差为 0.03 mm,只许上端小,两立柱不等高度0.1 mm （2）检查调整夹紧装置要求横梁松开后,加紧压板与立柱导轨的间隙保持 0.1 mm 内,并调整横梁升降丝杆顶上的螺帽,使横梁的倾斜度不超过 0.03/1000 （3）消除传动部位的间隙,达到一致性: ●检查锁紧螺母并重新铰孔,装销子 ●检查调整丝杠的轴向间隙,例如,由于零件磨损造成的间隙就必须更换 （4）检查升降丝杠磨损状况,如丝杠磨损严重需更新,少量磨损可重新修配丝母（升降用的丝杠一般不进行修复） （5）要注意导轨和丝杠润滑良好并保持清洁 （6）横梁升降不能反复连续使用,要有间隔的停歇时间 （7）校直丝杠,弯曲不大于 0.2 mm,最好丝杠进行适当热处理,消除内应力 （8）将两个水平仪放置到工作台面（纵横向各一个）移动工作台,检查床身导轨垂直平面内的直线度为 0.015/1000 之内（0.04/全长）,倾斜度为 0.02/1000,全长为 0.04/1000 之内,超过此要求调整床身垫铁
3	漏油	（1）床身两端拼装接缝处有严重漏油现象（接合面不平整造成接触不良） （2）导轨润滑供油泵油量过多产生溢流 （3）导轨润滑油分油器调整不好或失灵 （4）各齿轮箱盖和箱体接合面接触不好,或密封损坏	（1）修刮接合面并保持对床身导轨的垂直度要求8～10点,在拼装时涂抹密封胶 （2）按规定要求适量调整油量,以不向外溢油为原则 （3）查看导轨润滑油的油量调整分油器,紧固螺帽 （4）修整盖和箱体不平的结合面,在不影响装配精度下,适当加薄纸垫和密封胶,更换损坏的密封材料

序号	故障现象	产　生　原　因	排　除　方　法
4	加工后的工件表面粗糙度大	（1）抬刀座与刀夹之间的配合间隙太大，加工时容易产生振动及让刀现象，影响工件表面不均匀产生振动纹和斜丝纹 （2）抬刀座与刀夹间的圆锥销的配合面太松，受切削负荷产生位移引起颤动 （3）进刀箱的离合器磨损，张紧环调整不正确或弹簧太松产生走刀不均匀 （4）刀架走刀时大时小，主要是张紧环松紧不一致和咬毛、弹簧疲劳断裂 （5）工作台移动不稳有爬行现象 （6）抬刀架吸力不足，顶出杆弯曲，抬刀架在进刀时落下 （7）刀架斜铁过松，丝杆与螺母磨损 （8）自动进给机构不稳定	（1）检查抬刀座与刀夹配合间隙，如间隙较大时，修整抬刀架，更换刀架 （2）在修整圆锥销孔时，必须修整刀座与刀夹的配合间隙。在镗孔前校正镗杆中心对刀座表面的垂直度 0.02/全长之内，然后进行镗铰修复 （3）检查调整张紧环弹簧，如弹簧已疲劳需要换（或改装其结构） （4）检查修复张紧环咬毛处，更换弹簧（刀架走刀机构稳定性欠佳可进行改装） （5）检查润滑情况和床身导轨精度，根据产生原因还需检查传动系统和齿条 （6）校正修复或更换顶出杆，修、绕抬刀架线圈 （7）调整斜铁间隙，修复丝杠配螺母 （8）检查并修整自动进给机构中超越离合器
5	床身导轨局部磨碎或研伤	（1）基础结构刚度差 （2）经长期使用后，床身导轨变形，使局部导轨负荷过大而磨损 （3）长期加工短工件或承受过分集中的负重，使床身导轨局部磨损 （4）润滑油不清洁或润滑系统有堵塞，造成润滑不良 （5）机床保养维护不良，导轨内进入脏物或铁屑，致使导轨研伤 （6）床身两导轨间扭曲过大	（1）重建基础结构 （2）调整床身导轨精度 （3）合理安排加工的短工件和过分负荷集中的零件，每米负荷要小于 25 kN （4）定期换油，并清洁疏通润滑油系统 （5）加强机床保养或加装导轨防护装置 （6）修复导轨，保证工作台移动时的倾斜度在 1 m 长度上允差 0.02/1000，全长上允差为 0.04/1000

卧轴矩台平面磨床常见故障产生原因及排除方法如表 4 - 4 所示。

表 4 - 4　卧轴矩台平面磨床常见故障产生原因及排除方法

序号	故障现象	产　生　原　因	排　除　方　法
1	工作表面呈波纹	（1）砂轮主轴短三瓦轴承间隙增大或调整不当 （2）砂轮不平衡 （3）砂轮选择不当或砂轮磨钝 （4）转子不平衡产生振动 （5）磨削量选择不当	（1）调整间隙在 0.005 ~ 0.010 mm 之内，锁紧螺钉以防止松动 （2）平衡砂轮 （3）合理选择砂轮，修整砂轮使之锋利 （4）动平衡转子 （5）选择合理的切削用量
2	工作表面烧伤	（1）选用砂轮太硬 （2）砂轮变钝 （3）冷却液用量不足 （4）磨削用量太大	（1）根据工作材料合理选用砂轮 （2）修整砂轮 （3）增加冷却液用
3	机床横向进给量不均匀	（1）砂轮架导轨斜铁过紧 （2）导轨润滑不良	（1）调整导轨斜铁 （2）定期清洗，加油使其润滑良好

续表

序号	故障现象	产　生　原　因	排　除　方　法
4	工作台运动不正常,产生爬行、跳动、速度不均匀、换向时有冲击等	（1）工作台导轨磨损、润滑不良 （2）工作台液压缸内部磨损造成内渗漏 （3）液压缸与床身及工作台连接部松动 （4）密封破坏,接头松动等造成渗油现象 （5）液压泵或溢流阀工作不正常,供油压力波动 （6）操纵箱内调节螺钉堵塞或有杂物,阀失去作用 （7）油路系统有空气	（1）检查导轨公差,使导轨面存有性能提高,调整润滑压力 （2）调整磨损情况,修理或更换新活塞、液压缸 （3）紧固各连接件 （4）检查各管道是否松动、裂纹、更换密封件 （5）检查或更换液压泵、溢流阀 （6）清洗、调整操纵箱内阀芯及调整螺钉 （7）检查、清洗滤油器,排除空气
5	机床工作时有周期性的噪声	（1）液压泵进油口过滤器堵塞 （2）吸油口已露出油面,有空气进入	（1）清洗进油过滤器 （2）保证液压油油位,将油管伸入油池中
6	液压泵压力建立不起来	（1）液压泵损坏或磨损严重 （2）溢流阀损坏	（1）更换液压泵 （2）修理或更换溢流阀

4.2　机床关键零部件的修理

　　机床在使用过程中由于磨损或使用不当而产生故障的零部件通常有:主轴、轴承、导轨、螺旋机构、各种液压元件、电器元件等。这里主要讨论对机床使用性能影响最大的关键机械零部件主轴及其轴承、机床螺旋机构、导轨的修理。

4.2.1　轴部件的修理

　　主轴是机床实现旋转运动的执行体,由主轴、主轴轴承和安装在主轴上的传动件、密封件等所组成,它们在电动机的驱动下带动工件或刀具旋转,传递动力和直接承受切削力,因此要求其轴线的位置准确稳定。它的旋转速度在很大程度上影响机床的生产率,旋转公差决定了零件的加工公差。主轴部件是机床上的一个关键部件,修理的目的是恢复或提高主轴部件的回转公差、刚度、抗振性、耐磨性,并达到温升低、热变形小的要求。

　　1. 主轴的修理

　　（1）主轴损伤形式。尽管主轴的结构各异,工作性质条件不同,但总体来说,主轴的损坏形式主要有:

　　① 主轴轴颈磨损。

　　② 主轴锥孔的磨损。

　　③ 主轴与传动件配合处的轴颈磨损。

　　④ 主轴过量变形,使轴的圆度圆柱度等几何公差下降,刚度不足。

　　⑤ 主轴的区部点蚀损伤。

　　⑥ 主轴表面产生裂纹。

　　修理前根据主轴图纸对主轴的尺寸公差、几何公差、位置公差、表面粗糙度进行检查,对于与滑动轴承配合的轴颈,如发现表面变色,应检查该处表面硬度。对于高速旋转的主轴,要作动平衡。

（2）主轴的修理方法：依据主轴损伤形式的检查结果，主轴的损伤主要是发生在有配合关系的轴颈表面，采用相应的方法进行修复。通常采用以下方法修理：

① 修理尺寸法：即对磨损表面进行精磨加工或研磨加工，恢复配合轴颈表面几何形状、相对位置和表面粗糙度等进度要求，而调整或更换与主轴配合的零件，保持原来的配合关系。采用此法时，加工后的轴颈表面硬度不低于原图样要求，以保证主轴修复后的使用寿命。修理尺寸法在工艺及装备上较简单、方便，在许多场合下只需要将不均匀磨损或其他损伤的表面进行机械加工，修复速度快，成本低。

② 标准尺寸法：即用电镀、堆焊、粘接等方法在磨损表面或区部损伤表面覆盖金属，然后按原始尺寸精度要求加工，恢复轴损伤部位的尺寸精度、几何精度、相对位置精度。

2. 主轴轴承的修理

主轴部件上所用的轴承有滚动轴承和滑动轴承。滑动轴承具有工作平稳、抗振性好等特点，适用于精密机床的主轴。

（1）滚动轴承的常见故障。

① 磨损：由于滚道和滚动体的相对运动以及尘埃异物的侵入引起表面磨损。磨损的结果，配合间隙变大，表面出现刮痕和凹坑，使振动及噪声加大。

② 疲劳：由于载荷和相对滚动作用产生疲劳剥落，在表面出现不规则的凹坑，造成运转时的冲击载荷，振动和噪音随之加剧。

③ 压痕：受到过大的冲击载荷或静载荷，或因热变形增加载荷，或硬度很高的异物侵入，产生凹痕和压痕。

④ 腐蚀：有水分或腐蚀性化学物质侵入，以致在轴承元件表面上产生斑痕或点蚀。

⑤ 破裂：残余应力及过大的载荷都会引起轴承零件的破裂。

⑥ 胶合：由于润滑不良，高速重载，造成高温使表面烧伤及胶合。

⑦ 保持架损坏：保持架与滚动体或与内、外圈发生摩擦等，使振动、噪声与发热增加，造成保持架的损坏。

（2）滚动轴承的调整和更换。对于磨损后的滚动轴承，精度已丧失，应更换新件。对于新轴承或使用过一段时期的轴承，若间隙过大则需调整。

在滚动轴承的装配和调整中，保持合理的轴承间隙或进行适当的预紧，对传动轴部件的工作性能和轴承寿命有重要的影响。当轴承有较大的径向间隙时，会使传动轴发生轴心位移而影响加工精度，且使轴承所承受的载荷集中在加载方向的一两个滚子上，这就使内、外圈滚道与该滚子的接触点上产生很大的集中应力，发热量和磨损变大，使用寿命变短，并降低了刚度。

当滚动轴承正好调整到零间隙时，滚子的受力状况较为均匀。当轴承调整到负间隙时（即过盈）时，例如在安装轴承时预先在轴向给它一个等于径向工作载荷 20%～30% 的力，使它不但消除了滚道与滚子之间的间隙，还使滚子与内、外圈滚道产生了一定的弹性变形，接触面积增大，刚度也增大，这就是滚动轴承的预紧或预加载。当受到外部载荷时，轴承已具备足够的刚度，不会产生新的间隙，从而保证了传动轴部件的回转精度和刚度，提高了轴承的使用寿命。值得注意的是，在一定的预紧范围内，轴承预紧量增加，刚度随之增加，但预加载荷过大对提高刚度的效果不但不显著，而且磨损和发热量还大为增加，将大大降低轴承的使用寿命。一般来说,滚子轴承比滚珠轴承允许的预加载荷要小些;轴承精度越高,达到同样的刚度所需要的预加载荷越小;转速越高,轴承精度越低,正常工作所要求的间隙越大。

滚动轴承的调整和预紧方法,基本上都是使其内、外圈产生相对轴向位移,通常通过拧紧螺母或修磨垫圈来实现。

对于转轴常用的圆柱滚子轴承的径向间隙,一般用螺母通过中间隔套压着轴承内圈来实现调整,以免直接挤压内圈而引起内圈偏斜。图 4-1(a)所示的调整结构比较简单,拧紧左侧螺母,使轴承内圈向轴颈大端移动,内圈长大使轴承间隙减小。这种结构控制调整量困难,尤其是当预紧载荷过大时,拆卸轴承极不方便。图 4-1(b)所示的结构,其右侧没有调整螺母,调整方便。图 4-1(c)所示为将右侧垫圈做成两半,调整左侧螺母时,可取下垫圈来修磨,控制调整量,较为方便。

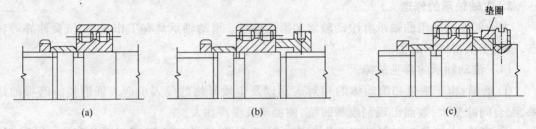

(a)　　　　　　　　　　(b)　　　　　　　　　　(c)

图 4-1　圆锥孔圆柱滚子轴承游隙的调整

(3)轴承预紧量的确定方法。

① 测量法:装置如图 4-2 所示,在平板上放置一个专用测量圆座体,然后在轴承的外圈上加压一重锤,其重量为所需的预加负荷值。轴承在重锤的作用下使轴承消除间隙,并使滚子与滚道产生一定的弹性变形。用百分表测量轴承内、外圈端面的尺寸差 $\triangle h$,即为单个轴承的内、外圈厚度差。对于机床主轴轴承常见的成对使用的轴承,两个轴承内、外圈厚度差值的总和,即为两轴承之间内、外圈厚度之差值 $\triangle L$。其中的预加负荷值一般要大于或等于工作载荷,最小预加负荷值可按下列经验公式计算

$$A_{0\min} = R\tan\beta \pm 0.5A$$

式中,$A_{0\min}$ 为轴承的最小预加负荷量;R 为作用在轴承上的径向载荷;A 为作用在轴承上的轴

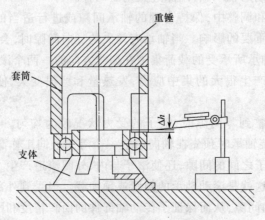

图 4-2　轴承预紧量的测量装置

向载荷;β 为轴承的计算接触角。成对使用的轴承中每个轴承都按这个公式计算。式中,"+"号用于轴向工作载荷使原有预公盈值减少的那一个轴承;"-"号用于轴向工作载荷使原有预公盈值加大的那一个轴承;A_{0min} 按所求的两个值中的最大值选取。

此外,预加负荷值也可以按表 4 – 5 推荐的数值选用。

表 4 – 5　角接触球轴承的预加负荷量　　　　　单位:N

最高转速/(r/min) \ 轴承内径/mm	10	20	25	30	35	40	45	50
< 1 000	137.28	176.5	205.73	313.79	441.27	468.74	617.77	666.8
1 000 ~ 2 000	98.06	117.67	147.09	205.92	254.18	372.62	411.85	441.27
> 2 000	68.64	88.25	107.86	156.89	225.53			

② 感觉法:此类方法不需要任何测量仪器,只根据修理人员的实际经验来确定内外隔圈的厚度差,应用也较广泛。

(4) 滑动轴承的修理、装配与调整。滑动轴承按其油膜形成的方式,可以分为流体静压轴承和流体动压轴承;按其受力的情况,可分为径向滑动轴承和推力滑动轴承。

① 静压轴承具有承载能力大、摩擦阻力小、旋转精度高、精度保持性好等特点,因此,广泛应用在磨床及重型机床上。静压轴承一般不会磨损,但是由于油液中极细微的机械杂质的冲击,主轴轴颈仍会产生极细的环形丝流纹,一般采用精密磨床或研磨至 $Ra0.16 \sim 0.04 \ \mu m$。若修磨后尺寸减小量在 0.02 mm 之内,原静压轴承仍可使用;若主轴与轴承间隙超过公差范围,或轴承内孔拉毛或有损伤现象,则应更换新轴承,这是因为一般静压轴承与主轴的间隙是无法调整的。

② 动压轴承磨损的主要原因是润滑油中有磨损微粒或润滑不足。修理的目的就是恢复轴承的几何公差和承载刚度。对已经磨损或咬伤、拉毛的轴承内孔,要修复其圆度、圆柱度、表面粗糙度,与主轴配合的轴颈和端面的接触面积和前、后轴承内孔的同轴度要求;同时还要检查轴承外圆与主轴箱体配合孔的接触精度是否满足规定要求。通常,动压轴承内孔表面粗糙度应不大于 $Ra0.4 \ \mu m$。

动压轴承内孔与轴承轴颈的配合间隙直接影响主轴的回转精度和承载刚度。间隙越小,承载能力越强,回转精度越高。但是,间隙过小也受到润滑和温升等因素的限制。动压轴承的径向间隙一般如下选取:高速和受中等载荷的轴承,取轴颈直径尺寸的(0.025 ~ 0.04)%;高速和受重载荷的轴承,取轴颈直径尺寸的(0.02 ~ 0.03)%;低速和受中等载荷的轴承,取轴颈尺寸的(0.01 ~ 0.012)%;低速和重载荷的轴承,取轴颈直径尺寸的(0.007 ~ 0.01)%。

由于磨损,轴承内孔与主轴轴颈间的配合间隙将逐渐变大。绝大多数静压轴承的间隙是可调整的,只要轴承没有磨损坏,且有一定修理和调整余量,就可以不必更换轴承,而只需要进行必要的修理和调整既可继续使用。

轴承间隙的调整方式有径向和轴向两种:

径向调整间隙的轴承一般为剖分式、单油楔动压轴承和多油楔自动调位轴承。前者旋转不稳定,精度低,多用于重型机床主轴。修理时,先刮研部分面或调整刮分面处垫片的厚度,再研磨轴承内孔直至得到适当的配合间隙和接触面,并恢复轴承的精度。后者旋转精度高,刚度好,多用于磨床砂轮主轴。修理时,可采用主轴轴颈研磨方法修复轴承的内孔,用球面螺钉调整径向间隙至规定的要求。

轴向调整间隙的轴承一般分为外柱内锥式和外锥内柱式,轴向止推滑动轴承精度的修复可以通过精磨或研磨其两端面来解决。主轴部件修理完毕后,要检查主轴有关精度。机床修理后,需开车检查主轴运转温升。机床主轴在最高速运转时,主轴规定温度要求下:滑动轴承不超过 60 ℃,温升不超过 30 ℃;滚动轴承不超过 70 ℃,温升不超过 40 ℃。

4.2.2　机床螺旋机构的修理

机床螺旋机构通常为丝杠螺母传动机构,广泛用于机床低速直线进给运动机构以及运动精度要求较高的机床传动链中。丝杠螺母传动副包括滑动丝杠螺母传动、滚动丝杠螺母传动、流体静压丝杠螺母传动 3 种类型。本章主要介绍在金属切削机床中用的最多的滑动丝杠螺母传动的调整与修理的基本知识。

1. 磨损或损坏的检查与调整

滑动丝杠螺母传动在机床中主要用于机构调整装置和定位机构。在使用过程中,丝杠螺母会有不同程度的磨损、变形、松动和位移等现象,直接影响机床的加工精度。因此,必须定期检查、调整和修理,使其恢复规定的精度要求。

(1) 滑动丝杆的检查:

① 丝杠、螺母的润滑和密封保护。大部分丝杠长期暴露在外,防尘条件差,极易产生磨粒磨损。因此在日常维护时,不但要清洁丝杠,检查有无损伤,还要定期清洗杠和螺母,检查、疏通油路,观察润滑效果。

② 丝杠的轴向窜动:丝杠的轴向窜动对所传动部件运动精度的影响,远大于丝杠径向圆跳动的影响,因此,在机床精度标准中,丝杠轴向窜动均有严格要求,如表 4 - 6 所示。

表 4 - 6　几种车床丝杠轴向窜动允差

机床名称	检验标准编号	丝杠轴向窜动允差/mm
卧式车床	GB/T4020—1997	$D_a \leqslant 800, 0.015$
丝杠车床		0.002
螺纹磨床		0.002

注:D_a 为车床允许的最大工件回转直径。

(2) 滑动丝杆的修理:如果检查中发现丝杠的轴向窜动超过公差,则需要进一步检查预加轴向负荷状况(例如丝杠端部的紧固螺母松动与否)和推力轴承的磨损状况,以便采取相应措施进行调整或更换。

① 丝杠的弯曲:经长时间使用,有些较长的丝杠会发生弯曲。例如,卧式车床的床身导轨或溜板导轨磨损,溜板箱连同开合螺母下沉,丝杠工作时往往只与开合螺母的上半部啮合,而与其下半部存在相当大的间隙。这种径向力的作用,会引起丝杠产生弯曲变形,弯曲严重时会使传动蹩劲和扭转震动,影响切削的稳定性和加工质量。检查时,回转丝杠,用百分表可较准确地测出丝杠的弯曲量。如果超差,应及时加以校直(如压力校直和敲击校直),校直时应尽量消除内应力。可增加低温实效处理工序来减轻车螺纹及使用过程中的再次变形。

② 丝杠与螺母的间隙:滑动丝杠螺母副中的螺母一般由铸铁或锡青铜制成,磨损量比丝

杠大。随着丝杠、螺母螺旋面的不断磨损,丝杠与螺母的轴向间隙随之增大,当此间隙超过公差范围时,对于有自动消除间隙机构的双螺母结构(如卧式车床横向进给丝杠螺母副)应及时调整间隙;对于无自动消除间隙机构的螺母则应及时更换螺母。

● 丝杠的磨损。丝杠的螺纹部分在全长上的磨损很不均匀,经常使用的部分,磨损较大,如卧式车床纵向进给丝杠在靠近主轴箱部分磨损较严重,而靠近床尾部分则极少磨损。这使丝杠螺纹厚度大小不一,螺距不等,导致丝杠螺距累计误差超过公差,造成机床进给机构进刀量不准,直接影响工作台或刀架的运动精度。当丝杠螺距误差太大而不能满足加工精度要求时,可用重新加工螺纹并配作螺母的方法修复或更换新的丝杠副。

● 丝杠的支撑和托架。丝杠在径向承受的载荷小,转速低,多采用铜套做支承;而轴向支承的精度和刚度比径向支承要求高得多,多采用高精度推力轴承。由于加工和装配精度的限制,往往存在着调整螺母端面与螺纹轴心线垂直度的误差,导致推力集中在轴承的局部,使磨损加剧,成为丝杠发生抖动的主要原因。因此,在对丝杠副进行定期检查时,要注意各支承的磨损情况,保证螺母端面与垫圈均匀接触,从而保证丝杠轴向支承的精度要求,如图 4 – 3 所示。

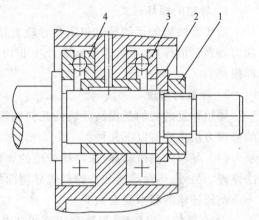

图 4 – 3　丝杠一端的支撑
1—调整螺母;2—垫圈;3、4—D 级推力球

对于水平安装的长丝杠,常用托架支承丝杠,以免丝杠由于自重产生小挠度现象。在使用过程中,托架不可避免要被磨损。因此也要定期检查,以便调整或修理。

2. 丝杠副的修理

滑动丝杠螺母副的实效的主要原因是丝杠螺纹面的不均匀磨损,螺距误差过大,造成工件精度超差。因此,丝杠副的修理,主要采取加工丝杠螺纹面,恢复螺距精度,重新配制螺母的方法。

在修理丝杠前,应先检查丝杠的弯曲度超过 0.1 mm/1 000 mm 时(由于自重产生的下垂量应除去)就要进行校直。然后,测量丝杠螺纹实际厚度,找出最大磨损处,估算一下丝杠螺纹在修理加工后厚度减小量,如果超过标准螺纹厚度的 15% ~20% ,则该丝杠予以报废,不能再用。在特殊情况下,也允许以减少丝杠外径的办法恢复标准螺纹厚度,但外径的减小量不得大于原标准外径的 10% ,对于重负载丝杠,螺纹部分如需修理,还应验算其厚度减小后,刚度和强度是否仍能满足原设计要求。

对于未淬硬丝杠,一般在精度较好的车床上将螺纹两侧面的磨损和损伤痕迹全部车去,使螺纹厚度和螺距在全长上均匀一致,并恢复到原来的设计精度。精车加工时要尽量最少切削,并注意充分冷却丝杠。如果远丝杠精度要求较高,也可以在螺纹磨床上修磨,修磨前应先将丝杠两端中心孔修研好。

淬硬的丝杠磨损后,应在螺纹磨床上进行修磨。如果丝杠支承轴颈或其端面磨损,可使刷镀、堆焊等方法修复,恢复原配合性质。丝杠螺纹部分经加工修理后,螺纹厚度减小,配制的螺母与丝杠应保持合适的轴向间隙,旋合时手感松紧合适。用于手动进给机构的丝杠螺母副,经修理装上带有刻度装置的手轮后,手柄反向空行程量应在规定范围内。对于用双螺母消沉间隙机构的丝杠副,丝杠螺纹修理加工后,主、副螺母均应重新配制。车床的纵向丝杠、镗床的横向进给丝杠,由于是通用备件,丝杠磨损后也可更换新件。

4.2.3 机床导轨的修理

机床导轨既是机床运动零件的基准,也是很多结构件的测量基准,因此导轨的精度直接影响机床的工作精度和机床构件的相互位置精度。一般情况下,导轨的损伤或其精度的下降程度决定了机床是否大修。导轨的修理是机床修理中重要的内容之一。

1. 导轨的损坏形式

由于导轨副的运动导轨和床身导轨直接接触并作相对运动,它们在工作中受到重力、切削力等载荷的作用,不可避免地会产生非均匀性磨损。主要损坏形式有磨损、拉毛、变形、局部损伤。

2. 导轨的修理

导轨修复的目的是提高导轨的几何精度,提高机床运动部件的导向性。目前,机床导轨的修理方法主要有以下几种:

(1) 导轨的刮研修理:未淬硬处理的导轨,如果损伤深度或变形不大,常采用手工刮研方法修理。另外,运动导轨和特殊形式导轨面的修理,由于不便精磨,也常采用刮研法。

刮研导轨的基本要求如下:

① 合适的工作环境:导轨刮研要求工作场所洁净,周围没有严重振源的干扰,环境温度变化不大,避免阳光直接照射或热源产生局部受热。特别是对于较长或精密机床导轨,最好在恒温间内进行刮研。

② 刮研前导轨床身的安装:床身导轨常作为基准,修理的工作量也最大。因此,在刮研前要将床身用可调整的机床垫铁垫平,使床身导轨尽可能在自由状态下保持最好的水平,以免在刮研过程中产生变形。垫铁的位置应于机床实际安装时一致,这对于刚度较差的长床身和精密机床床身特别重要。

③ 刮研前的预处理:对于损伤严重(深度超过 0.5 mm)的机床导轨,应先对导轨表面进行刨削或车削加工后再进行修理。

④ 刮研前后测量导轨精度:为了保证机床的安装精度在拆卸导轨前应对有关导轨的几何精度(直线度、平行度)等进行测量,记录数据,拆卸后再次测量,比较前后两次测量的数据,作为刮研各部件和导轨的参考修正值。

⑤ 导轨的修理基准与刮研基准。

• 导轨的修理基准选择:应选择机床制造时的原始设计基准,或机床上不磨损的部件安装结合面及轴孔为刮研基准。在不影响转动性能前提下也可选择测量方便、测量工具简单的表面为修理基准。

• 刮研顺序原则:导轨的刮修余量较大时(磨损大于 0.3 mm)应采用机械加工方法精刨、磨削等去掉一层冷作硬化表面。这样既可以减少刮削量,又可以避免刮削后导轨产生变形。刮削前当发现导轨局部磨损相当严重时,应先修复变形量,修复好后,粗加工到刮削余量范围内,然后通过刮削将导轨加工至要求。

• 刮研时一般顺序:先刮与其他部件有关的导轨、较长及面积较大的导轨、在导轨副中形状较复杂的导轨;后刮与其他部件无关系的导轨。当两件配合刮削时,应先刮大部件导轨、刚度好的部件导轨、较长部件导轨。

• 刮研工具、检具及基本工艺:常用刮研工具、检具有刮刀、平尺、角尺、角度垫铁、检验桥板、芯棒、水平仪、光学准直仪、塞尺、相应量具和显示剂等。

刮研是利用刮刀、拖研工具、检验器具和显示剂,以手工方式操作,边刮削、边拖研、边测量,直至导轨达到规定的几何精度。刮研分粗刮、细刮和精刮 3 个工艺步骤依次进行。

• 刮研质量检验:刮研的质量有两个指标,一个是有关几何形状的,如相关表面的垂直度、平行度和厚度尺寸等;另一个是有关表面质量的,常用研点检查法来检验,即利用基准平面对刮削的工件表面进行研点,按工件表面上显示出点子的多少,作为表面质量指标之一。

研点检查法是利用一块硬纸或薄铁皮,挖出一个 25 mm × 25 mm 的方孔,将它覆盖在被检验平面上,在孔内数点子数,在整个平面内任何位置进行抽检,均应达到规定的点数。

• 导轨表面的接触精度:导轨的加工精度应保证达到各类机床的精度标准和技术条件的规定,并留有一定的精度储备量。采用配磨加工方法的两配合件的结合面,应用涂色法检验接触面积,检验方法按 JB ／ T9876—1999《金属切削机床结合面涂色法检验及评定》的规定,接触面积应均匀。

⑥ 导轨刮削修理的特点:刮削的生产率低,劳动量大;需要技能高的工人来完成,刮出的表面在单位面积上的小点子不均匀,储油效果好。

(2) 导轨的精刨修理:对未淬硬处理的导轨面,可采用精刨或精车(圆导轨)或精磨的方法修理,其中精刨法和精车法的精度,一般低于刮削和精磨法。

① 精刨刀具:精刨刀有高速钢做的,也有镶硬质合金刀片的。根据导轨形状和位置,精刨刀可分为以下几种:平面导轨精刨刀、垂直平面精刨刀、导轨下部滑面精刨 V 形导轨精刨刀、燕尾导轨精刨刀。具体的刀具结构和制造工艺可根据需要查阅有关手册。

② 基本操作工艺:机床导轨在精刨前一般要预加工,去除导轨表面的拉毛、划伤、不均匀磨损或床身的扭曲变形,表面粗糙度达 $Ra5\mu m$ 即可精刨。

(3) 导轨的精磨修理:经淬硬处理的机床导轨面修复加工,一般采用磨削方法。

① 导轨的端面磨削:砂轮端面磨削的设备、磨头结构较简单,万能性强,目前在机修上应用较广泛。缺点是生产率和加工表面粗糙度都不如周边磨削,且难于实现用切削液作湿磨,需要采取其他冷却措施来实现防止工件的变形。

② 导轨周边磨削:周边磨削的生产效率和精度虽然比较高,单磨头结构复杂,要求机床刚度好,且万能性不如端面磨削,因此目前在机修上用得较少。

(4) 导轨的镶装、粘接等方法修理:在导轨上镶装、粘接、涂敷各种耐磨性塑料和夹布胶木或金属板,也是实际工作中常用的导轨修复方法。由于镶装的材料摩擦系数小,耐磨性好,使部件运动平稳,大大减少了低速爬行现象,还可以补偿导轨的磨损尺寸,恢复机床尺寸链。

近年来,国内外在机床制造和维修中还广泛采用了导轨的软带修复技术。软带是一种以聚四氟乙烯为基料,添加适量青铜粉、二硫化钼、石墨等填充剂所构成的高分子复合材料,或称填充聚四氟乙烯导轨软带。将软带用特殊黏结剂粘接在导轨表面上,就能大大改善导轨的工作性能(耐磨性好、自润滑性好、吸振能力强、耐老化),延长使用寿命。

(5) 导轨面局部损伤的修理:导轨面常见的局部损伤有碰伤、擦伤、拉毛、小面积咬伤等划痕,可采用焊接、粘接、电镀等方法及时进行修复,达到表面的质量要求。

4.3　机床的维护及保养

机床的维护保养是管、用、养、修等各项工作的基础,也是操作工人的主要责任之一,是保持机床经常处于完好状态的手段,是一项积极的预防工作。

做好机床的维护保养工作,及时处理随时发生的各种问题,改善机床的运行条件,就能防患于未然,避免不应有的损失。实践证明,机床的寿命在很大程度上决定于维护保养的程度。

4.3.1　机床的日常维护

机床的日常维护是提高工作效率,保持较长的机床使用寿命的必要条件。机床的日常维护主要是对机床的及时清洁和定期润滑。

1. 机床的日常清洁

在机床开动之前,用抹布清除机床上的灰尘污物;工作完毕后,清除切屑,并把导轨上的切屑液、切屑等污物清扫干净,在导轨上涂上润滑油。

2. 机床的润滑

机床的润滑分分散润滑和集中润滑两种。分散润滑是在机床的各个润滑点分别用独立、分散的润滑装置进行。这种润滑方式一般都是由操作者在机床开动之前进行的定期的手动润滑,具体要求可查阅机床使用说明书。集中润滑是由润滑系统来完成的。操作者只要按说明书的要求定期添油和换油即可。

4.3.2　机床的保养及维修

1. 机床的保养

机床的保养分为例行保养(日保养)、一级保养(月保养)和二级保养(年保养)。

(1) 例行保养:由机床操作者每天独立进行。保养的内容除上述的日常维护外,还要在开车前检查机床,周末对机床进行大清洗工作等。

(2) 一级保养:机床运转 1~2 个月(两班制),应以操作工人为主,维修工人配合,进行一次。保养的内容是对机床的外漏部件和易磨损部分进行拆卸、清洗、检查、调整和紧固等。例如,对传动部分的离合器、制动器、丝杠螺母间隙的调整以及对润滑、冷却系统的检修等。

(3) 二级保养:机床每运转一年,以维修工人为主,操作工人参加,进行一次包括修理内容的保养。除一级保养的内容以外,二级保养内容还包括修复、更换磨损零件,导轨等部位间隙调整,镶条等的刮研维修,润滑油、冷却液的更换,电气系统的检修,机床精度的检验及调整等。

2. 机床的计划维修

机床的计划维修分小修、中修(又称项修)和大修 3 种。这 3 种计划维修是根据设备动力科编制的年维修计划进行的。

(1) 小修:一般情况下,小修可以以二级保养代替。小修时,以维修工人为主,对机床进行检修、调整,并更换个别磨损严重的零件,对导轨的划痕进行修磨等。

(2) 中修:中修前应进行预检,以确定中修项目,制定中修预检单,并预先准备好外购件和磨损件。除进行二级保养工作外,中修应根据预检情况对机床的局部进行有针对性的维修,以维修工人为主进行。修理时,拆卸、分解需要修理的部件,清洗已分解的各部分并进一步检定所有零部件,修复或更换不能维持到下一次维修期的零部件,修研导轨面和工作台台面;对机床外观进行修复、涂漆;对修复的机床按机床标准进行验收试验,个别难以达到标准的部分,留待大修时修复。

(3)大修:大修前,须对机床进行全面预检,必要时,对磨损件进行测绘,制定大修预检单,做好各种配件的预购或制造工作。大修工作以维修工人为主进行。维修时,拆卸整台机床,对所有零件进行检查;更换或修复不合格的零件,修复大型的关键件;修刮全部刮研表面,修复机床原有精度并达到出厂标准;对机床的非重要部分都应按出厂标准修复。然后,按机床验收标准检验,如有不合格项目,须进一步修复,直至全部符合国家标准。

普通车床保养内容和要求如表 4-7 所示。

表 4-7　普通车床保养内容和要求

保养时间	一、二级保养内容和要求		
	保养部位	一 级 保 养	二 级 保 养
班前: (1)擦净机床外露导轨及滑动面的尘土 (2)按规定润滑各部位 (3)检查各手柄位置 (4)空车试运转	主轴箱	(1)拆洗滤油器 (2)检查主轴定位螺钉,调整适当 (3)调整摩擦片间隙和刹车阀 (4)检查油质保持良好	(1)拆洗滤油器 (2)清洗换油 (3)检查并更换必要的磨损件
	刀架及拖板	(1)拆洗刀架、小拖板、中溜板各件 (2)安装时调整好中溜板、小拖板的丝杠间隙和塞铁间隙	(1)拆洗刀架、小拖板、中溜板各件 (2)拆洗大拖板,疏通油路,清除毛刺 (3)检查并更换必要的磨损件
	挂轮箱	(1)拆洗挂轮及挂轮架并检查轴套有无晃动现象 (2)安装时调整好齿轮间隙,并注入新油脂	(1)拆洗挂轮及挂轮架并检查轴套有无晃动现象 (2)检查并更换必要的磨损件
	尾座	(1)拆洗尾座各部 (2)清楚研伤毛刺,检安装时查螺纹、丝母间隙 (3)安装时要求达到灵活可靠	(1)拆洗尾座各部 (2)检查、修复尾座套筒锥度 (3)检查并更换必要的磨损件
	进给箱、溜板箱	清洗油线,注入新油	进给箱及溜板箱整体拆下清洗检查并更换必要的磨损件
	外表	(1)清洗机床外表及死角,拆洗各罩盖,要求内外清洁、无锈蚀、无黄袍,漆见本色铁见光 (2)清洗三杠及齿条,要求无油污 (3)检查补齐螺钉、手球、手柄	(1)清洗机床外表及死角,拆洗各罩盖,要求内外清洁、无锈蚀、无黄袍,漆见本色铁见光 (2)检查导轨面,修光毛刺,对研伤部位进行修复

续表

保养时间	一、二级保养内容和要求		
班后： （1）将铁屑全部清扫干净 （2）擦净机床各部位 （3）部件归位	润滑冷却	（1）清洗冷却泵、冷却槽 （2）检查油质，保持良好，油杯齐全，油窗明亮 （3）清洗油线、油毡，注入新油，要求油路畅通	（1）清洗冷却泵、冷却槽 （2）拆洗油泵检查并更换必要的磨损件
	电器	清扫电动机及电气箱内外尘土	（1）清扫电动机及电气箱内外尘土 （2）检修电器，根据需要拆洗电动机更换油脂
	公差		检查并调整使其主要几何公差能达到出厂标准或满足生产工艺要求

思 考 题

1. 机床故障分类有哪些？
2. 机床主轴常见故障有哪些形式？如何修复？
3. 机床导轨的修复目是什么？修复方法油哪些？
4. 为什么要给滚动轴承预紧？如何确定预紧力的大小？
5. 机床保养目的是什么？机床保养方式有哪些？

第5章 泵的检修与故障处理

工业中小机泵是常用的主要转动设备,90% 以上的液体依靠小机泵的正常运转维持全生产过程的安全运行。随着过程工业的发展和泵技术可靠性的提高,近代设计大都选用单系列机器和设备,所以在正常生产时,对泵的维修和大修期间保证检修质量尤为重要。这就要求维修、检修工掌握检修技术,使机泵保持或恢复到规定的功能。

小机泵是工厂提高经济效益的物质基础,通过检修,消除泵在运行过程中所存在的缺陷和隐患,意味着夯实了工厂的物质基础,也就保障了工厂安全稳定长周期满负荷运行。

一般对常用的小机泵的检修应包括以下几点:

(1) 复查驱动机和泵的过程中,如和原始数据差异较大,需重新调整。

(2) 解体检查泵的转子、轴、轴承磨损情况并进行无损探伤。

(3) 对泵的零部件进行宏观检查和检验。

(4) 对转子进行动、静平衡校正,并在机床上作端面跳动检查。

(5) 检查口环,消除磨损的间隙,提高泵的效率。

(6) 调整叶轮背部和其他各部间隙。

(7) 检查和更换密封。

(8) 清理和吹扫泵内残存的杂物或赃物。

(9) 消除泵及辅助部分的跑冒滴漏,检查润滑油系统。

(10) 对整台机泵保温、除垢、喷漆。

5.1 常用泵零部件的检修技术

常用泵是指过程工业中有备机的小机泵,其零部件的检修标准和检修规程通用性较强。检修技术的专业性也不太难,容易掌握。

根据小机泵的结构,通常检修以下几个部位。

5.1.1 轴承轴瓦的检修

泵在运行过程中如有振动发生,首先解体检查轴承或轴瓦的磨损和几何形状的变化。一般应检修以下内容:

(1) 轴承或轴瓦的圆度,不能大于轴颈的千分之一,超标应更换。

(2) 轴颈表面粗糙度应达到要求。

(3) 用红丹研磨轴颈和轴瓦的接触面积不小于 60% ~ 90%,表面不应有径向和轴向划痕。

(4) 轴承内外圈不应倾斜脱轨,应运转灵活。

(5) 轴瓦不应有裂纹、沙眼等缺陷。

(6) 轴承压盖与轴瓦之间的紧力间隙不小于 0.02 ~ 0.04 mm。

(7) 滚珠轴承的外径与轴承箱的内壁不能接触。

（8）径向负荷的滚动轴承外圈与轴承箱的内壁接触应采用 H/h 配合。

（9）不承受径向载荷的推力滚动轴承与轴的配合，轴采用 k6，其一般数据如表 5 - 1 所示。

（10）主轴与主轴瓦用压铅丝测间隙，其两侧间隙应为上部间隙的 1/2，其一般数据如表 5 - 2 所示。

表 5 - 1　滚动轴承与轴配合表

轴径/mm	间隙/μm
18 ~ 30	+ 7 ~ - 30
30 ~ 50	+ 8 ~ - 35
50 ~ 80	+ 10 ~ - 40
80 ~ 120	+ 12 ~ - 41
120 ~ 180	+ 14 ~ - 54

表 5 - 2　上瓦间隙数据表

轴径/mm	间隙/μm
18 ~ 30	70 ~ 130
30 ~ 50	80 ~ 180
50 ~ 80	100 ~ 180
80 ~ 120	120 ~ 200
120 ~ 180	140 ~ 240

（11）外壳与轴承、轴瓦应紧密接触。

5.1.2　联轴器的检修

小机泵联轴器、刚性联轴器和齿形联轴器。

1. 刚性联轴器

刚性联轴器一般用在功率较小的离心泵上，检修时首先拆下连接螺栓和橡皮弹性圈，对温度不高的液体，联轴器的平面间隙为 2.2 ~ 4.23 mm，温度较高，应大于前窜量的 1.55 ~ 2.05 mm。联轴器橡胶弹性圈比穿孔直径应小 0.15 ~ 0.35 mm。同时拆装时一定要用专用工具，保持光洁，不允许有碰伤划伤。

2. 齿形联轴器

齿形联轴器挠性较好，有自动对中性能。检修时一般按以下方法进行。

（1）检查联轴器齿面啮合情况，其接触面积沿齿高不小于 50%，沿齿宽不小于 70%，齿面不得有严重点蚀、磨损和裂纹。

（2）联轴器外齿圈的全圆跳动不大于 0.03 mm，端面圆跳动不大于 0.02 mm。

（3）若须拆下齿圈时，必须用专用工具，不可敲打，以免使轴弯曲或损伤。当回装时，应将齿圈加热到 200℃ 左右再装到轴上。外齿圈与轴的过盈量一般为 0.01 ~ 0.03 mm。

（4）回装中间接筒或其他部件时应按原有标记和数据装配。

（5）用力矩扳手均匀地把螺栓拧紧。

5.2　泵用密封的检修

5.2.1　填料密封材料的选用

泵用填料密封使用寿命的长久，关键是选用适当的填料。填料的选用如表 5 - 3 所示。

表 5-3　常用填料的选用

填　料	特　　　点
合成纤维加四氟	采用合成纤维与特殊制造过程,加入四氟乙烯与股线中,然后通过编织制成,这种制造程序,减少了中心蒸干燥的坏处,适用于旋转、往复式的机械上,抗中强度的酸与碱、石油、合成油、溶剂与蒸汽等 最高压 3.5 MPa;最高耐温 290 ℃;耐低温 -110℃
合成纤维	结合了合成纤维于盘根的角部,制成了耐用且无污化、抗磨损的盘根。更能抗压于旋转与往复式的运动。适用于酸、碱、气体、石油、合成油、蒸汽、盐水与泥浆等 最高耐温 290 ℃;耐低温 -110 ℃;最高耐压 3.5 ~ 17.5 MPa;转速 2 250 r/min
纤维加黑铅	采用人造纤维普通辫编法制成,含有矿物性润滑剂及黑铅处理,质地非常柔软,易于安装,对于旧及公差较大的机械设备,或稍有磨损之轴心,其密封效果最佳。适用于高转速、低压至中压之旋转式泵、混合机等 最高耐温 170 ℃;最高耐压 0.1 MPa;转速 1 500 r/min
聚四氟乙烯	聚四氟乙烯盘根,其特性为摩擦系数低,不污染,百分之百抗化学性,故适用范围非常广泛,style5889 以内外交错格子编制而成,加有特殊润滑剂,质地柔软,耐用寿命长,适合高转速场合使用。适合制药、食品、炼油化学及化妆品等行业 最高耐压 10 MPa;最高耐温 260 ℃;转速 1 500 r/min
麻浸四氟	特选长麻纤维,先编成股线,然后含浸四氟乙烯,再以普通编织法制成,加有特殊润滑剂,特性坚韧耐用。虽长久浸于海水中,但不易腐烂,适用于船舶、纸浆、制糖、电力等行业。 最高耐压 5 MPa;最高耐温 104 ℃;转速 1 200 r/min
石棉浸四氟	采用长白石棉纤维,先编成股线,然后浸入四氟乙烯,再以内外交错格子编织方式制成,加有白色润滑剂以利安装,表面涂上一层四氟乙烯,使四氟乙烯含量最高达 40% 以上,适用于制糖、造纸、炼油、化学、纺织、食品等行业,适用于泵、搅拌机及阀杆上 最高耐压 1 MPa;最高耐温 260 ℃
石棉石墨	本盘根之结构,其内芯以石棉纤维、石墨片、防锈锌粉及少量黏剂混合而成,外套 90% 纯白石棉丝夹合金钢丝包衬,表面并有石墨粉剂防锈剂处理,专供所有阀杆使用 最高耐压 28 MPa;最高耐温 650 ℃
石棉加黑铅	类型:234,采用石棉加上黑铅粉及润滑剂,质地柔软,易于安装调整。本盘根价格经济,用途广泛而耐用。适用于:蒸汽、水、溶剂、油、瓦斯、酸碱等 最高耐温 300 ℃
棉加天然胶	采用棉纤维与饱和的天然胶而结合成坚固及多层次结构的盘根,用于热与冷水、重负荷油压上,经常用于造纸、铸造、泵等功用上 最高耐温 120 ℃;最高耐压 3.5 MPa

选用填料时应遵循以下几点:

(1) 填料应质地柔软具有润滑性,材质要根据工作介质和运行参数正确选择。

(2) 轴套(或轴)在填料函处的表面粗糙度不得超过 Ra 1.6μm。

(3) 填料衬套和压盖与轴套(或轴)的直径间隙应按表 5-4 选取,四周间隙应均匀。

表 5-4　填料衬套和压盖与轴套(或轴)的直径间隙

轴套或轴直径/mm	≤75	75 ~ 110	110 ~ 150
直径间隙/mm	0.75 ~ 1.00	1.00 ~ 1.50	1.50 ~ 2.00

（4）填料压盖与填料箱内壁的配合采用 H11/d11。

（5）液封环与填料箱内壁直径间隙为 0.15 ~ 0.20 mm，液封环与轴套（或轴）的直径间隙应比表 5 - 4 中的数值增大 0.3 ~ 0.5 mm。

（6）压盖压入填料箱的深度应为 0.5 ~ 1 圈填料高度，最小不能小于 5 mm，且填料压盖端面与填料箱端面平行。

1. 填料压盖的预紧和预紧力

当选好适用的填料，尚要说明的是在订购填料时，可以按照泵轴的直径和填料盒的外径模压成型，按照填料开口相错 45°或 90°交替压进填料盒，最后压扣上填料压盖。也可以在现场进行长填料绳的剪断，剪断时必须倾斜于 45°切出，每道填料安装时，切断口用透明胶带的泵固定好，每道切口必须 45°或 90°交错安装，最后压扣填料压盖。扣压盖时必须保证压盖端面与轴垂直。填料压盖与轴套直径间隙为 0.75 ~ 1.00 mm。其外径与填料盒间隙为 0.1 ~ 0.15 mm。对于容易汽化的泵，开启后应再次进行热压紧。

根据被压入填料盒内的填料，其每道填料受力情况不一样，如图 5 - 1 所示。

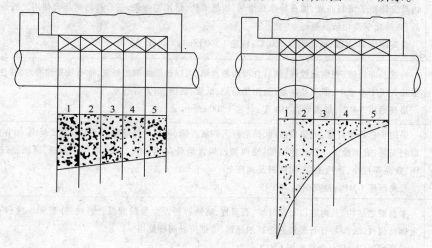

图 5 - 1　填料受力分布图

2. 填料密封的检修方法

（1）软填料的每圈长度必须准确。填料应该绕在与轴径相等的棒上切割，以保证接口紧密衔接。填料的切口应平行、整齐、不松散，切口成 30°角，装填料时相邻接口应错开 120°。

（2）清理轴和填料箱壁表面达到光亮程度，将每圈填料先预压后再装入，采取逐圈压紧的方式装填料，填料压盖收紧程度要适当，装配填料时不宜预压过紧，最好待泵启动后，根据泄漏情况再将压盖收紧，防止"抱轴"过热而烧损填料或剧烈磨损轴。

（3）采用填料的组合使用，如石棉填料和膨胀石墨填料组合使用，既可防止膨胀石墨填料被挤进轴隙，强烈磨损而引起介质泄漏，又可使填料径向压力分布均匀，增进密封效果。石棉填料用量根据情况而定，一般不超过全部填料的 50%。对于氟纤维一类导热系数较低的填料，为防止摩擦热的积累而烧坏填料，在润滑、冷却条件差的部位，应与其他导热性好的填料，如膨胀石墨或碳纤维填料混合装配，以提高填料的使用寿命，如图 5 - 2 所示。在高压密封部位，为防止介质的渗漏，可在易渗漏的填料之间适当装配结构致密的软金属或聚四氟乙烯垫圈，来达到防渗漏的效果，如图 5 - 3 所示。

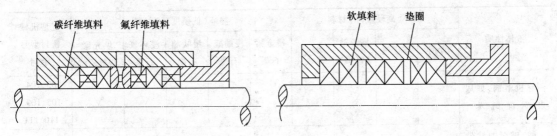

图 5-2 填料防过热混合装配   图 5-3 填料防渗漏装配

（4）注意液封环的环槽要对准液封环的孔，使水流畅通，才能保证液封效果。

（5）必要时，轴表面可堆焊硬质合金，轴（或轴套）可进行渗氮处理，以提高其耐磨性。

（6）安装填料时要防止带入磨粒，以免强烈磨损轴（或轴套），造成密封失效。

5.2.2 机械密封的检修

1. 机械密封有关零件及组装质量标准

（1）安装机械密封的轴或轴套的径向跳动应符合表 5-5 中的规定。

表 5-5 安装机械密封的轴或轴套的径向跳动公差

轴或轴套直径/mm	16~30	30~60	60~80	80~100
径向跳动公差/mm	0.04	0.06	0.08	0.10

（2）安装机械密封处的轴和轴套的表面粗糙度为 Ra 1.6 μm，与静环密封圈接触的表面粗糙度不超过 Ra 1.6 μm，配合的端面跳动不大于 0.06 mm，且轴或轴套的外径公差不超过 h5。

（3）泵轴的轴向窜动应不超过 ±0.5 mm。

（4）动环与静环接触密封面表面粗糙度为：金属环 Ra 0.2 μm，非金属环 Ra 0.4 μm。

（5）机械密封的压盖与垫片接触的平面与轴中心线的垂直度公差为 0.02 mm/m。

（6）机械密封的动环、静环材料的选用如表 5-6 所示。

表 5-6 动环、静环常用材料及使用性能

液体性质	动环（高硬度环）材料				静环（低硬度环）材料					定型机械密封型号示例
	青铜	碳化钨	堆焊钴铬钨	陶瓷	浸金属石墨	浸酚醛石墨	浸呋喃石墨	浸环氧石墨	填充聚四氟乙烯	
无腐蚀性介质，如淡水、海水、油类	√	√	√		√	√		√		103、104、105、109、110
一般腐蚀性介质，如弱酸、弱碱、盐溶液		√	√	√	√	√		√		103、104、105、109、110、111
较强腐蚀性介质，如硫酸、盐酸、碱		√		√					√	114、103、104、105、109、110、111
氧化性酸，如硝酸、发烟硫酸			√					√		114

续表

液体性质	动环(高硬度环)材料				静环(低硬度环)材料					定型机械密封型号示例
	青铜	碳化钨	堆焊钴铬钨	陶瓷	浸金属石墨	浸酚醛石墨	浸呋喃石墨	浸环氧石墨	填充聚四氟乙烯	
有机溶剂,如尿素、酮、醇、醚、苯	√	√				√		√	√	103、104、105、109、110、111
酸、碱腐蚀性带磨粒介质	动环:碳化钨				若一只环用湿法研磨,另一只环用干法研磨,也可获得一定的减摩性能					2EX、2FY、Fj、Pj
	静环:碳化钨									

（7）机械密封弹簧型式的选择,可参考表5－7。

表5－7　机械密封弹簧型式的选择

型　式	主要优点及适用条件
单弹簧式	（1）在易结晶、易结垢的介质中工作,对弹簧力影响小 （2）弹簧丝直径粗,较耐介质腐蚀 （3）径向尺寸小而轴向尺寸大 （4）适用于轴径小于 80～150 mm 处
多弹簧式	（1）摩擦面上比压均匀 （2）高速时比压稳定 （3）辅向尺寸小而径向尺寸大 （4）适合于大轴径密封用
旋转式	补偿结构及轴的结构简单,径向尺寸较小,在高速条件下,补偿环及其他转动零件产生的离心力影响较大,动平衡要求高
静止式	适于高速下使用,当摩擦副平均线速度大于 30 m/s 时,一般采用静止式
内装式	（1）摩擦副润滑、冷却条件好 （2）介质压力有可能形成自紧密封作用 （3）密封可靠、泄漏小
外装式	（1）不受易结晶、易结垢、强腐蚀性或黏度过高介质的影响 （2）拆装、调整方便,用于介质压力不大的条件下

2. 机械密封的检修方法

（1）若采用 V 形密封圈,其张口方向应对着密封介质,不要装反。它主要靠轴向挤压力,使唇口张开贴紧密封面起到密封作用。由于变形量不大,易受磨损,一旦拆装即应更换新的。

（2）对于弹簧传动式的机械密封,弹簧绕制的旋向,从静环侧看动环应与轴转动方向一致。

（3）静环装入压盖中应有一定压紧力,要装到位,贴紧定位端面,必须测定压盖与静环的两端面距离,保证静环四周的压入深度相等。

（4）动、静环密封端面及动环密封圈,装配时必须保持洁净并涂上黏度小的润滑油（如透平油或锭子油）,防止其在起动过程中造成磨损。

（5）机械密封在拆装时应仔细，避免磕碰，划伤动、静环密封面及辅助密封圈，绝对不允许用手锤或铁器敲击。

（6）在高压、高速运转条件下工作的机械密封，为保证动、静环的摩擦面上体摩擦状态，保证其正常运行，可在密封面上开出各种楔形槽，使之形成动力润滑，如图 5-4 所示。

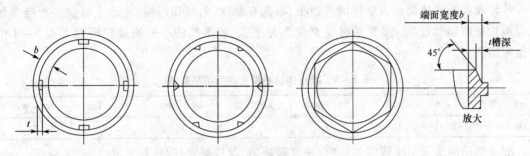

图 5-4　流体动力润滑

5.2.3　泵用静密封的检修

一般泵用的静密封主要是指泵壳与泵盖、轴承箱与端盖，泵进出口法兰等部位。

（1）检修时首先对密封面进行认真清理，并检查密封面是否光洁，有无机械损伤、径向刻痕和锈蚀等。

（2）对螺栓及螺母进行检查，螺栓与螺母的螺纹配合应灵活，不晃动。螺纹不允许有断缺现象，螺栓不应有弯曲现象。

（3）对垫片进行检查，看垫片的材质、型式、尺寸是否符合要求。垫片的表面不允许有机械损伤、径向划痕、严重锈蚀、内外边缘破损等缺陷。

（4）为防止石棉橡胶垫粘在密封面上并便于清理，可在垫片两面均匀涂一层薄薄的密封糊料或石墨涂料。石墨可用少量甘油或机油调和。

（5）可用液态密封胶代替传统的固体垫圈做静密封材料，具体密封性好、耐压高、耐介质腐蚀好、温度范围广，不会因密封材料疲劳引起界面泄漏等优点。

（6）在泵静密封的检修中，除保证密封不漏外，还要注意用垫片来调整轴向间隙，防止转子（如叶轮）和镜子（如泵壳）部件造成摩擦损坏。

5.3　离心泵的检修

离心泵在化工生产中的使用范围日益扩大，在化工用泵中，约 80% ~90% 为离心泵。我国的检修制度长期执行的主要是计划预修制，随着故障诊断水平的提高以及状态监测的不断运用，目前一些机器设备也在逐步实行状态维修。

5.3.1　零部件的质量标准

泵体及底座应无裂纹，泵体涡旋室及液体通道内壁铸造表面应光滑。双级叶轮泵泵体与泵盖中分面的平面度，以 1 m 长的平尺检查应不超过 0.1 mm。

泵轴不应有腐蚀、裂纹等缺陷。泵轴轴颈的表面粗糙度为：安装叶轮、轴套及装配联轴器

处 $Ra3.2\mu m$,装配滚动轴承处 $Ra1.6\mu m$,装配滑动轴承处 $Ra0.8\mu m$。轴的直线度公差,在轴颈处为 0.02 mm,其他部位为 0.1 mm。轴和轴套不能采用同一种材料,特别不能采用同一牌号的不锈钢,以免咬死。轴套材料应符合图样,轴套不允许有裂纹,外圆表面不允许有砂眼、气孔、疏松等铸造缺陷,表面粗糙度为 $Ra1.6\mu m$。

叶轮表面及液体流道内壁应清理洁净,不能有黏砂、毛刺和污垢;流道入口加工面与非加工面衔接处应圆滑过渡。新装的叶轮必须作静平衡,静平衡的不平衡量应不大于表 5 - 8 中数值规定。

表 5 - 8   叶轮作静平衡允许的不平衡量

叶轮外圆直径/mm	≤200	201～300	301～400	401～500	501～700	701～900
允许不平衡量/g	3	5	6	10	15	20

滚动轴承的滚子与滚道应无坑疤、锈斑等缺陷,保持架完好,接触平滑,转动无杂音。

滑动轴承的轴承合金与壳体应接合紧密牢固,不能有脱壳及裂纹、气孔等缺陷;表面光洁,无伤痕和凹坑。

平衡盘与平衡环接触平面的表面粗糙度为 $Ra1.6\mu m$,接触良好。

5.3.2   零部件的检查与修理

离心泵的检修,在解体之后要检查各零件的磨损、腐蚀和冲蚀的程度,并根据具体情况予以修复和更换。

(1)静子部件的修理:对泵体进行测厚、鉴定,对泵座也进行检查,如在不承受压力部位发现裂纹或其他可焊补的铸造缺陷时,按照 JB/TQ369《泵用铸铁件焊补》进行焊补。对于磨损的密封环、间隙过大的密封环予以更换,但要认真制定可修理尺寸的范围,用以补偿相应配件磨损的部分,保证检修质量。

(2)转子部件的修理:泵轴在检修或更换时,如有必要可做探伤检查。轴磨损后,可用电镀、喷镀或涂刷镀的方法进行修复。轴上键槽磨损后,可根据磨损情况适当加大,但最大只能按标准尺寸增大一级,在结构和受力允许时,可在原键槽的 90°或 120°方向另开键槽。

叶轮作静平衡的不平衡重量如大于表 5 - 8 中的数值,则可用去重法从叶轮两侧切削,切去的厚度应不超过叶轮原壁厚的 1/3,切削部件应与未切削处平滑相接。如果离心泵的流量大于工作流量,扬程大于工作扬程及功率大于轴功率时,在修理时也可对叶轮的外径进行切削,在工作转速不变的条件下,利用切割定律:

$$\frac{Q'}{Q}=\frac{D'}{D};\quad \frac{H'}{H}=\left(\frac{D'}{D}\right)^2;\quad \frac{N'}{N}=\left(\frac{D'}{D}\right)^3$$

式中 Q'——切削后的流量;

$\quad\quad H'$——切削后的扬程;

$\quad\quad N'$——切削后的轴功率;

$\quad\quad D'$——切削后的叶轮外径。

其余的参数为原来值。

离心泵叶轮的切削量是有一定限度的,如叶轮周边切去很多,泵的效率就要降低很多。根据经验,叶轮直径的允许切削量与泵的比转数 n_s 有关,如表 5 - 9 所示。

表 5 - 9　离心泵叶轮的允许切削量

比较数与切削量	数　据　对　比				
n_s/(r/min)	60	120	200	300	350
$\dfrac{D - D'_{\min}}{D}$	0.2	0.15	0.11	0.09	0.07

注:$n_s = 3.65n\sqrt{Q}/H^{3/4}$,$n$ 是指泵效率最高工况时的转数。

5.3.3　组装质量标准

组装质量标准有如下几点:

(1)轴套与轴的配合用 H8/h8 或 H9/h9。

(2)键槽中心对轴颈中心线的偏移量应不大于 0.06 mm,歪斜不大于 0.03 mm/100 mm。

(3)装配叶轮、轴套以及联轴器等部位轴颈的径向跳动应不大于 0.03 mm。

(4)叶轮与轴的配合一般采用 H7/h6。

(5)叶轮密封部件外圆及轴套外圆的径向跳动,应不超过表 5 - 10 中的规定。

表 5 - 10　泵轮密封部件外圆及轴套外圆允许的最大径向跳动　　　单位:mm

部位	名义直径				
	50	50 ~ 120	120 ~ 260	260 ~ 500	50 ~ 800
叶轮密封部件外圆的径向跳动	0.05	0.06	0.08	0.10	0.12
轴套外圆的径向圆跳动	0.04	0.05	0.06		

(6)叶轮密封部件外圆与密封环的直径间隙根据图样规定。若无资料,可按表 5 - 11、表 5 - 12、表 5 - 13 选取,要保证四周配合间隙均匀。

表 5 - 11　铸铁和青铜泵轮密封部件外圆与密封环的直径间隙　　　单位:mm

密封环直径	直径间隙		使用磨损极限间隙	密封环直径	直径间隙		使用磨损极限间隙
	最小	最大			最小	最大	
≤75	0.25	0.37	1.2	220 ~ 280	0.50	0.68	2.2
75 ~ 110	0.30	0.44	1.5	280 ~ 340	0.55	0.75	2.5
110 ~ 140	0.35	0.50	1.5	340 ~ 400	0.60	0.80	2.5
140 ~ 180	0.40	0.56	1.8	400 ~ 460	0.65	0.89	2.8
180 ~ 220	0.45	0.63	2.0	460 ~ 520	0.70	0.94	3.0

表 5 - 12　碳钢和 Cr13 泵轮密封部件外圆与密封环的直径间隙　　　单位:mm

密封环直径	直径间隙		使用磨损极限间隙	密封环直径	直径间隙		使用磨损极限间隙
	最小	最大			最小	最大	
≤90	0.35	0.50	1.5	150 ~ 180	0.50	0.66	2.0
90 ~ 120	0.40	0.54	1.8	180 ~ 220	0.55	0.73	2.2
120 ~ 150	0.45	2.0	2.0	220 ~ 280	0.60	0.80	2.5

表5-13　1Cr18Ni9Ti 泵轮密封部件外圆与密封环的直径间隙　　　　单位:mm

密封环直径	直径间隙		使用磨损极限间隙	密封环直径	直径间隙		使用磨损极限间隙
	最小	最大			最小	最大	
≤80	0.40	0.52	1.8	160～190	0.60	0.78	2.5
80～110	0.45	0.59	2.0	190～220	0.65	0.83	2.5
110～140	0.50	0.66	2.0	220～250	0.70	0.88	2.8
140～160	0.55	0.71	2.2	250～280	0.75	0.95	3.0

（7）轴承压盖与滚动轴承端面间隙应不大于0.01 mm;轴的膨胀侧轴承与滚动轴承端面的间隙,应根据两轴承间轴的长度和介质温度来确定,要留出足够的间隙。滑动轴承的轴瓦顶间隙按表5-14选取。

表5-14　滑动轴承的轴瓦顶隙　　　　单位:mm

轴　直　径	轴　瓦　顶　间　隙	
	转速<100 r/min	转速≥1 000 r/min
30～50	0.05～0.11	0.08～0.14
50～80	0.06～0.14	0.10～0.18
80～120	0.08～0.16	0.12～0.21
120～180	0.10～0.20	0.15～0.25

（8）弹性套柱销联轴器两轴的对中偏差及两端面间隙应符合表5-15的规定值。

表5-15　弹性套柱销联轴器两轴的对中偏差及两端面间隙　　　　单位:mm

联轴器外径	端面间隙	对　中　偏　差	
		轴向位移	轴向倾斜
71～106	3	<0.04	<0.2/1000
130～190	4	<0.05	<0.2/1000
224～250	5	<0.05	<0.2/1000
351～400	5	<0.08	<0.2/1000

5.3.4　拆卸、组装及调整

将泵体下部丝堵拧下,使泵腔内介质放尽。拆除进、出口法兰螺栓,拆除泵的联轴器连接柱销。

拆下泵盖,在拆卸叶轮螺母、轴套、滚动轴承时,如发现被锈蚀咬住,应用煤油、除锈剂或松动剂浸泡后再拆,不要随意敲击。拆装滚动轴承时应使用专用拆装工具（如轴承提拔器）或利用压力机,且方法要正确。

轴承热装时,可用轴承加热器或在100～120 ℃的机油中加热后装配,严禁用火焰直接加热及用锤直接敲击轴承。

对于滑动轴承的装配,要检查下瓦瓦背与轴承座接触是否均匀,接触面积是否达60%以上。用涂色法检查轴颈与下瓦接触角在中部60°～90°范围的接触面是否均匀,每平方厘米至少有2～4个色斑。如达不到要求,可进行刮瓦后,再装配检查。

转子装于泵体内,应使叶轮流道中线对准涡旋室中线。对于双吸式叶轮应用轴套螺母调整叶轮位置,使其与两侧密封环端面间隙相等,还要测定转子的轴向总窜动量,然后根据总窜动量的一半进行转子定位。

陶瓷、玻璃、硅铁等脆性材料的泵,在拧紧螺栓时,拧紧力应均匀分布。避免螺栓拧得过紧而损坏泵体,一般以不泄漏为原则。

5.4　容积泵的检修

本节重点介绍较典型的容积泵——柱塞泵的检修。

5.4.1　零部件质量标准

零部件质量标准有如下几点:

(1)泵架不应有砂眼、裂纹等缺陷,装满煤油 2~4 h 应无渗漏现象。机架与上盖的结合面应平整光滑,装配严密。

(2)缸体内表面应光滑无伤痕、沟槽、裂纹等缺陷。缸体内径的圆度和圆柱度公差不大于内径公差的一半。缸体中心线直线度公差为 0.08 mm/m。缸体内径最大磨损量不得超过原缸径的 2%。

(3)曲轴各表面应光滑无损伤,主轴颈的同轴度公差为 0.03 mm/m。

(4)连杆应做无损探伤,不得有裂纹等缺陷,连杆两孔中心线平行度公差为 0.30 mm/m。

(5)十字头销轴的圆度和圆柱度公差为直径公差的一半,十字头、滑板和导轨的表面应光滑,无毛刺、伤痕等缺陷。

(6)柱塞表面应无裂纹、凹痕、斑点、毛刺等缺陷。表面粗糙度 $Ra1.6\mu m$,柱塞的磨损量不得超过表 5 – 16 中的规定。

表 5 – 16　柱塞的最大磨损量　　　　　　　　　　　　　　　　　　单位:mm

柱塞直径	圆度与直线度	直径缩小量
50~80	0.10	<0.65
80~120	0.15	<1.0

(7)进、出口阀组的阀座与阀芯密封面不允许有擦伤、划痕、腐蚀、麻点等缺陷。

(8)滚动轴承的轴承合金应与瓦壳结合良好,不应有裂纹、气孔和脱壳等缺陷。

(9)滚动轴承的滚子与滚道表面应无坑疤和斑点,保持架完好,接触平滑,转动自如无杂音。

5.4.2　组装质量标准

组装质量标准有如下几点:

(1)曲轴颈圆柱度公差为直径公差的一半,主轴颈径向跳动公差为 0.03 mm。曲轴安装水平误差小于 0.1 mm/m。

(2)十字头销轴与轴套的间隙为 0.03~0.06 mm,最大极限间隙不大于 0.12 mm。十字头滑板与导轨的间隙允许值为十字头直径的千分之一,磨损间隙不大于 0.35 mm。滑板与导轨应接触均匀。

（3）阀座与阀体接触面应紧密结合，阀体装在缸体上必须牢固、紧密，不得有松动泄漏现象。

（4）滑动轴承的轴颈与轴承在轴颈正下方 60°～90°范围内，连杆瓦在受力方向的上方 60°～72°范围内，应均匀接触，用涂色法检查每平方厘米不少于 2～3 块色印。轴承体与轴承座、连杆瓦与瓦座应均匀贴合，用涂色法检查接触面积不少于总面积的 70%。主轴颈与主轴瓦、曲柄颈与连杆瓦安装间隙应符合表 5-17 的规定，磨损间隙不大于轴径的千分之一。

表 5-17　主轴颈与主轴瓦、曲柄径与连杆瓦安装间隙　　　　　　单位：mm

轴颈直径	≤30	30～50	50～80	80～120	120～180
主轴承间隙	0.03～0.05	0.04～0.06	0.06～0.09	0.08～0.12	0.11～0.18
曲柄瓦间隙	0.04～0.06	0.06～0.07	0.08～0.10	0.10～0.14	0.12～0.20

滚动轴承的轴承内圈与轴的配合一般为 H7/k6，轴承与轴承座孔的配合一般为 K7/h6。

联轴器的对中应符合表 5-18 的规定。两半联轴器间端面间隙沿圆周各个方向应相等，允差为 0.30 mm。

表 5-18　联轴器端面间隙和对中偏差　　　　　　单位：mm

联轴器外径	端面间隙	对 中 偏 差	
		平行偏移	倾斜偏移
71	3	<0.04	<0.2/1000
80			
95			<0.2/1000
106			
130	4	<0.05	<0.2/1000
160			
190			
224		<0.06	
250	5		<0.2/1000
315		<0.08	
400			
475	6	<0.08	0.2/1000
600		<0.10	

5.4.3　拆卸、修理、组装及调整

拆卸、修理、组装及调整涉及的内容如下：

（1）柱塞泵缸头的拆卸：把柱塞移向前死点，将柱塞从十字头上拆出，在拆下吸排管法兰和机座相连接的螺母后，将缸头全部从机座上拆下来，然后拉出柱塞，拆下填料压盖，取出密封填料、液封圈和柱塞套等，依次取下衬套、限位器、阀芯、阀座或弹簧及阀。

（2）机座的拆卸：放掉机座内的润滑油，拆卸联轴器、电动机，拧下轴承盖压紧螺母，把连

杆、十字头、曲轴拆下并进行检查。

（3）为了保证机架与上盖装配严密，对无垫片的可用涂色法检查结合面，每平方厘米有 2～3 块均匀的色印即可。

（4）如缸体内表面有轻微拉毛和擦伤，可用半圆形油石沿缸体内圆周方向磨光。伤痕严重时应进行镗缸修理，但不能超过缸径最大磨损量。用内孔千分尺检测缸体内径的圆度和圆柱度误差，超标时应加工处理。缸体大修时应做水压试验，试验压力为设计压力的 1.25 倍，试压 10～15 min 无渗漏即视为合格。缸体因腐蚀、冲蚀减薄不能承受水压试验时，应予以报废。

（5）检查主轴颈与曲柄擦伤面积，如大于轴颈面积的 2%，轴颈上的沟槽深度达 0.30 mm 以上时，可用磨光或喷镀、电刷镀等方法进行修理。

（6）可在机床上用千分表测量曲轴颈的圆柱度以及主轴颈径向跳动，超过规定极限时，应修整后使用。可用仪器及拉钢丝等方法测量曲轴中心线与缸体中心线垂直度，公差为 0.15 mm/m。

（7）用放大镜检查连杆表面，也可做表面着色探伤，检查是否有裂纹等缺陷。如果连杆两孔中心线平行度公差超过 0.30 mm/m，可视实际情况决定是否更换。

（8）如发现滑板与导轨的接触面有轻微的擦伤，当沟痕深度不超 0.10 mm 时，可用半圆油石修磨，用金相砂纸打光。

（9）如发现柱塞有轻微擦伤，如沟痕深度不超过 0.10 mm 时，应修磨并抛光。

（10）阀座与阀芯应成对研磨，研磨后应保持原来密封面的宽度。研磨后可用煤油试漏。检查弹簧，若有折断或弹力降低时，应更换。

（11）检修滑动轴承时，要检查内表面粗糙度，当磨损的沟痕深度超过 0.30 mm 时，可用刮刀修刮、研合，重新调整垫片和间隙。检查油道、油孔是否畅通，保证润滑良好。通常可用煤油浸透法及敲击听音法来判断轴承合金与轴承体结合是否良好。拆装滚动轴承应使用专用工具，要求如前所述。

（12）机座及机泵头按拆卸的逆顺序装配调整，盘动联轴器检查，应转动自如，不得有任何卡阻现象。调节填料的松紧，也应转动自如，没有卡阻现象。

5.5　故障处理

常用泵的故障处理方法如下：

（1）离心泵常见故障、原因及处理方法如表 5-19 所示。

表 5-19　离心泵常见故障、原因及处理方法

现　象	原　　因	处　理　方　法
泵输不出液体	（1）注入液体不够 （2）泵或吸入管内存气或漏气 （3）吸入高度超过泵的允许范围 （4）管路阻力太大 （5）泵或管路内有杂物堵塞	（1）重新注满液体 （2）排除空气及消除漏气处，重新灌泵 （3）降低吸入高度 （4）清除管路或修改 （5）检查清理

现　象	原　因	处　理　方　法
流量不足或扬程太低	（1）吸入阀或管路堵塞 （2）叶轮堵塞或严重磨损腐蚀 （3）叶轮密封环磨损严重，间隙过大 （4）泵体或吸入管漏气	（1）检查、清扫吸入阀管路 （2）清扫叶轮或更换 （3）更换密封环 （4）检查、清除漏气处
电流过大	（1）填料压得太紧 （2）转动部分与固定部分发生摩擦	（1）拧松填料压盖 （2）检查原因，清除机械摩擦
轴承过热	（1）轴承缺油或油不净 （2）轴承已损坏 （3）电动机轴与泵轴不在同一中心线上	（1）加油或换油并清洗轴承 （2）更换轴承 （3）校正两轴的同轴度
泵振动大，有杂音	（1）电动机轴与泵轴不在同一中心线上 （2）泵轴弯曲 （3）叶轮腐蚀、磨损，转子不平衡 （4）叶轮与泵体摩擦 （5）基础螺栓松动 （6）泵发生汽蚀	（1）校正电动机轴与泵轴的同轴度 （2）校直泵轴 （3）更换叶轮，进行静平衡 （4）检查调整，消除摩擦 （5）紧固基础螺栓 （6）调节出口阀，使之在规定的性能范围内运转
密封处泄损过大	（1）填料磨损 （2）轴或轴套磨损 （3）泵轴弯曲 （4）动、静密封环端面腐蚀、磨损或划伤 （5）静环装置歪斜 （6）弹簧压力不足	（1）更换填料 （2）修复或更换磨损件 （3）校直或更换泵轴 （4）修复或更换坏的动环或静环 （5）重装静环 （6）调整弹簧压缩量或更换弹簧

（2）容积泵常见故障、原因及处理如表 5 - 20 ~ 表 5 - 22 所示。

表 5 - 20　柱塞泵常见故障、原因及处理方法

现　象	原　因	处　理　方　法
密封泄漏	（1）填料没压紧 （2）填料或密封圈损坏 （3）柱塞磨损或产生沟痕 （4）超过额定压力	（1）适当压紧填料压盖 （2）更换 （3）修理或更换柱塞 （4）调节压力
流量不足	（1）柱塞密封泄漏 （2）进出阀不严 （3）泵内有气体 （4）往复次数不够 （5）进出口阀开启度不够或阻塞 （6）过滤器阻塞 （7）液位不够	（1）修理、更换 （2）修理、更换 （3）排出气体 （4）调节 （5）检查修理 （6）清洗过滤器 （7）增高液位

续表

现 象	原 因	处 理 方 法
压力表指示波动	(1) 安全阀、单向阀工作不正常 (2) 进出口管路堵塞或漏气 (3) 管路安装不合理有振动 (4) 压力表失灵	(1) 检查调整 (2) 检查处理 (3) 修改配管 (4) 修理更换
油温过高	(1) 油质不符合规定 (2) 冷却不良 (3) 油位过高或过低	(1) 更换 (2) 改善冷却 (3) 调整油位
产生异常声响 或振动	(1) 轴承间隙过大 (2) 传动机构损坏 (3) 螺栓松动 (4) 进出口阀零件损坏 (5) 缸内有异物 (6) 液位过低	(1) 调整或更换 (2) 修理或更换 (3) 紧固 (4) 更换阀件 (5) 排出异物 (6) 液位提高
轴承温度过高	(1) 润滑油质不符合要求 (2) 润滑系统发生故障,油量不足或过多 (3) 轴瓦与轴颈配合间隙过小 (4) 轴承装配不良 (5) 轴弯曲	(1) 换油 (2) 排除故障,调整油量 (3) 调整间隙 (4) 更换轴承 (5) 校直轴
油压过低	(1) 吸入过滤网堵塞 (2) 油泵齿轮磨损严重及各部位间隙过大 (3) 油位过低 (4) 压力表失灵	(1) 清理过滤网 (2) 调整间隙 (3) 加油 (4) 修理、更换

表 5-21 螺杆泵常见故障、原因及处理方法

现 象	原 因	处 理 方 法
泵不上量	(1) 吸入管路漏气或堵塞 (2) 泵内发生气蚀 (3) 杆、套磨损使泵容积效率减低 (4) 安全阀未关严或被异物卡住 (5) 机械密封泄漏 (6) 物料黏度太低	(1) 消除漏气或清理堵塞部位 (2) 降低吸入高度 (3) 更换磨损件 (4) 检查调整安全阀 (5) 检修更换机械密封 (6) 提高物料温度
功率急剧增大	(1) 管道不畅通 (2) 物料黏度太大	(1) 检查清理管道 (2) 提高物料温度
泵发热	(1) 泵内严重摩擦 (2) 机械密封管堵塞 (3) 介质温度过高	(1) 检查调整螺杆和泵套 (2) 疏通管道 (3) 降低物料温度

现　　象	原　　因	处　理　方　法
泵振动大	(1) 主动轴与电动机同轴度超标 (2) 螺杆与泵套不同心或间隙大 (3) 泵内有气 (4) 安装高度过大,泵内发生气蚀	(1) 重新找正 (2) 检修调整 (3) 检查入口管路,消除漏气部位 (4) 降低温度
机械密封泄漏	(1) 装配不当 (2) 密封压盖未压平 (3) 动环或静环密封面损伤 (4) 密封胶圈损坏	(1) 重新找正 (2) 调整密封压盖 (3) 研磨或更换密封件 (4) 更换密封胶圈

表 5－22　齿轮泵常见故障、原因及处理方法

现　　象	原　　因	处　理　方　法
流量不足或 压力不够	(1) 吸入高度不够 (2) 泵体或入口管有漏气 (3) 入口管线或过滤器有堵塞现象 (4) 液体黏度大 (5) 齿轮轴向间隙过大 (6) 齿轮径向间隙或齿侧间隙过大	(1) 增高页面 (3) 更换垫片,紧固螺栓,修复管路 (3) 清理 (4) 液体加温 (5) 调整 (6) 调整间隙或更换泵壳、齿轮
填料出渗漏	(1) 中心线偏斜 (2) 轴弯曲 (3) 轴颈磨损 (4) 轴承间隙过大,齿轮振动剧烈 (5) 填料材质不合要求 (6) 填料压盖松动 (7) 填料安装不当 (8) 密封圈失效	(1) 找正 (2) 调整或更换 (3) 修理或更换 (4) 更换轴承 (5) 重新选用填料 (6) 紧固 (7) 纠正 (8) 更换
泵体过热	(1) 油温过高 (2) 轴承间隙过小或过大 (3) 齿轮径向、轴向、齿侧间隙过大 (4) 填料过紧 (5) 出口阀开度小,造成压力过高 (6) 润滑不良	(1) 冷却 (2) 调整间隙 (3) 调整或更换 (4) 调整 (5) 开大出口阀,降低压力 (6) 更换润滑油脂
电动机超负荷	(1) 液体黏度过大 (2) 壳体内进杂物 (3) 轴弯曲 (4) 填料过紧 (5) 轴联器不同轴度超差 (6) 电流表出现故障 (7) 压力过高或管路阻力过大	(1) 加温 (2) 检查过滤器消除杂物 (3) 更换 (4) 调整 (5) 找正 (6) 修理或更换 (7) 调整压力,疏通管路

续表

现　象	原　因	处理方法
振动或发出噪声	(1) 液位低、液体吸不上 (2) 轴承磨损间隙过大 (3) 主动与从动齿轮轴平行度超标,主动齿轮轴与电动机同轴度超标 (4) 轴弯曲 (5) 泵壳内进杂物 (6) 齿轮磨损 (7) 键槽松动或损坏 (8) 地脚螺栓松动 (9) 吸入空气	(1) 增高液位 (2) 更换轴承 (3) 找正 (4) 更换 (5) 清理杂物,检查过滤器 (6) 修理或更换 (7) 修理或更换 (8) 紧固 (9) 消除漏气

（3）机械密封常见故障、原因及处理方法如表 5 – 23 所示。

表 5 – 23　机械密封的常见故障、泄漏原因及防治措施

现　象	原　因	处理方法
振动、发热、冒烟、析出磨蚀物、功率消耗过大	转子与密封腔的间隙过小,由于振动与径向跳动过大,引起摩擦而磨损	扩大密封腔内径,增大间隙,检查转子平衡性,调整零件的同心度
	轴(轴套)与固定零件严重摩擦而磨损	纠正压盖偏斜,提高装配精度
振动、发热、冒烟、析出磨蚀物、功率消耗增大	静环滑动	增大配合过盈,装好防转销
	高速高压下密封端面磨损严重	减小弹簧压力,增大平衡系数或降低载荷系数,更换动静环匹配材料,改进润滑方式
	密封端面宽度过大,润滑不良	减小弹簧压力或端面宽度,稍增大润滑冷却液压力(临时处理措施)
	动环与平衡台之间顶死,造成与静环严重摩擦	保持动环与平衡台间隙 2 ~ 3 mm
	动、静环密封端面粗糙或未涂油,起动后恶性发展,严重磨损	使端面表面粗糙度达到 $Ra1.6 ~ 0.4\ \mu m$,装配时注意涂黏度小的润滑油
	介质气化形成干磨	增大冷却液流量和压力,改为双端面式
	冷却不足,润滑恶化	增大冷却液流量,增强冷却措施,清洗供液管道
	动、静环耐腐蚀性不好,热负荷(pv 值)太大	更换材质,合理匹配,改进润滑方式
	转子不平衡,径向跳动和端面跳动过大	平衡转子,提高零件的加工精度和装配精度
端面泄漏	上述故障发展形成严重泄漏	针对产生原因如上处理,并更换动、静环
	压盖与轴线不垂直、密封端面歪斜	调整垂直度,或适当增大弹簧压缩量,增强动环的追随和补偿作用
	介质结焦、结晶或杂质沉积,使动环失去浮动作用	改进结构,加强冲洗作用,防止卡涩动环,或适当增大弹簧力,采用软水做冷却液
	密封端面比压过小	加大弹簧压缩量,增大端面比压

续表

现　象	原　因	处 理 方 法
端面泄漏	弹簧折断,动、静环热裂	更换损坏件,针对产生原因改进材质和结构
	密封端面宽度过小	增加弹簧压力或端面宽度
	磨粒进入密封端面,使端面磨损严重	动、静环均用碳化钨,改为双端面式密封,冷却液严格过滤
	双端面密封的封液压过小,造成外泄	增大封液压力,并保持压力稳定
轴向泄漏	辅助密封圈配合太松或太紧	选择合理的密封圈配合尺寸
	橡胶密封圈挤入轴隙而破损	减小配合间隙,更换密封圈
	密封圈材料耐热、耐寒或耐腐蚀性差,发生老化、变形、粘盖或破碎	更换密封圈材料,以适应工作条件;改进温度调节措施,控制工作温度不超过密封圈的允许使用温度
轴向泄漏	安装时密封圈卷边、扭转或装反、划伤	密封圈过盈要适当,V形圈要注意方向,重视装配要求和质量
	双端面密封封液压力过小,介质压力将静环顶出	控制封液压力,改进密封结构
	密封圈装置部位表面太粗糙,磨损密封圈	降低表面粗糙度的数值
	密封圈表面有划痕或损失	装配前严格检查,有缺陷的不装

思 考 题

1. 对于一般的小型泵的检修通常包括哪些方面?
2. 对于齿形联轴器的检修一般按哪些方法进行?
3. 填料密封的检修方法有哪些?
4. 离心泵的检修方法与步骤有哪些?
5. 简述离心泵常见故障原因及处理方法。
6. 简述柱塞泵常见故障、原因及处理方法。
7. 简述齿轮泵常见故障、原因及处理方法。

第6章 叉车发动机的维修与养护

发动机是叉车的主要总成,是叉车的动力源。由于其工作条件恶劣,转速与负荷经常变化,某些零部件处于高温、高压等条件下工作,因此它是叉车运行中故障最多的部件,也是叉车检测的重点。在日常工作中,要加强发动机的维修与养护,发现故障及时排除,使发动机技术状况保持良好,从而确保叉车的正常运行。

6.1 曲轴连杆机构

曲轴连杆机构是往复活塞式内燃机将热能转化为机械能的主要机构。它由缸体曲轴箱组、活塞连杆组和曲轴飞轮组3个部分组成。汽缸体和曲轴连杆机构是汽车发动机的重要组成部分,其结构形状复杂,极易产生故障和机械磨损,从而影响整个发动机的性能指标、工作可靠性和耐久性。随着叉车使用的延长,发动机汽缸体和曲轴连杆机构的磨损加剧,故障也会增多。只有做好汽缸体和曲轴连杆机构的检修和养护,才能最大限度地延长发动机的使用寿命,降低油耗、材料消耗,充分发挥它的使用性能。

6.1.1 缸盖

缸盖与缸体平面的紧密贴合是靠衬垫的作用和缸盖螺栓螺母的正确旋紧。使用中由于衬垫的变形及螺栓螺母的拉伸,会使得缸盖和缸体的贴合变得松弛;发动机气缸体和汽缸盖接触平面会由于缸盖螺栓扭力不均匀或在高温下拆卸等原因,可能产生平面翘曲、拱曲现象。由于汽缸垫不平而漏气、漏水,使缸盖下平面和缸体的上平面形成腐蚀斑点,螺孔周围出现凸起等不正常情况。为防止发动机汽缸盖衬垫漏气、漏水和漏油,一般要在新叉车行驶 50 h 和 100 h 后,应用扭力扳手检查缸盖螺母的扭紧力矩,扭紧应待发动机冷却后进行。

叉车维修与维护中,应经常紧定缸盖螺母。该处螺母一般是分为两次旋紧,即在冷车时初步旋紧;为防止螺栓受热伸长较多而影响其紧度,在发动机温度升高以后再旋紧一次。汽缸盖螺栓螺母的旋紧,应按一定的顺序进行,先从中间开始,逐渐向四周转移,先近后远,这样可以避免缸盖变形。叉车发动机汽缸盖螺栓螺母的拧紧力矩一般为 76.4 ~ 196 N·m。拆卸缸盖时也应按照规定的顺序拧松缸盖螺纹,以免缸盖拱曲。

为了清除积炭或拆卸活塞等而必须拆下缸盖时,应先放尽冷却水,再拆除与缸盖的连接件,拧下汽缸盖紧固螺母,然后平稳地拿下汽缸盖,防止碰伤汽缸盖及缸体两平面,以免影响密封。同时应检查缸盖有无裂纹或变形,衬垫有无破裂、烧蚀、窜油、漏气、渗水等迹象。

因积炭黏附在零件表面比较牢固,不太容易清除。其清除方法是拆下汽缸盖后先用洗油使燃烧室表面的积炭软化,然后用木质刮刀或钢丝刷来清除;汽缸盖在刮去积碳后,应用煤油清洗干净;汽缸表面和气门顶上的积炭,可用木质刮刀或钢丝刷来清除。这时应注意勿使刮下的积炭落入活塞和汽缸的缝隙中,避免以后拉伤汽缸、活塞和活塞坏。上述手工清除积炭,一般不能很彻底地清除干净,而且也容易刮伤零件表面,留下伤痕,形成新的积炭点。因此,比较理想的方法是采用化学溶液清除,用其浸蘸积炭,使之软化后再用毛刷刷净擦干。例如,铝质汽缸盖积炭可用碳酸钠按比例兑水,将缸盖放入溶液中浸泡 2~3 h,取出后用毛刷即可刷去积炭;再用 60~90 ℃热水清洗,最后用压缩空气吹干。

缸盖维修时,应对缸盖与缸体的结合面进行检修。用标准直尺和厚薄规进行测量,其平面度应在通常情况下 0.05 mm 以内,超过时可加热后在压床上矫正。用千分表测量结合面的局部凹陷,在 100 mm 长度以内不大于 0.04 mm,若超出应修理或更换。当结合面螺孔附近有凸起时,可用油石推磨修平,结合面不平或有腐蚀斑点时,可用铣、磨方法修复。用染色渗透法检查燃烧室、进排气口和缸盖表面等处是否有裂纹。检查时应把缸盖上的积炭清除干净,用压缩空气吹干净后在检查处喷上渗透剂,几秒钟后即可观察是否有裂纹。若靠近进排气门、水道、润滑油道处有裂纹,应更换缸盖,其他地方出现裂纹可焊补修复。

6.1.2 缸体

在发动叉车前,必须加足冷却液,避免缺水启动。不得在机体温度过高时加冷水,以免缸体崩裂。冬天室外低温停车注意放水(或加防冻液),以防冻裂;叉车运行必须保持规定温度,不可缺少冷却水,以免发动机过冷或过热;启动前应检查机油油面,需达到机油尺上规定的刻度,必要时添加或更换;发动机维护严格遵守操作规程,以避免不应有的人为损坏。

常见缸体裂损的原因有:冷却水腐蚀、季节温差冻裂、机体与水温差过大引起的炸裂以及装配不慎损坏等。汽缸体若有严重裂损,一般都容易发现,但对细小裂纹是难以观察出来的。因此,在叉车维修养护中,一般可采取水压试验的方法,即可查明裂损渗水部位,然后予以修复。

缸体裂纹应根据裂损部位、裂损程度及修理条件来确定其修理方法。

(1)补板法:当缸体外部平面部位产生裂隙纹时,可采用此法。方法是:先将裂纹部位刨去约 3 mm,再将玻璃纤维布和钢板(与刨削部位尺寸相同)表面涂环氧树脂胶黏剂,依次粘贴在裂纹刨部位,并攻丝,用 M6 螺钉固定。

(2)焊补法:当缸体受力较大,温度较高部位裂损时,可采用此法。焊前注意在裂纹两端钻止裂孔、开 V 形槽,焊前和焊后都要用氧-乙炔焰在裂纹两端加热,以免收缩变形。

(3)堵漏法:当缸体其他部位有裂纹、砂眼、疏松等缺陷时,可用缸体堵漏剂堵补。将 100 g堵漏剂倒入缸出水口中,装好节温器,加足清水,并将 0.3 MPa 的高压空气导入冷却系统以增大水压,使堵漏剂充满水套各缝隙,以利黏结胶合。3~5 天后,可放出堵漏剂溶液,注入清水。裂纹修补后应进行水压试验。将缸套、缸盖装好后放到水压试验台上,在水压为 0.3~0.4 MPa 时,保持 5 min 以上无任何渗漏,即为良好。无条件时,可采用就车试压法:拆去水箱上、下水管及油底壳,将高压空气管插入进水管中,将上、下水管密封。泵入 0.4 MPa 的高压空气试验,5 min 后应无任何渗漏现象。

发动机主轴承座孔的修理。根据技术要求,主轴承座孔的圆度、圆柱度允差为 0.01 mm;轴承误差为 0.02 mm,允许值为 0.05 mm,极限值为 0.10 mm;内孔表面粗糙度为 0.8 μm。当检查发现主轴承座孔磨损过甚或轴承允差超限时,可用喷涂法修复。先将主轴承座孔直径镗大 2 mm,用镍丝拉毛,并用石棉塞堵住润滑油孔,再用中碳钢丝进行喷涂,直至喷涂后的主轴承座孔内径比标准尺寸小 2 mm 左右为止,然后将主轴承座孔镗削至标准尺寸。镗孔时应注意镗杆对中,不得改变主轴承座孔中心线到缸体上平面的距离,以免改变压缩比。

缸体平面的平面度误差超限时,会使汽缸垫压不紧而造成漏水、漏气、漏油及烧蚀的现象。二级技术养护可采用百分表检查,将缸体支承在平台上,使缸体平面与平台平行,即四角对角线找出两对等高点。沿平台移动百分表架,在被测试平面内百分表最大与最小读数之差即为平面度。也可用平尺放在被检测平面上,用塞尺塞两平面间的缝隙来检查,塞尺塞入缝隙来检查,塞尺塞入缝隙的最大值即为平面度。其技术要求是:汽缸体上平面的平面度误差,每 50 mm 长度上应不小于 0.05mm。铸铁缸体六缸发动机全长上不超过 0.30 mm,四缸体不超过 0.20 mm;铝合金汽缸体发动机不超过 0.50 mm,四缸体不超过 0.30 mm。若缸体平面的平面度误差超限时,必须予以修复。如果是局部凸起,可用油石推磨或用细锉修平;稍大凹陷可采用磨削或铣削等加工方法修复,但加工余量不宜过大,否则将使压缩比增大而引起突爆。汽缸体裂损可根据所发生的部位大小、工作条件的不同,选用环氧树脂胶黏结法、螺钉填补法、补板法、焊补法修复,并采用水压试验,在 340 ~ 440 kPa 压力下检验其水套等处应无漏水。汽缸体与汽缸盖的接合平面度应在 450 mm 长度上不大于 0.1 mm。

汽缸体和汽缸盖在工作过程中有时会产生裂纹,导致发动机漏水、漏气、漏油,影响发动机的正常工作。汽缸体、汽缸盖发生裂纹的部位,不同的机型并不一致,但大多发生在水套壁厚较薄处,或工作过程中应力(尤其是热应力)比较集中部位,如汽缸盖两气门座之间、汽缸体两缸孔之间等。裂损产生的原因大多是由于使用、养护不当所致,如发动机长时间在高负荷高温下工作,或在高温下骤加冷水,从而产生过大的热应力;冬季使用时未加防冻液,夜间停车又未放水而造成冻裂等。外部的裂损严重,一般容易发现,但细小的裂纹,尤其出现在缸体内部的,则难以观察出来。缸体破裂漏水的一般检查方法,除外部渗漏部位凭肉眼观察之外,内漏常采用水压试验进行诊断。

如图 6 - 1 所示,进行水压试验时,将缸盖和衬垫装在汽缸体上,用一盖板装在缸体前壁,并用水管与水压机联通,其他水道口一律封闭,然后将水压入汽缸体和汽缸盖内。水压 340 ~ 440 kPa,保持 5 min 以上时间,无任何渗漏现象为良好,若有水珠出现,即为该处裂损,应予修复。

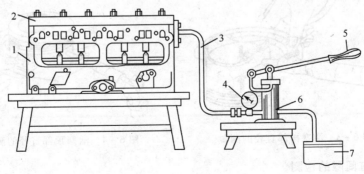

图 6 - 1　水压试验
1—汽缸体;2—汽缸盖;3—管子;4—水压表;5—把手;6—水压机;7—储水槽

用试压法同样能诊断出缸体裂损渗漏,其方法是拆去水箱上下水管和油底壳,将高压空气管插入进水管后,上下水管密封。打入 440 kPa 高压空气做试验,即可查出渗漏部位。

6.1.3 活塞连杆组安装与调整

1. 活塞及活塞环检测

活塞磨损到极限时应予更换,活塞销孔铰削应光滑无擦伤,加工后的尺寸应符合技术标准。同组活塞质量差不大于 8 g,圆度必须符合规范,配合间隙为 0.04 ~ 0.07 mm。

活塞环的检测如图 6 - 2 所示;活塞裙部和顶部直径的测量如图 6 - 3、图 6 - 4 所示。为了测量活塞环开口间隙,应将其装入缸孔内,用旧活塞将环推平(小修换环时,应将其推至最下一道环运动到最低点的位置),其位置应正确并保持垂直,用厚薄规测量其开口间隙。第一道和第二道环标准为 0.15 ~ 0.35 mm;油环标准为 0.3 ~ 0.7 mm,必要时予以调整。若开口间隙过小,可用细锉在开口一端锉去少许。锉修时要经常检查,防止开口过大,并应使开口平整,将环口合拢检测时,不能有偏斜现象;经锉过的端头应去掉毛刺。检查侧隙时,将活塞环放在环槽内转动,在不发卡的情况下,用厚薄规测量其间隙。若间隙过小,将活塞环放在铺有砂布的平板或涂有气门砂的玻璃板上磨薄。检查背隙时,将活塞环放入环槽内,环低于槽岸,否则应把环槽车深到适当部位。

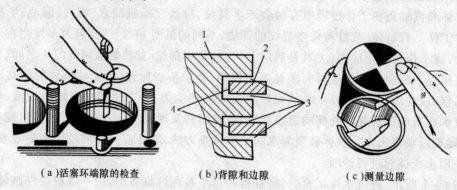

(a)活塞环端隙的检查　　　(b)背隙和边隙　　　(c)测量边隙

图 6 - 2　活塞环检测
1—活塞;2—活塞环;3—边隙;4—背隙

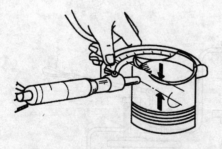

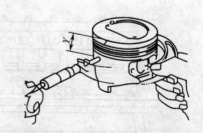

图 6 - 3　活塞裙部直径的测量　　　图 6 - 4　活塞顶部直径的测量

2. 活塞配缸间隙的检测

活塞与缸壁间隙的配合正确与否,直接关系到发动机维修质量和使用寿命。发动机修复时,把活塞倒置在缸孔中,用适当厚度、长度的厚薄规同时插入汽缸,受到侧压力最大的一面缸壁与活塞之间(在活塞销垂直方向)和活塞推力面成一线,用弹簧秤按规定的拉力,应将厚薄规轻轻地拉出为适宜,或者先用外径千分尺测活塞裙部直径,再用汽缸内径表测量汽缸直径,汽缸内径减去活塞裙部外径,即为配合间隙。

经检测发现活塞配缸间隙过大时,应予考虑更换加大尺寸的新活塞,必要时镗缸。更换活塞时,应选用同厂牌、同级别的优质配件;且活塞直径差不应超过 0.025 mm,质量差不得大于 8g;活塞裙部的锥体和椭圆度必须符合要求。

3. 连杆轴承、曲轴主轴承径向间隙检查与调整

连杆衬套的压配均应符合要求,销与衬套配合应有微量间隙,且接触面积达 70%。连杆弯扭变形要在专用器具上检验和校正合格后,方能装车。活塞连杆组合后,连杆能在销上自由摆动(安装前将活塞加热至 80 ℃,用手掌力把销推入为宜)。连杆轴承、曲轴主轴承应根据曲轴轴颈尺寸的规格安装,才能保证配合间隙良好。轴向止推片间隙超过 0.35 mm 时,应更换新止推片。

连杆轴承、曲轴主轴承径向间隙检查:首先剪制一个长 25 mm、宽 13 mm、厚 0.05 ~ 0.08 mm 的铜皮(4 个角剪成圆角,以防刮伤轴承),将该铜片涂上机油后,放在被检查轴承和轴颈之间,按规定扭力上紧轴承盖,用手摇柄转动曲轴,若感到阻力有明显增加或转不动曲轴时,表示间隙基本合适;如果转动曲轴和安装检查片之前一样轻快,则说明间隙超过允许范围,应进行调整。也可采用简便方法检查:转摇曲轴,使被检查的连杆轴颈处在最低位置,然后用手沿径向推拉连杆大头,若有间隙感觉,为间隙已超过允许范围,应予以调整。

4. 活塞连杆组的分解与组装

(1)分解活塞连杆组:拧下连杆螺栓的螺母,取下连杆盖,将连杆轴承取出后,再重新装合;认清上、下轴承的结构特征,按各缸次序分别摆放,不可错乱。用活塞环拆装钳拆下活塞环;无拆装钳时,可用两手大拇指将环口扳开少许,两中指护住(或顶住活塞环两侧中部)活塞环的外圆,将环拆下,注意勿扳开过大,以免折断。拆下后,应正确辨认活塞环的断面形状及环的上、下侧面,并记下;然后再将每缸的气环、扭曲环用细铁丝拴在一起,按各个缸的顺序分别摆放,不要弄乱、混淆。先在活塞顶部检查标记,再用夹钳、尖嘴钳等工具拆下锁环,而后用手指或活塞销冲子将活塞销推出。当配合过紧时,可将铝质活塞放在水中加热到 75 ~ 85 ℃,使活塞膨胀后,再将活塞销冲出。选择与衬套直径相适应的压头,在压床上把连杆小端的衬套压出。

(2)活塞连杆组的组装:活塞连杆组各零件经修理检验合格后,即可装配成组合件。

活塞安装时相对于连杆的位置:活塞顶部的箭头应指向前端(齿带轮侧)油孔应在进气口侧;在把活塞销装到连杆前,端孔和活塞销孔应涂油;将活塞环装在活塞上之前,应检查活塞环是否有标记,且标记应朝上;3 个环装妥扣,其开口的相对位置互错 180°。活塞环端隙、边隙、背隙等均应符合要求。如图 6-5 所示,当活塞连杆总成装入缸内时,连杆有可能卡在缸壁或曲轴主轴颈上,这时不允许强压活塞,应检查卡住原因,以便排除。连杆大头轴承盖的两定位止口确定了连杆轴承盖相对于连杆大端的位置,在装连杆盖时,上、下定位止口应在同一边,安装好 4 个连杆盖后,应均匀地拧紧,左、右两边扭矩相同。

① 压装连杆小头座孔衬套。在连杆小头衬套座孔内压入新衬套,衬套上油孔对准小头油孔。衬套与座孔间具有 0.1 ~ 0.2 mm 的过盈量,压入后如衬套内孔变形,需经铰削、刮削加工。

② 彻底清洗各零件。用细铁丝仔细疏通连杆的油道孔,并用汽油或煤油将孔中油污清洗干净,之后再压缩空气吹干或自然晾干。

③ 安装活塞销。活塞销与销座孔的装配,有热配法、冷配法和随手推入法,一般都采用

热配法。活塞销与活塞、连杆小端座孔组装完毕后,其销在座孔内,两端距锁环槽应各有 0.20 ~ 0.25 mm 的距离,以防锁环被活塞销热胀顶出。如间隙过小,可将活塞销端面磨削去一层。

④ 安装活塞销锁环。用尖嘴钳将两只锁环分别安装到座孔两端的环槽内,锁环与活塞销两端应各有 0.20 ~ 0.80 mm 的间隙,锁环嵌入环槽的深度,应不小于锁环直径的 2/3,并且不允许有松转现象存在。

⑤ 注意装配标记。安装活塞时,应切实弄清楚标记,对正方向。

⑥ 检验活塞、连杆装合后的垂直度。活塞连杆装好后,需对连杆大端孔中心线和活塞中心线垂直度进行一次检查,其误差应不大于 0.05 ~ 0.08 mm。否则,应找出原因,重新校正和组装。

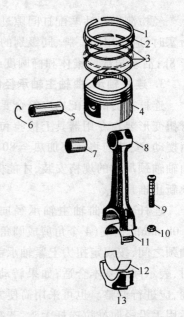

图 6-5　活塞连杆组总成分解
1—第一道气环;2—第二道气环;
3—组合油环;4—活塞;
5—活塞销;6—活塞销锁环;
7—小头衬套;8—连杆;
9—连杆螺栓;10—连杆螺母;
11、12—连杆瓦;13—连杆盖

⑦ 活塞、连杆装合后活塞裙部圆度检测。为防止活塞销装配过紧,使裙部出现反椭圆(即长径出现在活塞销座孔轴线方向)而影响发动机正常工作,因此在活塞销装配冷却后,要用分厘卡测量裙部直径,如出现反椭圆或较大的圆度变动量,大多是活塞销与座孔配合过紧或装配工艺不良。应压出活塞销,用铰刀将销座孔略铰大些,再重新装配。

⑧ 检查连杆小头端部和销座之间的间隙。连杆与活塞装配后,连杆小头端面与销座之间应有适当间隙,以防工作时增加运动阻力和挫损连杆与销座。

⑨ 安装活塞环。按照活塞环的装配标记和安装方法,使用活塞拆装钳装上活塞环。在自由状态下,活塞环应能转动灵活,无涩滞现象。

⑩ 组件总质量检验。活塞连杆组件装好以后,应检查同一台发动机的各组件之间的总质量差,均应不大于 40 g。

(3)活塞连杆组装入发动机。活塞连杆组的安装。首先检查活塞、连杆、活塞销和孔用弹性挡圈的清洁度,缸套及活塞销座孔配合间隙,符合技术要求后进行装配。装前将活塞加热至 60 ℃左右(根据连杆上的记号和活塞的方向),在活塞上涂润滑油,然后平稳地把活塞销推入活塞销孔和连杆小头孔内,活塞销应能自由滑入;弹性挡圈应确保落在环槽内,活塞连杆装成合件后,活塞应能自由摆动。

转动曲轴使第一缸连杆轴颈位于下止点,拆下第一缸连杆螺母,取下连杆轴承盖,涂机油于活塞环及其环槽和活塞内外表面、活塞销、连杆轴瓦、汽缸壁、连杆轴承颈等处;使连杆位于活塞销中部,活塞环安装时记号朝上,环口错开 120°且不要将端口放在活塞销方向,油环先装螺旋衬簧,然后再装铸铁环,螺旋衬簧的搭口应与铸铁油环开口成 180°;活塞环应能在环槽中自由转动,但不允许刮伤活塞;装前调整好活塞环端口间隙,一般为 0.30 ~ 0.50 mm(油环为 0.5 ~ 1 mm)。然后,将活塞连杆组插入汽缸,使连杆有记号的一面朝向凸轮轴,轴瓦对正轴颈,用活塞环箍夹紧活塞环;用锤子木柄将活塞推入汽缸至轴瓦贴紧于轴承颈上,将连杆轴瓦盖涂机油,并装回连杆上,旋上螺母并用扭力扳手按规定的力矩拧紧,然后检查轴瓦的紧度,用锤子轻击连杆前后,应能略微移动,转动曲轴不应过紧,再用同样的方法装好其他活塞连杆组,并锁好各连杆螺栓的开口销。

缸体与曲柄连杆机构常见故障部位分析与排除如表6-1所示。

表 6-1　缸体与曲柄连杆机构常见故障部位分析

部位	原因	现象及危害	检修与处理
缸体	发动机缺水运行 发动机过热时加冷却水,缸体温度急剧变化 低温冻裂,水堵松脱 拆装不当,机械事故	裂纹、破损、漏水,发动机温度过高,功率下降,油耗上升	环氧树脂胶黏结 螺钉填补 补板封补 焊补修复
缸套	润滑不良 酸性物质腐蚀 磨料磨损 活塞连杆组装配不良,拉缸等	磨损过限,机油窜入燃烧室,可燃气体窜入曲轴箱,积炭过多,机油变质	镗磨、镶套 按标准修复
缸盖	结合面翘曲、裂纹,气门座孔磨损	易烧缸垫、漏气、漏水、漏油,工作不正常	用直尺或厚薄规检验,用压力法校正后研磨 气门座圈镶配修复
活塞	润滑不良、积炭、温度过高及点火时间过早	烧损、裂纹、变形,环槽和销孔磨损过限	用仪器检验,必要时更换新件
活塞环	润滑不良、机械杂质磨损及水温过高	弹力不足、断损、厚度减薄、高温变形、窜油漏气	重新选配
活塞销	润滑不良,选配不佳	磨损、松旷、发响	更新选配
连杆	弯曲变形,瓦盖螺钉松脱	活塞歪斜,偏缸异响,捣缸事故	按规范检验校正
大、小瓦 止推片	润滑不良,装配间隙不适,选配不当	合金剥落、异响,烧蚀、卡滞,止推片脱落、部件磨损	按规范选配和更换新件、调妥间隙
曲轴	弯曲变形,平衡性差,轴向窜动,轴颈磨损,疲劳,应力集中	工作不正常、不平稳,加剧连杆机构磨损、松旷发响、烧蚀,甚至断裂损坏	磁力探伤,用千分表测量主轴颈磨损及弯曲;敲击法校正或冷压法校直
飞轮	端面磨损,烧蚀变形、损伤、平衡性不良	发动机运转不平稳,机器发抖,离合器打滑	修磨动平衡校验,必要时更换新件
缸垫	发动机点火过早、温度过高、超负荷运行、缸盖变形、缸盖螺钉拧紧力矩不够,缸垫质量差	烧蚀、密封不良、汽缸压力降低,窜油、窜水	更换新件

6.2　配气机构

配气机构是按照发动机的工作顺序和各汽缸工作循环的要求,及时地开闭进排气门,使新鲜可燃混合气(汽油机)或空气(柴油机)及时进入汽缸和排除废气。配气机构的布置形式可分为顶置式和侧置式,叉车发动机广泛采用顶置式配气机构,如图6-6所示。

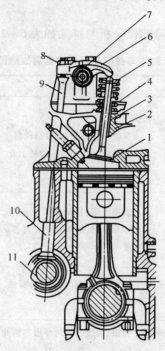

图6-6　顶置式配气机构

1—气门;2—汽缸盖;3—气门导管;4—气门弹簧;5—弹簧座;6—摇臂;
7—摇臂轴;8—调整螺钉;9—气门推杆;10—气门挺杆;11—凸轮

　　配气机构是发动机的重要组成部分,配气机构零部件磨损、烧蚀损坏或变形都会直接影响到发动机的技术性能,易使发动机启动困难、运转不正常。叉车发动机配气机构磨损或发生故障,将影响配气正时并出现异响,导致发动机动力性能和经济性下降。因此,应做好其维修与养护工作。

6.2.1　气门与气门座的检修

　　检查气门的工作锥面,若有凹槽、烧蚀、斑痕等,应在气门光磨机上进行光磨锥面角度为45.5°。气门光磨后其头部边缘余量厚度会减小,进气门小于0.8 mm,排气门小于1.0 mm时应更换气门。

　　检查气门座的工作锥面,若接触面过宽、烧蚀、斑痕或有凹点时,应对气门座进行铰削。铰削时,应根据实际情况,用专用工具对气门座进行铰削。边铰削,边与气门试配,最终达到如图6-7所示的要求,即接触面在气门工作锥面的中部偏下,接触面宽1.0~1.8 mm。检查进、排气门座的凹陷量,进气门不超过1.88 mm,排气门不超过2.81 mm,否则应更换气门座圈。

　　气门的研磨:气门座铰削完毕后,应对其进行研磨。研磨可分为机器研磨和手工研磨两种:手工研磨工艺是先将相关部位清洁干净;然后,在气门工作面上涂一层粗气门研磨砂,将气门杆上涂些机油后,将其插入导管内;最后按图6-8所示,用手捻转气门捻子,进行研磨,当气门与气门座的工作面出现一条较整齐且无斑痕、无麻点的接触环带时,将粗气门研磨砂洗去,换用细气门研磨砂继续研磨。当气门工作面出现一条整齐、灰色无光的环带时,洗去细砂,涂上机油再研磨几分钟即可。

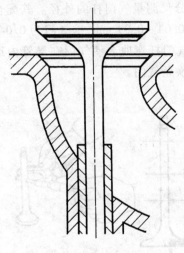

图 6-7　接触面示意图

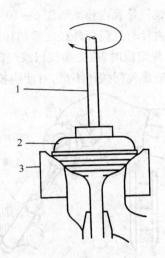

图 6-8　手工研磨气门

1—捻子手柄；2—捻子皮碗；3—气门座

6.2.2　气门密封性检验

叉车行驶中若油电路无毛病,而发动机功率不足,运转不良,排气管有"突突"声,遇此现象应检查气门的密封性能,多采用汽缸压力表诊断。用起子短路发现有的汽缸不工作,就将火花塞拆下,用手指堵住孔,转动曲轴凭感觉判断汽缸压力。然后,用汽缸压力表紧压火花塞孔(发动机正常温度时,将全部火花塞拆下,节气门全开)逐缸检查,用启动机使曲轴旋转,看压力表最大读数(如 EQ6100 型发动机应不低于 833 kPa),各缸值差不大于 10% 。若压力过低,除其他故障之外,很多属于气门密封不良引起,应拆检修复气门。

磨好后的气门密封性检验方法如下:

(1) 铅笔画线法:在气门接触面宽度符合要求时,用软铅笔在气门工作面上,每隔 5 mm 均匀画出若干线条,然后插入座圈转动 1/4 圈,取出后如线条中间全部切断为接触良好。

(2) 红丹鉴别法:在气门工作表面上淡淡涂一层薄红丹油,将气门压在座圈上转 1/4 圈,取出后如气门被刮去的红丹油布满座孔无间隙即为合格。

(3) 仪器检验法:用油洗净后,装上气门密封检验器,3 s 内真空度由初始 78kPa ± 4kPa 下降最大值不超过 10 kPa 即为合格。

(4) 液体渗漏检查法:将汽缸盖搁平(燃烧室朝上),将洗净后的气门插入导管,倒入煤油,5 min 内应无渗漏,否则为密封不良。

(5) 目视法:气门磨好后洗净装回座孔,轻拍数次,然后取出查看,气门和座圈工作面有完整明亮的光环而无斑点为好。

(6) 就车检验法:活塞位于上止点,用 490~588 kPa 的压缩空气从火花塞孔压入汽缸内,同时分别在进气歧管和排气歧管处察听有无漏气声,即可判定进排气门是否漏气。

6.2.3　气门与气门导管的检修

检修气门与气门导管时,首先要检测气门与气门导管的配合间隙。如图 6 - 9 所示,用内径百分表测量气门导管内径。如图 6 - 10 所示,用外径千分尺测量气门杆的外径。其配合间隙为气门导管内径与气门杆外径之差的标准值,进气门为 0.04 ~ 0.09 mm,排气门为 0.045 ~ 0.10 mm,超过规定值时,应更换气门或气门导管。此外,气门杆弯曲会使气门在导管内运动时出现卡滞而造成气门关闭不严,对此应校直气门杆或更换新气门。

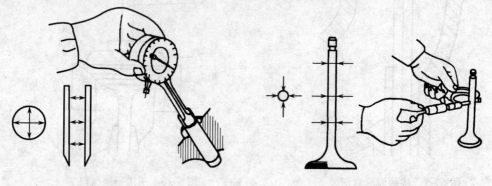

图 6 - 9　测量气门导管内径　　　　　　图 6 - 10　测量气门杆外径

更换气门导管时,应将汽缸盖平放(燃烧室朝下),先用铜棒将气门导管的上端打断,再用专用工具(或自制阶梯形冲子),将剩余的气门导管朝燃烧室方向打出,然后将新的气门导管压入,直到气门导管上的卡环接触到汽缸盖为止。通常情况下,更换气门导管后,应同时更换新的气门。

6.2.4　气门间隙调整

气门间隙的检查和调整对养护发动机至关重要。气门间隙过小时,虽然噪声小,但会造成气门关闭不严而漏气,使气门和气门座口过热而烧蚀;还会因燃烧时间过短,导致可燃混合气燃烧不完全,从而使尾气排放中的 HC 含量明显增高。尤其是柴油机气门间隙太小,运转中会因气门受热膨胀而使气门关闭不严引起漏气,压缩压力不足,从而降低了发动机功率;严重时启动困难(柴油机是靠压缩点火)。气门间隙过大,气门晚开早闭,工作噪声大,进排气门开启时间缩短,造成进气不足和排气不净;还会出现活塞下行时仍在继续燃烧的现象,这就使发动机(尤其排气歧管处)过热,不仅会降低发动机功率,还会增加燃料的消耗。叉车发动机在使用过程中,由于配气机构某些零件的磨损或松动,会导致原有气门间隙的变化,因此在维修与养护时,应检查和调整气门间隙,使之符合技术规范。

如图 6 - 11 所示,常见气门间隙的检查和调整方法有两种:一是逐缸调整法,即根据汽缸点火次序确定某缸活塞在压缩上止点位置后,可对此缸进排气门间隙进行调整;调妥之后转动曲轴,按此法逐步调整其他各缸气门间隙。二是采用两次调整法,即转动曲轴,使第一缸活塞处于压缩上止点,飞轮记号与检查孔刻度对正(如 EQ6100 型发动机),这时可调 1、2、4、5和 8、9 气门(指发动机气门由前向后排列顺序);然后转动曲轴一圈,使六缸活塞处于压缩行程上止点,再调 3、6、7、10“加两只”(即 11、12)气门,实际上是记忆法调整。调整时一边拧调整螺钉,一边用厚薄规插入气门杆端与摇臂之间来回拉动,感到有轻微阻力为宜,然后重新检查一遍直到合适为止。逐缸法需摇转曲轴的次数多,检调所花费时间多,但对于磨损较严重的发动机,用逐缸法检查和调整气门间隙比较精确。两次法调整气门间隙比较省时省力,但对于不同车型需记忆不同的可调气门顺序号,如果车型复杂,对维修人员记忆就有些难度。

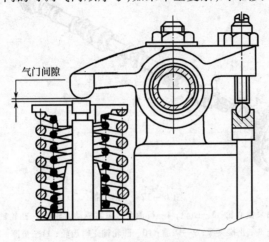

气门间隙

图 6 – 11　气门间隙的检查和调整

6.2.5　凸轮轴的维修、养护

1. 凸轮轴及轴向间隙检测

叉车使用中,常会因齿轮配合不良,润滑失效而引起正时齿轮的金属摩擦声。维修养护时,应检查正时齿轮副的啮合间隙,检查凸轮轴轴向间隙和凸轮轴突缘厚度。必要时予以调整或更换新件。如图 6 – 12 所示,凸轮轴轴向间隙是由正时齿轮的止推凸缘与隔圈厚度差来决定的,一般为 0.05 ~ 0.18 mm。检查时,拆下正时齿轮盖,将凸轮轴撬向前移,然后用厚薄规在正时齿轮与止推突缘间测量,若轴向间隙过大,应更换止推突缘或磨薄隔圈进行调整。维修养护时,凸轮轴装入缸体时小心,避免缸体上的凸轮轴衬套被撞动位移或损坏,致使润滑不良。安装正时齿轮时,还应注意与曲轴正时齿轮记号对准,以保证发动机的配气和供油定时。

2. 凸轮轴弯曲的检验

用 V 形铁支承凸轮轴两端的轴颈,将百分表置于凸轮轴中间轴颈之上,轻转凸轮轴一周,此时百分表表针的最大读数与最小读数之差的一半,即为凸轮轴的最大径向跳动量(即弯曲度),该值应不超过 0.03 mm。若超限可对凸轮轴进行冷压校直或更换。

3. 凸轮高度的测量

如图 6 – 13 所示,测量凸轮高度,(如图 EQ6100 发动机)其值 H 不得小于 39.8 mm,否则应更换凸轮轴。

4. 凸轮轴各轴颈与座孔间隙的检测

可用外径千分尺测量轴颈,再用内径千分尺测汽缸盖上的轴颈座孔内径,两者之差即为配合间隙,(如 EQ6100 发动机)规定值第一道为 0.04 ~ 0.14 mm,第二道为 0.09 ~ 0.19 mm,第三道为 0.06 ~ 0.16 mm。若超过规定值时,应更换凸轮轴或汽缸盖,严重时两者一起更换。

配气机构的常见故障部位及分析如表 6 – 2 所示。

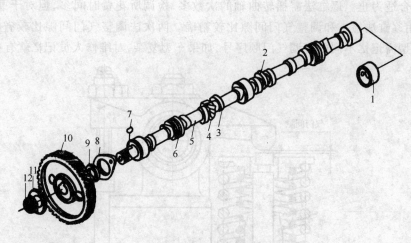

图 6-12　凸轮轴

1—轴承；2—汽油泵偏心轮；3—凸轮；4—机油泵分电器驱动齿轮；5—凸轮轴；6—凸轮轴颈；
7—半圆键；8—止推突缘；9—隔圈；10—凸轮轴正时齿轮；11—垫圈；12—螺母

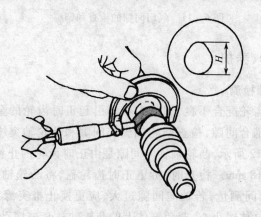

图 6-13　测量凸轮高度

表 6-2　配气机构的常见故障部位及分析

部位	原因	现象及危害	检修处理
气门与气门座 气门弹簧	在高温、高压、润滑不良、冲击载荷条件下工作，机械磨损 长期使用，弹性减弱、损伤、折断	气门杆弯曲变形，气门表面凹陷、麻点、积炭、导管烧蚀、座圈烧蚀松动，工作不正常，异响，功率不降 气门关闭不严，发动机启动困难，功率下降，甚至造成（顶置式）气门掉入缸中	气门杆弯曲变形，用百分表测量，铰削修磨气门及座圈 经检查，达不到技术要求的应予更换
气门推杆	润滑不良、磨损过限、折断、弯曲变形	气门关闭不严，使汽缸不工作	更换新件
摇臂及轴	磨损松旷过甚	气门关闭不严，并发出金属异响	焊修或电镀修磨

部位	原因	现象及危害	检修处理
气门挺杆	润滑不良、底部剥落、外圈表面擦伤	配合松旷,上下运动发生偏斜、摇摆、异响,气门间隙变化	修磨或更换
凸轮轴	受周期性不均衡负荷作用及凸轮外形高度磨损、弯曲变形	引起凸轮轴、轴颈和轴承表面磨损,配气准确性不良,气门脚间隙调整困难,充气不足,废气排不干净,功率不降	冷压校正,重新选配轴承
正时齿轮	磨损过限、齿隙变大	工作中产生异响	配合间隙超过 0.15 mm 时,更换齿轮副

6.3　发动机的燃油供给系统

叉车发动机燃油供给系统易发生故障的部位主要在油路,包括油箱、燃油滤清器、燃油泵和各连接油管等部位。油路故障从表面看较复杂,但实质上是由堵、漏、坏和失调这 4 种原因造成的。在发动机燃油供给系统的维修与养护中,只要把现象看作入门的向导,透过现象抓住实质,就能找出症结所在,以保持良好的技术性能。

6.3.1　化油器

1. 化油器维修与养护方法

与 CPQ10 型叉车 475Q 发动机匹配的 SFH593D 型化油器,其总体结构如图 6 - 14 所示。

化油器在使用中,其量孔、喷嘴、油道、气道等受汽油中的杂质、胶质以及空气中杂质的影响,使量孔、油道、气道的直径变小或堵塞,导致混合气的最佳空燃比(油道量孔变小,使混合气变稀,空气量孔变小,使混合气变浓)发生改变。同时,空气中的灰尘和汽油中的胶质还会黏附在节气门轴、阻风门轴上,影响其正常运动,严重时还会发生卡滞现象。应定期对化油器的内、外部进行清洁。外部清洁通常用毛刷蘸上汽油或酒精对化油器外部,尤其是节气门轴,阻风门轴等部位进行清洁。内部清洁的方法有不解体清洁和解体清洁两种。不解体清洁时,使用化油器罐装清洗剂,按下顶端按钮,清洗剂即可喷出。清洗时,应使发动机怠速运转并反复开关气节门,将约 1/4 罐的清洁剂从化油器进气口喷入,约 1/2 罐的清洁剂从平衡孔喷入浮子室,另约 1/4 罐的清洁剂从化油器外部对准节气门轴、阻风门轴等部位喷出。这种方法虽具有简单、快捷的优点,但被清除的杂质污垢都被吸进汽缸内,不利于减缓汽缸的磨损。

解体清洁是将化油器彻底分解,将机件放入酒精内浸泡 10 ~ 30 min,也可将化油器清洗剂喷在机件上,然后用毛刷蘸上汽油或酒精等进行清洁(重点是油道及各量孔等),再用压缩空气吹干。在清洗中若发现有孔径变大(因汽油或空气中的机械杂质而使量孔遭到磨损)的量孔,应予更换。

节气门关闭应严密,若发现尺寸有异,可扳动连接片予以调整,有缝隙应拆下修复。节气门轴磨损后会漏气,可焊接或更换。上、下体各接合面若有不平,可在平板上用细砂布磨平。化油器装车后,应按规范要求对其有关部位进行调整;检查阻风门是否活动灵敏,推回阻风门拉钮后应能全开;将加速踏板踩到底,节气门应全开,否则需调整操纵机构。

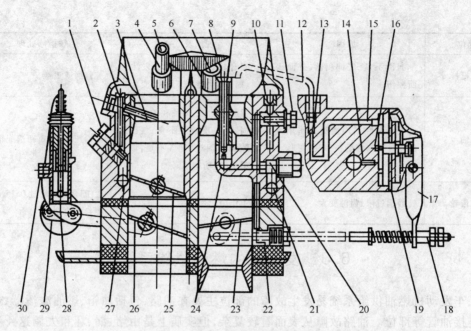

图 6 - 14　SFH 593D 型化油器结构

1—副腔主量孔；2—副腔空气量孔及泡沫管；3—副腔喷油管；4—副腔喉管；5—浮子室平衡管；

6—主腔喉管；7—主腔泡沫管；8—主腔空气量孔；9—主腔吸油管；10—怠速空气量孔；11—怠速量孔；

12—加速喷管；13—加速泵出油阀；14—油道(通浮子室)；15—加速量孔；16—加速泵进口阀；17—加速泵摇臂；

18—加速泵拉杆和弹簧；19—加速泵膜片；20—主腔主量孔；21—主腔油道；22　怠速调节螺钉；23—主腔节气门；

24—主腔泡沫管球阀(塑料球)；25—副腔节气门；26—副腔气动节气门；27—油道；28—阻尼器；

29—平衡锤及杠杆；30—阻尼器加油口螺塞

2. 化油器的养护要点

化油器在养护时,要注意如下要点:

(1)定期清洗:化油器是配置混合气体的精密装置,其量孔、喷孔、油道、空气道等部件的加工精度很高。其中,量孔是计量燃油、空气的关键零件,直径很小,但要求非常严格,稍有改变,则油量或过气量都会有较大的变化,从而引起混合气体浓度偏高,产生故障。尽管燃油空气进入化油器前都经过过滤,但其中微小的尘土、杂质等颗粒仍然难免进入化油器,黏附在量孔上;汽油中的胶质也会沉淀凝结在量孔上,由此量孔直径变小,甚至堵死。叉车使用一段里程后,化油器表面会沾满灰尘和油污,也易堵塞油气道和量孔,因此需要定期养护。

(2)检查密封:化油器密封对其正常工作十分重要,是由各连接结合面的螺栓及密封垫来保证的,因此要在维护中检查各连接螺栓有无松动。各密封垫有无破损。有条件时有些部件应在试验台上进行检查,发现问题及时修复,必要时予以更换。

(3)流量检查:各种量孔需要定期进行流量检查,以免因其磨损引起流量加大而影响使用性能。

(4)各种零件的磨损情况检查:尤其运作件,如节气门轴、阻风门轴、进油针阀、加速泵活塞、真空加浓活塞等,使用过久会磨损过甚,不能保证其正常工作,而且出现渗漏现象,从而引起混合气成分的变化而影响化油器工作性能。

(5)定期调校:量孔和喷口尺寸的变化,会显著恶化发动机的性能,若发现量孔喷口变大或变小时应进行修复或更换。当浮子的重量不符合标准或针阀位置调整不佳时,油面就会变化,针阀关闭过迟(或关闭不严时),会使油面升高,混合气体变浓,反之油面下降,混合气体变稀,故应按规范予以及时调校。发动机怠速应稳定可靠,并能保证小负荷圆滑过渡,对于真空式省油器,一般要按要求达到 50% ~ 80% 就开始起作用,过迟会使大负荷时混合气变稀,难以达到大负荷下相应要求的最大功率;发动机工作不稳定甚至熄火。因此,需要按要求调校。加速装置的调校可确保规定的供油量,以改善发动机的加速性能,避免油耗上升。此外,需要按使用说明书的要求正确调整加速泵的活塞行程。

3. 化油器的检修和拆装要点

在日常使用中,只要化油器工作正常,一般不宜过多拆卸。在进行日常养护时,将进油接头上滤网取出清洗即可。在需要拆卸养护或排除故障时,分解清洗化油器,但注意各种量孔及喉管的原来位置不允许装错,由于化油器各种量孔都是铜或锌铝合金铸造或加工制成,装配力量的大小,可能造成各量孔尺寸的变化,由此导致油耗不正常而增多。因此,驾驶人无须经常任意拆卸。一般情况下,只需高压空气吹通怠速油道,以达到清洁化油器各油道和空气量孔的目的即可。拆卸清洗化油器时,要防止零件丢失和错装。先将各零件放入汽油中浸泡,再用毛刷仔细清除量孔、喷管和油道中的沉积物。油道可用打气筒打压缩空气吹通,严禁用锋利的金属丝去捅各种量孔。化油器在检修和拆装时,注意如下要点:

(1)有些部位,如真空省油器、热怠速补偿阀等,制造厂已经调好,一般没有故障的情况下,不要随意拆卸,以免造成损坏,丢失零部件,影响使用,甚至引起故障。

(2)养护时不需全部分解,尤其原来的固定件,如阻风门轴组件、节气门轴组件、加速泵和省油器组件等,可分几个大一些的部件进行清洗。将件放在汽油或酒精中浸泡后,再用毛刷清洗,然后用高压空气疏通(切勿使用金属丝捅)。

(3)检查化油器外壳、盖是否有缺口和裂纹,针阀与阀座是否密封不良,泡沫管是否渗油,各衬垫是否完好,必要时予以修复或换件。

(4)所有零件在拆卸过程中,特别注意掌握装配工艺,应按顺序放好,如有损坏应随即更换。

(5)所有零部件重新进行组装时,不得装错和漏装,如推杆、喷嘴等很小的零件,以免造成发动机性能变坏。

(6)装妥之后在发动机上按技术要求进行调校,合乎要求之后方可使用。

(7)化油器浮子室的油面高度调整。化油器的零件很小,强度和硬度较低,养护时要大小适当的扳手或起子,不可用力过猛,拆装密封垫时,需特别小心,以免漏油漏气。

浮子室油平面高度是否合适,直接影响混合气的空燃比。在使用中,若发现发动机在各种工况下混合气过浓或过稀,就应检查、调整油平面高度。231 和 216 系列化油器的浮子室旁边都有一个螺塞,将此螺塞旋出,即可检查浮子室的油面,如果有汽油流出,说明油面过高。若油面低于螺孔下缘太多,则说明油面过低,调整的方法是增减进油三角针阀座下的垫圈厚度。增加垫圈厚度,油面降低;反之则油面提高。EQH101 型化油器的油面高度可从透明的油面螺塞查看,油面的调整应在热车和怠速状态,并将汽车停在平地上进行。调整时,松开锁紧螺母,用起子转动油面调整螺钉。旋进螺钉,油面上升;反之则油面下降。油面低于标记点 1 ~ 2 mm 的位置最佳。

卸下化油器调整时,测量浮子室油平面距化油器中体上平面应为 22 mm。若油面过高,应先检查浮子是否破损,如有破损,应予更换。卸下的化油器上体,如图 6 - 15 所示。若此距离小于 8 mm, 化油器的浮子室油平面将过高;反之则油平面过低。过高或过低可弯曲图 6-15 中所示的 B 部位进行调整。

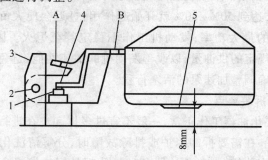

图 6-15　化油器上体(倒放置)

1—进油针阀;2—浮子轴;3—浮子支架;4—浮子针阀座;5—浮子上平面凸台

　　检查浮子室进油针阀能否完全打开,将浮子提起到最高处(此时 A 处与浮子支架接触),此位置即为化油器工作时浮子的最低位置。测量浮子的针阀座与进油针阀应为 1.6 mm(该值过小,化油器工作时,进油针阀不能完全打开,造成发动机大负荷或急加速时,混合气过稀),不符合此标准,可扳弯凸舌 A 进行调整。

4. 化油器怠速调整

　　怠速的调整是否正确,对燃油消耗和排气污染有很大影响。检查时应先启动、预热发动机,使冷却液温度达到 80 ℃。拨出化油器恒温阀软管并堵死;阻风门应全开,进排气系统无漏气,关闭车上一切附属用电设备;完全放松加速踏板,其怠速转速应为 600 r/min,不符合标准时应进行调整。调整化油器怠速时,应在发动机点火系统等调整适当,温度正常后进行。调整时,先旋出节气门调整螺钉,减小节气门开度,使发动机达到最低稳定转速(约500r/min),同时再旋转怠速调整油针,使发动机转速提高。如此反复调整,将节气门的开度调到最小,混合气的浓度最适宜,使发动机在最稳定的转速和最经济的耗油量情况下工作。怠速调整后急开节气门时,发动机转速应迅速升高,无停顿;急关节气门后,以发动机运转平稳,不熄火为宜。

5. 主量孔配剂针的调整

　　叉车行驶时,汽油机的绝大部分工作时间是由主量孔供油的。主量孔调整得恰当与否,将影响发动机的功率和油耗。化油器主量孔有可调式和固定式两种,固定式主量孔的流量不可调,只需更换孔径不同的主量孔件;可调式主量孔设有调整针,调整时,先将调整针旋到底,然后旋出至所需的圈数。若感到动力不足,应把调整针旋出少许;如果发动机排烟呈黑色或火花塞电极有积炭,把调整针旋进少许即可。化油器主量孔在出厂时已经调好,一般不应随意拧动,如确需调整,可施转配剂针,右旋混合气变稀;左旋混合气加浓。初步调整好的主量孔配剂针位置,必须经过叉车运行实践的检验。当叉车加速时,发动机不能出现运转不平稳现象,否则需要再旋出少许,再作加速试验,直至叉车加速时,发动机无运转不平稳现象为止。

6. 加速泵的调整

　　当急剧加速时,加速系喷入的汽油取决于加速泵活塞的行程,行程长喷入的油量多。夏天气温高,汽油易蒸发,可以少喷油,冬天则希望多喷油。调整喷油泵活塞行程的方法是改变活塞杆长度。活塞杆上端有两道环形槽,如果连接片卡在下面一道槽的位置时,活塞行程加长,泵油量增多;反之则减少。此外,还可以通过改变连杆的装配位置进行调整。在与节气门相连接的摇臂上有两个小孔,当连杆装在外部小孔时,活塞行程变大,供油量将增多;反之,连杆装在靠内部小孔时,供油量将减少。

若发现叉车加速不良,而且加速喷嘴不出油时应检查,加速泵活塞皮碗是否卡住,加速泵回止阀是否有脏物堵住或关闭不严,加速泵出油三角针是否黏住。例如,H201A 型化油器是双腔分动化油器,为获得良好的叉车各种使用性能而加设了一些附加装置。因此,油道、气道和量孔的数量相应增多,量孔直径也较小。在使用中,空气中的尘土和汽油中的杂质以及汽油存放过程中产生的胶质沉淀物,极易附着于油道和各量孔处。故在使用中应特别注意汽油管路清洁及空气滤清器的养护,使用中若出现发动机怠速不好或加速过度不良时,应对化油器进行清洗,并用高压空气吹。清洗时最好先主腔后副腔分段进行养护,即可避免发生错装现象。

7. 省油器的调整

真空省油器活塞杆下端有三道环槽,如将弹簧底座放在上面一个槽内,弹簧强力增大,真空省油器提前工作,向下放在两三道环槽内则渐次推迟工作。另外,也可通过改变省油器阀体下的垫片厚度进行调整。机械省油器在节气门全开前 10 ℃左右开始工作,省油器环阀推杆上端有三道环槽可供调节用;若达不到要求,可利用增减省油器阀座的垫片进行调整(增加垫片,作用点提前,反之作用点推迟),在全负荷的情况下应达到有力、省油的目的。

6.3.2　汽油泵

汽油泵随着使用时间的增长而引起机件磨损,若不及时养护和检修,也会出现故障。危害性最大的是膜片破损,由于汽油泵泵油量大,其膜片轻微破损,也不影响泵油,而且一般不易觉察。泵内渗漏的汽油可经下体泄油孔渗漏下来,若该孔被油污堵塞,汽油将会流入曲轴箱,而且不易发现。时间一长很容易造成机油变质,待机油油面和机油品质变化时,早已造成发动机润滑不良,甚至产生严重的"烧瓦抱轴""拉缸"及火灾事故。因此,应对它作好定期养护工作,随时消除各类隐患,以确保叉车的正常运行。

1. 汽油泵的维修或养护

在维修或养护汽油泵,分解之前或装合之后,应检查摇臂端头和突缘端面之间的距离及汽油泵的最大压力等。必要时分解检查摇臂端头磨损、油泵弹簧的变形等,并分别予以修复。汽油泵在维修或养护中安装进出油阀时,应注意其方向不可装错。安装摇臂时,将内外摇臂(见图 6 - 16)及摇臂轴装在下泵体上,装合后其配合间隙应符合要求,摇臂压到底,使泵膜也被拉向下方,对正记号,将上下泵体用连接螺钉均匀拧紧。装车前泵体与汽缸体接合处的衬垫厚度应适当,以免影响臂行程的变化。汽油泵装妥之后,应进行性能检验。若达不到要求,应重新修复。

汽油泵维修或养护要点:定期维修或养护时应清洗阀门,清除腔壁及膜片上的沉积物,检查泵膜是否完好,膜片紧固螺母是否松脱。装配按分解时相反次序进行,注意将摇臂靠在凸轮轴的偏心轮上,并注意不要将摇臂弹簧掉入油底壳内。注意,进出油阀门不能装错方向;膜片装前应清洁,平整而无皱折。泵盖上密封橡胶垫垫好,将泵上体的圈螺钉对角均匀拧紧。装回发动机时,应垫好纸垫(此垫不宜过厚,最好是黄板纸)。将摇臂微向上倾斜靠在凸轮轴的偏心轮上,再拧紧固定螺栓。壳体底座上的两个泄油小孔应清洁、通畅,发现此孔漏油,则

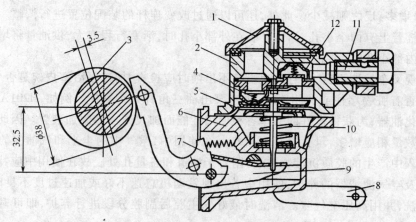

图 6-16　475Q 发动机 B604B 型汽油泵

1—泵盖；2—上体；3—偏心轮；4—进油油门；5—泵膜；6—下体；

7—外摇臂；8—手摇臂；9—内摇臂；10—泵膜弹簧；11—出油口接头；12—出油油门

为泵膜片破裂或新修后夹紧螺钉未上紧,油从中心螺栓孔下渗,此时应分别予以修复。

2. 汽油泵的检修方法

当汽油泵手柄泵油发生故障时,用汽油泵手柄泵油感到非常轻松,没有什么阻力,为泵油没有行程,此时可将曲轴转动一下或用启动机使凸轮轴转换一下位置,然后再用手柄泵油。如始终没有泵油行程,可能是浮子室内有油而主量孔等处堵塞;也可能是浮子室进油滤风、进油孔或汽油泵至浮子室油路堵塞;还可能是三角针卡死,使汽油不能泵进浮子室以及油泵膜片弹簧折断、内摇折断或摇臂轴脱落。经过泵油试验,感觉到有泵油行程,同时能听到"咕咕"的声音,说明故障在汽油泵与油箱之间。当拉起和放回泵油手柄时都能听到"咕咕"的声音,则是汽油泵与油箱之间有渗漏的地方。若只在放回手柄时听到"咕咕"声音,说明油箱与汽油泵之间有堵塞。泵油过程中,若"咕咕"的声音逐渐消失,泵油阻力也感到逐渐减弱,则说明油路中存油不足;在泵油过程,拉起泵油手柄时感到有阻力,而放回泵油手柄时又能听到化油器内出现"吱吱吱"的声音,则说明泵油良好,浮子室存油不足。

3. 汽油泵主要部件检修技术规范

汽油泵本身构造简单,常见故障除膜片破损漏油之外,主要还有供油压力不足或不供油。其原因是:摇臂磨损、进出油阀关闭不严、各结合面不平、膜片破损、膜片弹簧弹力不足及油路堵塞等。因此,检修比较容易,其主要部件的检修技术规范如下:

(1)摇臂与驱动凸轮的接触处因长期使用,磨损过限,导致膜片工作行程缩短,减少泵油量。摇臂磨损超过 0.20 mm 时应进行焊修,修整后达到一定的光洁度。

(2)泵油阀门长期浸泡在汽油中,受汽油流动冲击和酸性物质腐蚀及胶质影响,使其性能衰退,出油量和出油压力下降。应研磨,使阀座与阀片密合,或将阀片互换翻面使用,必要时更换新件。

(3)进出油阀门弹簧自由长度为 11mm ±1mm,施力 0.108N ±0.029N 时不得小于 8 mm,必要时更换。

(4)膜片应完好无损,无表面龟裂脱胶。若发现硬化变形或破裂渗油,应及时更换。在装复膜片时应注意各单片和泵体上的眼孔对正,紧固螺母拧牢。

（5）膜片弹簧长期使用会产生永久性变形。其自由长度应为 37.5.5mm ± 5mm，当施力 0.127N ± 0.006N 时，长度应为 16.5mm ± 2mm，弹力太小（过软），使油压降低，供油不足；弹力太大，（过硬），使输油压力增高，化油器进油针阀关不住，油面过高"呛油"。

（6）油泵壳体与泵盖合面的平面度应不大于 0.15 mm，否则渗气漏油，影响出油量和出油压力。可在平板上用细砂布研磨，磨平为止。

（7）油泵壳体与缸体结合面拱曲变形应磨平，裂损渗漏应焊修或用环氧树脂黏合。

（8）泵壳体上摇臂销孔直径 6 mm，销孔扩大后应焊修或换件。

4. 汽油泵工作性能的检验方法

常见汽油泵工作性能的检验方法如下：

（1）用一个手指堵住进油口，另一手按动摇臂，如感到进油口有吸力，可初步判明汽油泵工作性能良好。

（2）诊断油阀密封时，将汽油泵清洗干净后，用嘴吸住进油管接头，同时用舌头堵住进油管接头，舌尖若感到有吸力，为进油阀、泵体和泵盖均密封良好。用嘴在出油管接头向内吹气，要感到吹不动，并不漏气，即为出油阀良好，否则应予拆检修复。

（3）将进出油口接上油管后浸入盛水的容器中，按动摇臂泵油，如能使水从排油口急促喷出，而且其距离在 60 mm 左右，即为泵油压力良好；若喷出水分散无力，说明油泵有漏气之处，应予检查排除。

（4）装用后感到供油量不足时，先检查摇臂工作行程。松开化油器进油管接头，用手指钩起汽油泵手摇臂（拉杆），慢慢转动发动机曲轴，使手摇臂走一个工作行程。若行程少，可将曲轴转到手摇臂在最高点处，再用力向上钩动手摇臂，应感到有一点储备行程。若无行程，说明泵体与发动机结合面处的纸垫过薄；若行程过大，则为纸垫过厚或内摇臂磨损，应予调整修理。

（5）若摇臂工作行程正常，可拆开油泵的进出油口管接头，用手指堵住进油口，拉动手摇臂，此时手指应感到有吸力；拉动后稳住时，吸力感觉能维持 5 s 左右，可判定出油阀正常。拉动手摇臂后，再用手指堵住出油口，可根据压力感觉对进油阀进行判断。

（6）汽油泵出油口喷油无力，还应检查其进油管道和汽油滤清器等处，有无堵塞或漏气，并分别予以修复。

6.3.3　汽油滤清器

汽油滤清器在进行维修或养护时，先旋下下方的放油塞，放出其中的沉淀；然后拆下进行分解，用汽油清洗滤清器壳的内外表面。陶瓷滤芯放入沸水中煮 10 min，用压缩空气吹净后再用汽油清洗；最后用压缩空气吹干或晾干。堵塞严重时，可将陶瓷滤芯放在火中烧半小时，取出冷却后再放入稀硫酸中浸洗；然后用水冲洗干净，最后用压缩空气吹干。安装时，应注意检查滤芯、密封垫圈是否完好无损，壳体有无破裂，必要时更换新件。

6.3.4　空气滤清器

空气滤清器在使用中对叉车的发动机汽缸的磨损与空气滤清器的滤清效果有很大关系。如果没有空气滤清器的过滤作用，发动机就会吸入大量含有尘埃、颗粒的空气，导致发动机汽缸磨损严重；如果在使用过程中，长时间不予维修养护，空气滤清器的滤芯就会粘满空气中的灰尘,这不但使过滤能力下降,而且还会妨碍空气的流通,导致混合气过浓而使发动机工作不正常。因此,按期维修、养护空气滤清器是至关重要的。

空气滤清器一般分为油浴式和干式两种,干式纸质空气滤清器的滤芯是经树脂处理的微孔滤纸折叠而成,具有很高的滤清效果(除尘率为 99.5%),进入的空气透过滤纸才能进入汽缸,纸质滤芯是一种新型滤清材料,成本低,效率高,储灰能力强,使用可靠,维修或养护方便。缺点是使用寿命短,在恶劣条件下工作不可靠,因每使用 500 h 左右养护一次,每 1 000 h 左右必须更换滤芯,只有这样才能保证它的使用效能。叉车维修或养护时,应取出滤芯轻轻拍打端面,用压缩空气由里向外吹,以清除滤芯上的尘土,切勿用汽油或水洗刷。吹洗时,注意不要使吹管离滤纸太近,以免吹破滤纸;也不要用敲打滤芯的办法来清除灰尘,这样会使滤芯损坏或变形。滤芯外部的污物可以用干抹布擦去,滤清器壳体表面及密封安装平面上的尘土,用干净的湿抹布即可擦拭干净。使用中要注意空气滤清器的密封性和可靠性,既要防止密封不良造成短路,又要防止滤芯堵塞失效,以使之保持良好状态。

清洗油浴式空气滤清器时,先倒掉储油盘内的污油积垢,用汽油清洁储油盘、滤芯、外壳和空气滤清器盖后,在壳体与盖的内表面涂上一层清洁的机油。滤芯应用干净的机油浸润后,再装入壳体中,并按规定的高度在储油器盘中加入适量的干净机油。油量过多,容易随空气进入汽缸而形成积炭。

6.3.5　燃油箱的维修或养护

在叉车日常使用过程中,应经常对燃油箱进行养护,其要点为:一是经常拆下放油螺塞,放出存油和杂质、污垢或拆下汽油箱进行清洗;二是燃油箱内污垢可用向汽油箱内加 3 ~ 4 L清洁汽油清洗或用高压清水、锅炉蒸汽冲洗;三是保持油箱盖上的"空气 – 蒸汽阀"完好,尽量避免汽油振荡、温度及压力升高而产生静电;四是加油筒延伸管中的滤网应保持完好,防止加油时杂质进入;五是检查汽油箱箍带和固定支架是否断裂损坏,必要时予以修复;六是定期用高压空气检查油箱有无裂损,必要时焊修。叉车燃箱渗漏的维修方法如下:

(1)堵塞急救。叉车运行中驾驶人如发现汽油箱渗漏,应及时焊修。若受条件限制或任务紧急,可用一种简单奏效的应急办法处理,即用肥皂和棉纱混合均匀后涂抹在油箱漏处;若漏洞较大时,可用一个比漏洞略粗的螺钉挤入,抹上肥皂即可,但须作业完后再及时修复。

(2)气焊。用清水洗冲洗油箱 2 ~ 3 次,洗净后灌满清水,在破裂处用铜焊条施焊即可。焊修后应在 294 ~ 490 kPa 压力下,进行水压试验,无渗漏后方可使用。

(3)化学胶补。将油箱洗净,除去裂纹附近的表面漆层并擦净,采用氯丁胶胶黏剂胶补,固化后即可使用,补漏效果最佳。因为氯丁胶不溶于汽油,附着力强,干得快,加上涂胶层里夹有布或金属布,牢固度强,可用来补砂眼、裂缝。

6.3.6　进、排气歧管的检修和拆装

在叉车养护时,应检查进、排气歧管各处螺母是否松动,进、排气歧管有无裂纹和孔洞,衬垫有无损坏或冲蚀迹象,进、排气歧管接合面应在同一平面上,否则应予校正。在紧固进、排气歧管螺母时,扭力要均匀,否则会产生漏气现象。

汽油机供油系统常见故障部位及其分析如表 6 – 3 所示。

表 6－3　汽油供油系统常见故障部位及其分析

部位	原因	现象及危害	处理
汽油表	表指针不准,传感器失效	不能及时准确地了解燃油存量	检修或更新
空气滤清器	灰尘杂质集聚过多	使空气进入受阻,充气量减少,空燃比失调,油耗增加	拆下清洗,疏通擦净
化油器	针阀卡滞、量孔堵塞,机件工作失效	空燃比失调,发动机工作不良,影响发动机的动力性和经济性	分解清洗维护和调校,必要时换新件
进、排气歧管	裂损、变形,衬垫损坏,接触面不平	进、排气不畅通,漏气,工作不良,发动机功率下降	焊修,端面刨削加工
汽油泵	阀座关闭不严,泵膜破损,油道堵塞,衬垫渗漏	漏气、漏油,供油不畅,工作不良	维护保养(分解检测)
汽油滤清器	污垢杂质堵塞,壳体残损	漏油,供油不畅影响汽油滤清效果	分解清洗、维护保养
油管	接头松动,油道堵塞、破损	漏油、渗气,气阻,供油不畅	紧固、清洗、疏通、焊修
消声器	严重锈蚀、破损、凹陷,内部隔板损坏	工作不良,失去消声作用	矫平、修复,开裂后焊补
油箱	出油阀关闭、堵塞、裂损,存油不足	供油不畅或供油中断,渗漏	清洗污垢、加足燃油,必要时焊修

6.4　润滑系统

叉车发动机的润滑是由润滑系统来实现的。润滑系统的基本任务就是将清洁的、压力和温度适宜的机油不断供给各零件的摩擦表面,以起到润滑减摩、清洗、冷却、密封、防锈等作用,使内燃机各零件能正常工作。润滑系统是叉车发动机的重要组成部分,当其机件装配调整不当、磨蚀或发生其他故障时,将会引起机油压力异常、机油消耗过多或机油变质等不正常现象,由此而破坏润滑系统的正常功能,甚至发生机损事故。做好润滑系统的维修养护是十分重要的。

6.4.1　润滑系统维修与养护要点和注意事项

1. 润滑系统的维修要点

(1)机油泵经长期使用后,主、从动齿轮表面及轴与孔之间产生磨损,从而使压力下降。分解后,按照修理规范进行检测和修复,调试合格后予以装车。

(2)机油粗滤器维修、养护后,应注意上下两个环形密封圈是否完好无损,并防止丢失或漏装,以免工作失效。机油细滤器维护拆装时,应注意转子标记。止推垫片、密封圈及锁止螺母等均按规范进行检修。

(3)机油集滤器常见故障是油管或滤网堵塞,浮筒破裂下沉而切断机油来源。装复时,盖的夹脚要夹牢,避免震动脱落;浮筒上下灵活。

（4）发动机外表及其附件四周（正时齿轮盖、气门室盖、机油盘等处）漏油，应检查连接部衬垫是否破损，螺栓是否松脱，曲轴前后油封是否磨损及油管是否裂损等，如有，应分别修复。

2. 润滑系统维修与养护注意事项

（1）每次出车前，注意检查机油情况，必须保持规定油面高度且油无变质，否则应查明原因。

（2）运行中，要注意机油表的读数，若下降或不指示，应及时停车排除，以免发生机损事故。

（3）按规定牌号和数量添换机油，控制适当的机油油面高度，避免不足或过量。

（4）用手摸揉机油，若感觉发滞、无黏性或呈现黑色污物为滤清器工作失效，应予以更换。

（5）按间隔时间应更换滤芯，清除转子罩内沉积物，疏通管路，养护润滑系统部件。

（6）机油压力过低时，不能用调整机油泵限压阀的方法来解决，必须查清油道中机油过量泄漏（机油压力建立不起来）的原因，必要时检查有关部件（如轴与瓦）的磨损情况，分别予以修复。

3. 日常润滑油的检查和添加

机油过早变质或曲轴箱内有油泥生成的预防。

（1）按规定更换机油，加注机油应符合所规定的牌号规格。

（2）使用标准的燃油。

（3）维修与养护润滑系统不可马虎，必须认真清除机油滤芯及油道中的污物。

（4）防止发动机通风管堵塞。

每天出车前，都要检查发动机润滑油面和油质，抽出油尺，将其擦干净后再插入原位，重新抽出，油面不能低于缺油标记以下，但也不能超过规定的范围。机油是否变质，可根据色泽和透明度来判断。比较有效的一些方法是用滴油样来确定脏污的程度，还可用比较黏度计来确定其黏度是否合适。将油尺抽出时，看油尺上油膜的色泽和透明度，若呈黄色或亮褐色，而且尺上标记清晰可见，为机油质量尚好；若呈灰暗黑色、标记模糊不清，为油质低劣，应予更换。

放油应在发动机热时进行（为从曲轴箱和油道中放出污垢）；油污放尽后，可加一半的油量，转动曲轴 1~2 min，再将油放出，然后加注新机油；启动发动机，低速旋转 3~5 min，停车熄火，再检查测量并加至规定油面。清洗时，要使用发动机所用机油，不可用薄质的洗涤油，更不可用煤油。在进行维修与养护时，须拆下曲轴箱，清洗擦干后装复，同时应清洗集滤器滤网、机油滤清器等部件。

在使用中若发现机油油面升高，应立即检查原因并加以排除。机油油面升高，通常是由于发动机温度过低，汽油雾化燃烧不良，凝结后流入油底壳与机油掺和；也可能是由于汽油泵膜片破损漏油，汽油经汽油泵底座进入油底壳；或冷却水渗入所致。发动机及油底壳清洗干净后，从润滑油加注口加注规定牌号的润滑油，直到油平面到油标尺上刻线为止。润滑油加注不能过少或过多，更不能让尘土进入加注口，以免堵塞油道。

4. 预防润滑油渗漏的措施

在叉车的使用中，常见发动机漏油故障比较普遍，它直接影响到叉车的技术性能，既浪费能源，消耗动力，又影响车容，造成环境污染。尤其润滑油减少，导致机件润滑不良，冷却不足,造成机件早期损件,留下事故隐患。常见漏油部位,如图6-17所示,一般分静置部位和动置部位两部分。

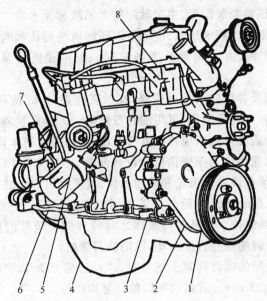

图 6 - 17　润滑系常见漏油部位

1—曲轴前油封;2—正时齿轮链轮盖垫;3—油底壳垫;4—放油塞;

5—机油滤清器垫;6—曲轴后油封;7—汽油泵垫;8—气门室罩垫

在叉车的维修与养护中,预防漏油的主要措施如下:

(1) 在极为清洁的条件下装配,工作表面无磕碰、无伤痕、无毛刺和其他附着物。

(2) 严格操作规程,密封件(如油封等)应正确安装,防止不到位(偏斜)或变形。

(3) 掌握密封件的性能规范和使用要求,及时更换失效件。

(4) 对于边盖类薄壁零件(易于变形),采用钣金、冷作校正。

(5) 容易磨损的轴孔类零件,一般采用金属喷镀、焊修、胶粘、机加工等工艺,以达到原厂尺寸(使用要求)。

(6) 大力推广使用密封胶(无密封胶时可用油漆代用)。

(7) 螺母滑丝断扣、松旷,应修复或换新件,螺纹扭力应符合标准。

(8) 油封装配前,应检查外观质量,使用专门工具压配,避免敲打变形,不得漏装油封弹簧。

使用中,如果发动机需要经常添加润滑油,就表明润滑油消耗量过多,是由渗漏损失(如发动机密封面、油封损坏)所引起的,一般在发动机的外部就可以观察到,一经发现应立即予以排除。

6.4.2　机油泵

1. 齿轮式机油泵主要零件的检修

叉车多装用齿轮式机油泵,安装于发动机的油底壳中,由泵体、泵盖、泵轴和主从动齿轮等件组成。泵盖端面上油缸卸油槽和回油孔,卸油槽是用以及消除困油现象;回油孔是指导经限压阀溢回的多余的油流回油泵的进油腔。机油泵在维修中,应检查和测量其端隙,一般在 0.07 ~ 0.16 mm 范围,若超过此范围,可采用拆去端面调整垫片的方法,进行间隙调整,恢复到正常值,但必须保证油泵装配后,主动轴能转动灵活和无卡滞。在发动机运转中,油压突然下降或升高,一般是限压阀阀卡所致,应拆下限压阀清洗阀孔和阀体;新叉车应检查是否有加工铁屑或其他杂质卡滞,并予清除后重新装配。齿轮式机油泵主要零件的检修有以下几点:

(1)泵体内腔表面及各接合平面的检修,在拆装检查时,应特别注意泵腔表面及各接合面有无损伤,如发现泵腔有轻微刮伤,可用细砂布修整。若有严重划伤,则应更换。泵盖的接合面应保持平整。如泵盖接合面出现较严重的磨损,可用平面磨床修理。

(2)用塞尺测量齿轮齿顶与泵壳内壁的配合间隙,一般为 0.13 ~ 0.25 mm。如果一边的间隙超过极限值,则必须更换主动齿轮和从动齿轮,或更换机油泵总成。

(3)用直尺和塞尺配合测量齿轮与泵盖之间的端面间隙。一般为 0.02 ~ 0.124 mm,若超过 0.15 mm,则应更换齿轮。对泵盖与泵体之间装有调整垫片的机油泵,可采用不同厚度的垫片进行间隙调整。若端面有轻微刮伤,可用油石修整。

(4)用塞尺测量齿轮的啮合间隙。测量时,应在齿轮互为 120° 的三点进行检测,一般齿轮啮合间隙为 0.05 ~ 0.25 mm。若超过极限值应更换齿轮。

(5)用百分表检测主动轴和机油泵壳体的间隙,一般为 0.05 ~ 0.15 mm,极限值为 0.20 mm。如果主动轴与泵壳磨损严重,可采用涂镀的方法进行修复。

(6)测量从动轴与衬套的配合间隙,一般为 0.06 ~ 0.14 mm。若超过极限(0.15 mm),必须更换被套或从动轴。

2. 机油泵泵油压力调节阀的检测和机油泵拆装

叉车压力检查时,拆下机油压力传感器,装上机油压力表,启动发动机,待发动机温度升高到正常值(水温 90 ℃),使发动机急速运转稳定时,检查压力表读数应不低于 98 kPa。使发动机的转速提高到 3 000 r/min,压力表读数应不低于 245 kPa。机油泵泵油压力调节阀的检修方法如下:

(1)从机油泵盖上拧下机油压力调节阀螺钉,取出调压弹簧和柱塞(或球阀)。

(2)检查柱塞(或球阀)表面有无损伤,柱塞(或球阀)在阀体内是否滑动自如。检查时,将柱塞放入阀体内,柱塞应能靠自重下落到阀座上,否则应予更换。

(3)检查调压弹簧。应无断裂、变形,弹力良好,自由长度符合标准。

(4)泵油压力的调节可通过改变调压弹簧的预紧力进行,泵油压力应符合规定值。

机油泵拆装时,首先放空机油,拆掉油底壳,再拆除机油泵的固定螺栓,取下机油泵。安装时,按上述相反顺序进行,并按规定加注机油。

6.4.3 机油收集器

机油收集器又称机油集滤器,如图 6 - 18 所示,因油污过多,会堵塞滤网和油道,引起供油不足,容易烧瓦抱轴,增加机件的磨损。一般叉车发动机的机油收集器是在油底壳的机油面上浮动的,机油泵是经过它吸抽清洁的机油的。浮子头若破漏,机油进入浮子头内后,使之重量增加,下沉到油底壳的底上,就容易把积在油底壳上的脏物吸上来,加速机油泵齿轮和发动机轴承的磨损,并阻塞油道等;若发现此故障,应及时检测。在养护机油收集器时,将其卸下分解后,放在汽油盆内,用硬毛刷刷洗,并用空气压缩机的压缩空气吹净滤网。装复时,其盖的截面上的位置必须按原样安装,不可错装。各夹角一定要夹紧,以免松脱。

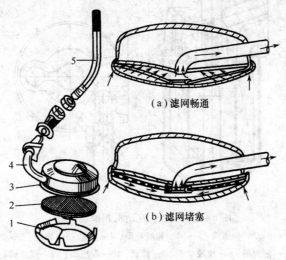

图 6 – 18　机油集虑器
1—罩;2—滤网;3—浮子;4—吸油管;5—固定油管

6.4.4　机油粗滤器

机油泵输出油量的 85% 左右进入粗滤器,滤清后进入主油道至各摩擦部位润滑。EQ6100 发动机和全流纸质机油粗滤器,滤芯用经过树脂处理的微孔滤纸制成。粗滤器座上装有旁通阀,当滤芯内外压差达 147 ~ 176 kPa 时,旁通阀开启,部分机油直接经旁通阀流向主油道,保证润滑所需的机油量。进行养护时须更换滤芯。装复时应检查橡胶密封座、底座密封圈和滤芯的上下两个 O 形密封圈是否完好无损。若发现损坏或已老化发硬,应予换新,否则将影响其滤清效果。养护后装配时,切勿将滤芯上下端面的两个 O 形密封圈丢失,否则脏油会不经滤清直接由滤芯中心进入主轴道,很容易引起堵塞故障。475Q 型发动机采用纸质滤芯粗滤器,其构造如图 6 – 19 所示。

6.4.5　离心式转子机油细滤器

EQ6100 发动机装用离心式转子机油细滤器。养护时拧开外罩上的盖形螺母,取下外罩,将转子转到喷嘴对准挡油板的缺口时,转子即可取出。此时应特别注意,转子下面的推力轴承座圈容易被机油粘在转子端而带走丢失;或经转子座掉入油底壳内。转子转高达500 r/min,转子外壳与底座经过严格动平衡,因此转子总成装配时,必须将转子罩和转子座的箭头标记对准,否则将破坏转子总成的动平衡,转速下降,滤清效果降低。

转子安装在平面止推轴承上,由于转子下底面和轴承上表面都比较光滑,在转子取出时容易将轴承上片粘出,稍一碰,上片即会掉下,因此要小心仔细。转子总成顶上压紧弹簧,下面有一个止推垫片,止推垫片磨光面对着转子,不得漏装,也不得装反,否则未磨光面对着转子或弹簧直接压在转子上,将阻滞转子的旋转。取出或装复转子时,不要扳动和转动转子轴,轴的松动装配,可避免总装时因轴的微小变形而引起转子不转。装复外罩时,应把底座密封

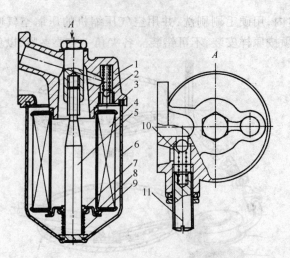

图 6-19   475Q 发动机粗滤器构造

1—盖；2—旁通阀；3—耐油橡胶垫圈；4—滤芯；5—螺柱；6—壳；

7—密封圈；8—橡胶垫圈；9—弹簧；10—限压阀；11—调压螺钉

圈槽内泥沙清除干净，密封橡胶垫装好，销紧螺母不得拧得过紧，以免影响转子的正常工作。叉车养护时，应清洗转子，清除杂质，用压缩空气吹干擦净，按规范进行装复。

离心式转子机油滤清器检修注意事项有以下几点：分解离心式转子机油滤清器时，必须按一定的分解程序进行，并注意零件妥善保存。分解时要仔细，不可用锤敲打，以免损伤转子。清洁转子喷嘴孔不可用钢丝通透；转子内的结垢层可用竹刀清除，切勿用金属刮器，以免损伤转子。在组装转子与转子罩时，应防止碰撞，否则会破坏其动平衡；组装后，应检查转子在轴上转动的灵活性。如果装配过紧，会影响转子的转速，甚至会使转子轴折断。试验进油阀在规定压力下是否开启，开启压力为 147～196 kPa，转子转速为 5 000～8 000 r/min。检查转子轴衬套处的装配间隙是否符合规定，一般径向间隙为 0.02～0.03 mm，转子轴向窜动量为 0.3～0.7 mm。在发动机熄火后，应能听到转子旋转的声音，声音持续时间在 1 min 以上。如果听不到声音，则说明转子工作不正常，应重新拆检。

6.4.6   油底壳清洗及安装

发动机机油的更换周期要根据其机件磨损情况及行驶路面的尘埃多少而定，一般 500 h 左右养护时更换一次，如果放出的机油很脏，则应拆下油底壳进行清洗，同时清洗集滤器滤网。清洗油底壳，应先用木片刮除外部油垢，用蘸过洗油的棉纱擦净内腔和外部，然后用洗油由内至外将毛刷刷洗干净，高压空气吹干或自干后装车。

叉车油底壳养护后的安装：首先在缸体底平面、齿轮室底平面和后油封底平面接缝处涂密封胶；安装时，在油底壳安装面两端各装一工艺定位销，把油底壳密封垫套在工艺定位销上，油底壳放在密封垫上后，去掉定位销，每个凸缘面螺栓套上一个碟形垫圈，碟形垫圈的凸面应朝向螺栓头部，用手拧上 3～5 扣，螺栓拧紧力矩为（24±3）N·m；拧紧顺序交叉对角进行，然后在油底壳加热塞孔螺塞，并在油底壳放油螺塞上套上铜密封垫圈，螺塞拧紧力矩为（75±7）N·m。

6.4.7 曲轴箱通风 PCV 阀系统

曲轴箱通风 PCV 阀系统将窜漏进曲轴箱的混合气引入进气系统,然后在燃烧室内进行二次燃烧。天长日久,机油、汽油及其他浓缩物在 PCV 阀内部沉寂成油泥胶体,造成 PCV 阀堵塞,从而提高了油轴箱内部的气体压力。该压力的提升导致机油从密封垫处渗漏,造成额外的机油消耗和发动机泄漏等故障。另外,曲轴箱的压力提高使得 PCV 蒸气通过粘有机油和碳氢化合物颗粒的空气滤清器,必然降低了其应有的过滤精度。当粘有异物的 PCV 不能完全关闭时,不适量的空气将被引入燃烧室,进而稀释了空气/燃油空气,最终导致汽车的怠速性能恶化和易熄火。在检查空气滤清器的同时,务必检验 PCV 阀是否发生堵塞和黏结。厂家根据不同机型提供了相应的 PCV 阀的推荐更换周期,当对正在进行维修的车辆的 PCV 阀更换周期有疑虑时,应及时查阅车主手册或维修资料。曲轴箱通风的定期养护内容如下:

(1)定期检查各通气管道,尤其是抽气管的连接是否牢靠;有无漏气或堵塞;发动机怠速运转时,用肥皂水涂抹于各接合处,观察是否有漏气之处。

(2)检查单向阀是否处于良好的技术状况(尤其查看单向阀是否发卡、漏气和堵塞),必要时清除积碳,清洗疏通。

(3)机油加注筒上的小空气滤清器要适时清洗维护,清除油胶和尘污,不得采用布团等物堵塞,从而影响曲轴箱的空气对流。

(4)定期养护发动机空气滤清器,对于封闭式 PCV 阀,要确保空气滤清器内气体畅通无阻,使其经常处于良好的工作状态。

曲轴箱通风系统的早期故障不易发现,这就需要驾修人员定期养护、检查;同时必须熟悉通风系统的结构、工作原理、故障特性,以保证发动机良好的工作性能。

润滑系统故障的部位分析如表 6-4 所示。

表 6-4 润滑系统常见故障的部位分析

部位	原因	现象及危害	处理
放油螺塞	松脱	机油泄漏,压力突降	及时检查,紧定
集滤器	堵塞,松脱	供油中断,低压报警红灯亮	停车分解、清洗、疏通、修复
机油泵	齿轮磨损,配合间隙过大	机油泄漏,压力降低	更换新件
减压阀	调整不当,弹簧过软	机油泄漏,压力降低,机件润滑不良	重新调整或换新件
机油粗滤器	滤芯堵塞,旁通阀失效,密封圈破损	油路不通畅或失去滤清作用	清洗调整,必要时更换新件
机油细滤器	养护不及时,装配调整不当,工作失效	转子停止运转或转速低(听不见运转声音)	分解清除积垢,清洗转子,疏通喷嘴
主、分细道	堵塞	油路不通畅,机油压力过高,机件润滑不良,引起金属异响	及时清洗、疏通
油管接头	松脱破损	机油泄漏,压力过高,机件润滑不良,引起金属异响	及时清洗、疏通

续表

部位	原因	现象及危害	处理
正时齿轮	喷嘴堵塞或松脱	正时齿轮润滑不良,发出金属异响	及时检修疏通,重新安装
摇臂及摇臂轴	油孔堵塞	供油中断,配合机构润滑不良,发出金属异响	清洗、疏通
凸轮轴、轴瓦	油孔堵塞、饶蚀、磨损、松旷	轴与瓦润滑不良,产生异响,机油泄漏,压力降低	清洗油孔或更换轴瓦

6.5 冷却系统

发动机工作时,燃料在汽缸中燃烧后放出大量的热能,除部分转变为机械能外,一部分热能随废气排出,还有一部分热能传给所有的零部件。当发动机过热时,零件强度下降,运动部件受热膨胀,破坏了正常的配合间隙引起事故,同时润滑油变稀、变质,甚至炭化。由于温度过高的影响,发动机的充气量减少,功率将下降;反之当发动机过冷时,热能损失增加,燃烧不良,经济性差,耗油量大。所以冷却系统的功用是,保证发动机在最适宜的温度(80~90℃)下连续工作,使发动机获得良好的性能和较长的使用寿命。使用中必须加强冷却系统的维修与养护,才能发挥应有的性能。

6.5.1 水泵

1. 离心式水泵的养护

叉车发动机的冷却系统一般都采用离心式水泵,如图6-20所示。

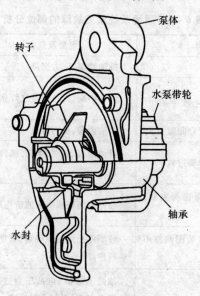

图6-20 离心式水泵

冷却系统泄漏的危害很大,这不仅将使吸入的空气破坏预定的冷却液流动模式,导致热点的产生,而且还会加重水泵的腐蚀。如果冷却液的数量长期不足,则会引起发动机过热,而且伴随着出现蒸汽腐蚀,不仅损坏散热器,还会产生水泵的其他故障。在冷却系统出现泄漏的情况下,可以闻出热防冻液的气味,但是必须进行一番检查,查明冷却液是否是从水泵轴水封漏出的。可查看水泵放气孔处是否漏水。要定期地进行养护,注意检查水箱冷却液的损耗。

漏水、噪声是水泵的常见故障,因轴承的擦伤而导致水泵轴咬死的现象,是非常少见的。一旦出现这种现象,风扇和散热器便会受到损坏。水泵叶轮严重腐蚀的情况,如果做到正常的养护,就可以避免。当看到冷却液发红,有铁锈色时,有可能是出现了叶轮腐蚀的问题。这时需要检查水泵冷却液的循环状况,可将散热器中的冷却液放出一部分,使液面高度正好保持在水管之上,然后预热发动机,使节温器处于全开的位置。水泵出现故障的原因,多是因过热和缺乏养护;若冷却液失去了润滑密封的能力,密封件便会被擦伤。此外,也可能是由于水泵本身的质量太差。

发动机利用顶置凸轮轴的正时带驱动水泵,经过一段适当的使用里程之后,应当更换正时带。有时会看到这样的情况:在安装一条新正时带之后很短的时间内,水泵便遭到损坏,一般这是由于增大了带张紧力的缘故。因此,当安装一个新水泵时,不要轻率地换用一条新带。

2. 水泵轴承松旷的原因与预防

叉车离心式水泵泵轴的前端安装风扇,后端安装水泵叶轮,中间有两个轴承支撑着旋转。在使用过程中有时轴承会过早地出现松旷,造成风扇旋转摇头。究其原因,除少数属质量问题外,大多数是因为以下原因所致:

(1)缺少润滑脂:水泵处在高温下工作并且转速很高,轴承内的润滑脂自然也消耗很快,如果不经常对其润滑就会造成润滑不良,加快轴承的磨损。因此,要按规定每运行 100 h 左右,要及时对水泵轴承加润滑脂进行润滑。

(2)带不宜过紧:风扇带过紧会使水泵轴承、发电机轴承及带受力大而加速磨损,因此要对风扇带的松紧度经常检查调整,一般先用拇指压在风扇与发电机两带轮中间的带上,施以 29.4 ~ 39.2 N 的压力,其压下距离以 10 ~ 15 mm 为宜。

(3)风扇叶尖不可受力:有些叉车风扇不在风圈的圆心内,周边间隙不均。当叉车在不平的路面上行驶时,风扇叶尖与风圈叶尖与风圈边缘就可能出现擦刮。这样就会增大水泵轴承的受力,加速轴承的磨损。因此,当发现风扇叶尖有擦刮现象时要及时修复,保证风扇不与任何物体接触而自如地旋转。

3. 水泵的分解

如果发现水由水泵泄水孔漏出,则表明内密封圈损坏;如水泵轴承有异常响声或非正常转动,则表明水泵轴承损坏,这些情况都需要将水泵分解检修。拆卸水泵时,应先将水泵中的冷却液放净,卸下 V 带,用专用工具压出水泵带轮,再拆下水泵。水泵分解时,用专用工具先拆下水泵轴承,然后再从水泵轴承上拆下水泵叶轮和密封组件。检查水泵叶轮和密封组件有无损伤及磨损;水泵轴有无损伤、异响及非正常运转的情况;水泵连接管 O 形密封圈有无老化或损伤,必要时应予更换。组装时,用专用工具先将轴承压到水泵叶轮上,再将水泵叶轮密封组件压入规定位置上,将水泵轴承压到水泵带轮座上。操作中,要将轴承端面压到与壳平齐;使水泵叶轮平面低于泵壳平面 0.1 ~ 0.3 mm。组装好的水泵,其轴应能灵活转动,且水泵轴承应没有可感觉到的径向间隙。安装水泵时,要注意更换新衬垫,然后装上新带轮和 V 带,最后注满冷却液。

4. 水泵的维修

水泵常见的损伤有壳体裂损、泵轴弯曲或磨损、轴承松旷、水封失效、轮叶片破损或腐蚀以及带轮毂与水泵轴配合松旷、键槽磨损等,这些现象都将影响到水泵的正常工作,叉车维修与养护中,应当予以修复。

风扇运转摇摆的检查方法:用手前后扳动风扇叶片,观察带轮有无松旷摇摆。如有松旷感,先检查风扇紧固螺钉和带轮紧固帽是否松动。若无松动则是轴承松旷,应予以拆卸更换,并加足润滑脂。

就车检查水泵压力:发动机在运行中,手握缸盖连接散热器出水的软管,当油门由怠速加大到高速时,如感到压力增大,说明水泵泵水压力正常;如无特殊感觉,说明水泵泵水不足,应拆下水泵进行检修。

水泵的分解方法:取下开口销,拧下螺母后,用拉器拉下传动齿轮。若没有拉器,也可用铜棒轻轻敲击齿轮,取出半圆键。在水泵喇叭口与泵体上做记号,再拆下水泵喇叭口上的固定螺栓,取下水泵喇叭口和纸垫片。取出弹性挡圈,打出泵轴和叶轮,取下封水圈等部件。注意:打出泵轴时,必须垫以硬木或铜垫,以免打坏泵轴及其螺纹。以泵壳内向传动齿轮方向,用冲子将单列向心球轴承打出。

5. 水泵零件的检修

(1)泵轴与叶轮配合情况的检验。叶轮与泵轴是过盈配合,若叶轮在轴上松动,必须进行修理。简易的修理方法是在轴上焊一层锡,以加大轴的直径,恢复过盈配合,也可采用镀铬工艺修复。

(2)检查泵轴有无弯曲,轴颈磨损是否逾限,轴端螺纹有无损坏。泵轴的弯曲不应超过0.05 mm,否则,应予以更换。

(3)检查叶轮有无严重穴蚀、腐蚀或裂纹、严重穴蚀及腐蚀时,应进行更换。对有轻度穴蚀的叶轮可采用胶补修理。若发现叶轮与水封的接触平面擦痕及磨损不平,应更换新件。

(4)检查泵轴与轴承的配合情况。用手转动轴承,不应有不正常的响声,一般轴承的轴向间隙不超过0.3 mm,径向间隙不超过0.15 mm,否则应更换新轴承。

(5)检查水封的磨损和老化情况。若磨损严重或老化破裂而出现漏水,应更换。

(6)检查叶轮与水泵之间的间隙,一般应在0.30~1.70 mm 范围内。

(7)检查叶轮与水泵喇叭口之间的间隙,一般应在0.2~1.0 mm 范围内,间隙过大或过小,可用垫片进行调整。

(8)检查水泵壳体有无裂纹,前后轴承孔是否磨损逾限。轴承孔与轴承的配合应符合规定,发现松旷应予更换或修理。

6. 水泵的装配要点

水泵检验和修理后,应按其分解的相反顺序进行装配,装配时应注意水泵体与喇叭口的相对位置,以免与管路连接不上。水泵装复后,应进行检验。转动泵轴时,应灵活无卡滞现象。将水泵注满水,堵住进、出水口,转动水泵轴,不应有漏水现象。

6.5.2 散热器

1. 散热器(水箱)的养护

叉车进行养护时,必须清洗发动机的冷却系统。若水垢不多,可用水强力冲洗。此时散热器和发动机水套的冲洗应分开进行。预先将节温器拆下,并将汽缸盖上出水弯头的旁通孔堵塞,用专门的冲洗枪,在供入水的同时,供入压缩空气,则冲洗效果较好。冲洗水流的方向应和发动机工作时水的循环方向相反。如果水垢较多,则应采取化学除垢剂清洗。为减少水垢,在冷却系统中最好的方法是添加软水;在低温下使用,最好添加防冻液。

2. 散热器(水箱)的常规维修

散热器的常见故障是破漏,主要由腐蚀穿孔和机械损伤造成。散热器渗漏检验,可采用密封试验器进行。检查漏水部位时,先拆下散热器盖,并往冷却系统中注入冷却液。安装散热器上下水室和散热器芯、水泵和软管连接处是否有泄漏现象。检查散热器时也可将散热器进出水口堵住,从加水口处注满水,清除外部水滴,再用嘴从加水口处用力吹气,如果散热器有破损,水便会漏出。在破损处做记号便于焊修,或用堵漏剂维修。如查到有泄漏之处,用锡焊进行修补。如破漏在上下水室,可用薄铜皮盖补在破处焊复。如破漏在散热器芯子外侧的水管,可用尖烙铁焊修或薄铜皮包焊。内部水管破漏,常采用氧 - 乙炔气焊的方法修复。

散热器的散热片变形时,应进行修复,使空气流动阻力减小。散热器的裂纹较大时必须拆下,用锡焊修补。如果裂纹很小,可采用堵漏剂进行修补。使用堵漏剂修补的方法如下:拆除节温器后,连接好进出水管。清洗散热器用 2% ~ 3% 的烧碱溶液在热循环状态下,清洗散热器内壁和水循环通道,柴油机运转 5 ~ 8 min 后熄火,随即放出碱水,再加满清水,启动柴油机运转升温,当温度升至 8 ℃ 时,打开放水开关,并用清水冲洗。将堵漏剂 1 份与水 20 份配制的溶液加满冷却系统。启动发动机,当温度升到 80 ~ 85 ℃ 时,可适当提高转速运转15 min,再怠速运转 10 min 后熄火。等散热器完全冷却后,重新启动发动机,使水温升高到 80 ~ 85 ℃ 运转数分钟,而后熄火静置 12 h 即可。值得注意的是,堵漏剂不可随即更换。因为堵漏剂具有防腐作用,对散热性能没有影响,所以在配制时,最好用软水配制,保留时间越长,堵漏效果越好。一般保留 5 天左右,放出堵漏剂,装好节温器,加满符合规定的冷却液。

3. 散热器(水箱)和相关部件的维修要点

(1)拆装时应特别注意水箱芯管磕碰变形破损而漏水。安装位置要符合原厂要求,使之与风扇叶片之间保持一定距离,避免在运行中相碰。

(2)使用中注意检查水箱芯子的正面是否有污物堵塞,必要时清理并清洗干净,以免影响散热性能及避免运行中碰刮芯管。

(3)注意检查和保证带轮和锥套的锥面配合精度。带轮锥孔与锥套的锥度应一致,将锥套用拇指压入锥孔后,要求锥套小端低于锥孔端面 2 ~ 3 mm,而且锥面接触良好。

(4)检查带轮在轴端紧固螺母拧紧是否被真正压紧,必要时予以调整。

(5)泵轴轴端螺母应特别拧紧,紧固力矩更符合技术规范要求。

(6)使用中应经常检查和维护,水箱支脚螺母松动应及时拧紧。风扇叶片裂损变形应及时修复或更换新件。发动机支脚螺钉松动而整机前移时,应予修复。

4. 水箱芯管的维修

若发现水箱芯管渗漏,应拆下检查。先确定渗漏部位,用砂布表面处理干净后,用烙铁锡焊。焊修后一般用压缩空气(117 kPa 压力)进行试压,持续 1 min 不得渗漏,否则重新修理。修补的焊缝均应牢固可靠、美观并去除表面毛刺。允许将通冷却液的芯管掐断,但不得多于 2 根。

6.5.3　节温器

节温器失效后的特征:节温器失效后发动机出现爆燃声,动力有明显下降,水温表指示100 ℃,发动机温度过高,但水箱内部冷却液温度并不高,用手接触散热器时并不感觉烫手;风扇带不打滑,风扇叶转动正常。表面冷却系统大循环不通或受阻,可初步诊断节温器损坏。其主阀门不能开启,副阀门不能关闭所致。拆除节温器后,发动机工作恢复正常,更换新件后故障消失。

节温器的常见故障:阀门开启和全开的温度过高,甚至不能开启,节温器关闭不严,前者将造成冷却水不能有效地进行大循环,致使发动机过热,在寒冷地区,还会因冷却未经大循环而使散热器结冰。后者将造成发动机升温缓慢,造成发动机过冷。此外,随着节温器性能逐渐衰退,主阀门的开度逐渐减小,致使进入大循环的冷却水流量减少,冷却系统将逐渐过热。

节温器失灵时,有两种情况:节温器主阀门长期处于关闭状态,无论水温高低,冷却水的循环路线均是由水泵泵水,经缸体水套、缸盖水套、出水管后,又由水泵泵向缸体,即所谓的小循环,这样必然造成发动机温度过高直至开锅。如果节温器长期处于打开状态,因无节温器的控制,冷却水循环路线则一直是由水泵经缸体和缸盖水套、出水管到散热器,这样,在叉车启动时(尤其在冬季),发动机冷却水温上升慢,使发动机不能在正常的温度下工作,发动机温度过低。

发动机开始工作时,打开水箱加水口盖观察,若冷却水平静则表示节温器工作正常;如果水温升得较快,当表温度针显示80 ℃后,即达到主阀门开启温度,升温速度减慢,也为节温器工作正常;否则工作失效应予更换新件。

当水温在70 ℃以下,而水温表继续上升,达到节温器主阀门开启时,水箱内水温缓慢上升为节温器性能良好;否则,阀门关闭不严,使其过早地进行大循环,则工作失常。当节温器主阀门达到打开时刻,用指触摸水温烫手,再打开放水开关,感觉水温一样烫手为节温器性能良好,否则主阀门打不开而损坏。

节温器的检查是将其吊放在盛水的烧杯中,逐渐提高水的温度,观察节温器开始开启和完全开启的温度。例如,蜡式节温器初开温度为76 ℃左右,完全开启温度为85 ℃左右;主阀门最大升程(全开时)为7 mm。若经检验不符合上述要求时,一般予以更换新件。

6.5.4　叉车的冷却系统

1. 冷却系统的维修与养护注意事项

叉车冷却系统维修、养护时,应对水泵轴承加注润滑脂,但不要过多,以免沾污水封或从水泵前端挤出。出车前应注意加水,检查各部渗漏现象;冷却水经常保持清洁,并在最高水位;使用中注意控制发动机冷却水的正常温度;不可任意摘除节温器。风扇带松紧度应经常检查和调整。经常保持水温表和感应塞的灵敏度及精度,使之随时反映发动机热状态。各连件螺纹紧固可靠;渗漏之处及时拧紧或更换衬垫及其他配件。冷却系统防锈蚀,应注意坚持不缺水,保持其密封性,不得有漏气、窜气现象;加注清洁软水,尽可能使用防锈防冻液。

2. 清除冷却系统的水垢

冷却系统加用软水,虽然水垢的生成可大大减少,但绝不能完全根除,随着使用时间的增长,水道管壁上仍会有水垢。水垢的导热系数很差,仅是铸铁的1/400,当叉车发动机出现过热现象时,多数驾驶人容易忽视因水垢过多而过热。因此,必须定期清除水垢,一般在换季养护时进行。

清除水垢的方法有碱性处理和酸性处理。但盐酸溶液的腐蚀作用很强,使用中常加入一定量的缓蚀剂,以减轻盐酸溶液对金属的腐蚀,并起到清除铁锈的作用。

具体方法如下:采用酸性清洗方法时,先放净冷却系统内的存水,并拆下节温器。加入酸性溶液(常用 5% 的盐酸溶液)后,启动发动机的怠速运转 20 ~ 30 min。放出溶液,并用清水冲洗冷却系统多次,装复节温器。采用碱性清洗方法时,清除铸铁汽缸体和汽缸盖水垢的碱性溶剂配制方法有两种:一种是水(1 L) + 火碱(75 g) + 煤油(15 g)配制的清洗剂;另一种是水(1 L) + 洗衣碱(100 g) + 煤油(50 g)配制的清洗剂。两种溶液的清洗方法相同。将溶液过滤后,加入冷却系统中停留 10 ~ 12 h;启动发动机怠速运转 15 ~ 20 min 放出溶液后,加清水冲洗多次即可。

3. 冷却系统冬季防冰阻

(1) 化冰措施:冬季用水做冷却介质的发动机,有时在启动不久或行车一会儿便出现了反常的"开锅"现象。进行故障检查时,会发现散热器上部高温,而下部及下水管等部位却冰凉,这种现象就是人们常说的"冰阻"。叉车在使用中,一旦确认"开锅"由冰阻所致,应立即停车,让发动机怠速运转,采取以下措施化冰:

① 水化冰:停车点靠近水源,可用自来水直接浇到散热器外表面、下水管上,反复多次直到冰化掉,发动机温度下降为止。一般只要下水管处有水流过,即使微小的流量开始循环,在发动机运转时,一会儿就可将冰阻问题解除。

② 热水化冰:停车可找一瓶热水缓慢地浇在下水管及散热器下部靠近水管的部位。为了节水和较快化冰,可用布包住下水管以增强化冰效果。通常热敷化冰比冷水化冰所用时间要短些。

(2) 冰阻防范措施:为了避免散热器冰阻,驾驶人在进入冬季,尤其是严寒季节应采取如下有效的防范措施。

① 启动发动机再添加冷却水。冷启动困难,若加水后发动机很长时间不能启动,将极易使冷却水结冰。故而,应先启动发动机并预热至 40 ~ 50 ℃时,再熄火加水,最好加入热水,并且应一次加满,加满后立即启动发动机暖机。

② 水温较低时不能起步行车。水温较低时,冷却水只进行小循环,此时起步行车,散热器下部尤其是下水管处受叉车行驶中冷风的影响,可很快结冰而出现冰阻。所以,温度低于 40 ℃时不得起步,怠速运转至正常工作温度时,再进行正常运行。

③ 停车后将冷却水放尽。在进入冬季时,应清除冷却系统内的污垢,以使冷却水排放顺畅。放水时,不仅要将开关完全打开,而且还应拧下散热器盖;水放完后,最好启动发动机运转片刻,以便排尽冷却水。

4. 正确使用发动机的冷却液

发动机冷却液,俗称"防冻液",是叉车发动机正常运转不可缺少的散热介质,直接影响叉车的使用寿命。发动机在工作时,汽缸内部要产生高温高压气体。为保证发动机正常工作,就应对其进行冷却;同时,为防止发动机在严寒季节不发生缸体、散热器和冷却介质防腐蚀、防水垢等。所以,叉车发动机都应使用冷却液。为保证叉车发动机正常和延长其使用寿命,要求其冷却液应具备以下性能:

（1）低温黏度小，流动性好：叉车发动机冷却液的低温黏度越小，说明冷却液流动性越好，其散热效果越好。

（2）冰点低：冰点就是液体冷却时所形成的结晶，在升温时，其结晶消失瞬间的温度，以℃表示。若叉车在低温条件下停放时间较长，而发动机冷却液的冰点达不到应有温度时，则发动机冷却系统就会被冻裂。因此，要求发动机冷却液的冰点要低。

（3）沸点高：沸点就是发动机冷却系统的压力与外界大气压力相平衡的条件下，冷却液开始沸腾的温度，以℃表示。发动机冷却液在较高温度下不沸腾，可保证叉车在满载、高负荷等苛刻工作条件下工作时正常运行；同时，沸点高则蒸发损失也少。

（4）防腐性好：发动机冷却液在工作中要接触多种金属材料，如果它对金属有腐蚀性，就会影响发动机正常工作，甚至造成事故。为使发动机冷却液有良好的防腐性，要保持冷却液呈碱性状态，冷却液 pH 值在 7.5～11.0 之间为好，超出范围将对金属材料产生不利影响。

（5）不产生水垢，不起泡沫。水垢对发动机冷却系统的散热效果影响很大。试验表明，水垢的导热性比铸铁差得多，比铝就差得更多。所以，冷却液在工作中，应不产生水垢。发动机冷却液如果产生汽泡，不仅会降低传热性，加剧气蚀，同时还会造成冷却液溢流而损失。

目前，市场上供应的成品冷却液，有直接使用型和浓缩型。浓缩型的要根据其加水比例配制成适当凝固点的使用浓度，用户可根据使用环境温度和发动机最高工作温度，按产品说明书选用，一般在选购和配制时，其冰点应比环境最低气温低 5℃以下。选用发动机冷却液有如下要点：

（1）根据叉车使用环境温度条件选择其冰点。冰点是防冻液的重要指标，也是能否防冻的重要条件。一般情况下其冰点就选择在当地环境条件冬季最低气温 -10℃左右。

（2）根据叉车不同要求选择防冻液。例如，进口叉车多选用永久性防冻液；国产叉车则采用直接使用型的防冻液，夏季可采用软化水。

（3）尽可能选用具有防锈、防腐及除垢能力的防冻液。

5. 冷却液的检测方法

叉车用发动机常以防冻液作为冷却液。目前，一般都采用乙二醇作为防冻剂。无论乙二醇还是水，对金属都有一定的腐蚀性，在防冻液随着使用时间的延长，乙二醇会逐渐被氧化衰变，防腐剂不断被消耗掉；当防冻液质量下降到一定程度后，冷却系统就会出现腐蚀或达不到防冻要求。因此，为了保证防冻液的质量，使用前和使用中都必须进行质量检测。以下介绍常见的简单易行的检测方法。

（1）直接鉴别。观察防冻液的外观，辨别其气味，进行直观判别。防冻液应透明、无沉淀、无异味；如果发现外观浑浊，气味异常，说明防冻液已严重变质，应立即停止使用。

（2）冰点测试。冰点测试是对防冻液能否在寒冷天气里使用的一种防冻性能测试。可采用冰点测试仪，用比重原理来指示冰点的高低，应用方便。

（3）储备碱度和 pH 值的检测。储备碱度是指存在于冷却液中碱性防冻液的含量。储备碱度高，则说明防腐剂含量充足。反腐添加剂吸附在金属表面，抑制电化学腐蚀及中和氧化过程中生成的对金属有化学腐蚀作用的酸性物质。对储备碱度进行检测，是衡量防冻液防腐性能的重要指标。pH 值是表示溶液酸碱度的指标。金属在酸性溶液中受腐蚀的速度很快。为了防止这种腐蚀的产生，防冻液中加入的添加剂均为碱性物质，以保证防冻液的 pH 值在 7～11 之间；使用中的防冻液在高温下不断氧化，生成酸性物质，消耗部分防腐剂，使 pH 值下降,液体逐渐呈酸性。可采用 pH 值试纸检测法对防冻液的 pH 值进行现场测试,当 pH 值小于 7 时,此防冻液应停止使用。

冷却系统常见故障的部位及其分析如表 6-5 所示。

表 6-5　冷却系统常见故障的部位及分析

部位	原因	现象	处理
百叶窗	叶片生锈(滞)	开闭不灵,通风量降低,发动机温度过高	更换新件
散热器	裂损漏水、水垢堵塞	冷却效能降低,发动机经常"开锅"	清水冲洗或焊修,必要时更换新件
散热器盖进、排气阀	工作失效	冷却液泄漏和溅出,冷却水蒸发过多	更换新件
风扇叶	断损,装反;带打滑	空气流量少,水循环过慢	按规范安装,调整带松紧度,必要时换件
水泵	水封老化,密封圈磨损,轴松旷	漏水,冷却液不足,发动机过热,轴承异响	修复或更换
节温器	阀门发卡、工作失效	水循环减慢中断,发动机温度高	更换新件
水温表及感应塞	工作失效	水温指示不准或不指示	更换新件
水套	锈蚀及水垢多	导热不良,散热器经常开锅	清洗冷却系,使用防锈防冻液
分水管	锈蚀或损坏	漏水,堵塞	更换新件
防水开关	损坏	漏水,使冷却水减少	更换新件

6.6　叉车发动机总成常见故障的检修

叉车发动机必须保持良好的动力性能,运转平稳,不得有异响,怠速稳定,机油压力正常。发动机功率不得低于原额定功率的 75%。发动机点火系统、供油系统、润滑系统、冷却系统的机件应齐全、性能良好,各线路、管路应卡牢,附件正常工作,并无漏油、漏水、漏气现象,保持外表清洁。水温应保持正常(80~85℃)。不同的行驶速度下机油压力保持在规定的范围之内。在正常水温下,怠速能均匀地运转,用启动机能迅速地启动发动机。正常工作后不得有异常声响。启动后,高、中、低速时应运转均匀,无断火或过热现象。化油器及消声器无回火、爆炸声,排气不冒蓝烟或黑烟。机油量保持在油尺刻线 1/2~1 之间。柴油机停机装置必须灵活、有效。

6.6.1　汽油叉车发动机总成常见故障的检修实例

判断故障形成的原因是一项很细致的工作,在未弄清故障之前,对叉车不得乱拆乱卸。如果故障严重,产生故障的原因不能得到明确答案时,在允许情况下才可拆检以助判断。通过实践积累,可以对经常发生的故障的主要原因,用因果分析图形式列出。经过不断的补充修改,逐渐形成故障分析的标准文件,启发思路,指导维修工作。汽油机叉车在运行中常见的多是燃油和电路故障。为了排除故障,必须首先检查发生故障的原因,并把检查中了解到的种种现象联系起来思考,加以分析比较,去伪存真,才能做出正确的判断。

1. 叉车发动机总成常见故障的分析和排除方法

叉车发动机运转中经常发生的故障是发动机熄火,有的熄火后启动十分困难。此故障最常见的原因,多是发动机的油路和电路发生了故障。实践中得知:若是发动机突然熄火,大都是电路发生了故障。叉车在运行中突然熄火,尤其在不平路面因振动而熄火,而且拉阻风门拉钮不起作用,这种情况下应该按电喇叭。如果喇叭不响或声音微弱,为蓄电池极桩因振动而松脱;若喇叭声音洪亮,则应检查电路中的高压导线是否因振动而松脱。

2. 汽油机燃油油路的故障

汽油叉车发动机在运行中燃油油路发生故障,将造成不供油或发动机不能获得合适的混合气,引起发动机无力和燃耗量增加,严重时会引起发动机熄火。

(1) 不供油或供油不畅。

① 现象:叉车发动机发动不着;用汽油泵泵油,油充满化油器浮子室后,发动机能运转但短时间就自动熄火;向化油器内注汽油能着火,但不能维持;发动机在运转中逐渐熄火。

② 原因:邮箱内无油或邮箱开关没打开;油管堵塞、破裂及接头松动漏气;滤清器或化油器进油滤网过脏而堵塞;汽油泵失效;化油器主油道堵塞或进油针阀卡死不开等。油路常见故障发生的部位如图 6-21 所示(图中"A～O"指示处)。

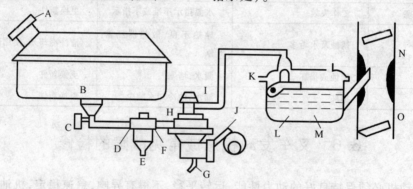

图 6-21　发动机油路常见故障

③ 诊断与排除:首先检查油箱存油量和邮箱开关是否已打开。接着卸下化油器进油管接头,用起动机转动曲轴,观察出油情况。若供油,说明故障在化油器。

此时,应检查化油器进油滤网、三角针阀、主油道是否畅通;如不供油或供油不畅,说明故障在汽油泵至油箱之间。然后用手泵动汽油泵观察出油情况,若供油正常,说明该故障是油泵的摇臂过度磨损或调整不当所致;若仍供油不畅或不供油,应卸下油泵进油管,将其放低吸油,看出油情况。若畅流说明故障在汽油泵,应分解汽油泵检查,看膜片是否破裂,弹簧是否拆断或过软,阀门是否密封等。最后检查油管是否脱焊、漏气或堵塞;检查汽油滤清器是否漏气或堵塞;检查各油管和接头是否漏气或堵塞。通常采用清洗、疏通、维修、调整来排除故障,必要时更换新件。

(2) 混合气过稀。

① 现象:叉车行驶中动力不足,加速困难,关阻风有好转;加速时,化油器回火;怠速不

稳,容易熄火;发动机不易发动;发动机过热等。

② 原因:主量孔流量过小,配剂针旋入过多或量孔阻塞;浮子室油面过低;汽油泵供油不足,油路供油不畅;进气系统漏气等。

③ 诊断与排除:先将化油器阻风拉出。若情况好转,说明混合气过稀;旋出主油针少许,若情况有所好转,说明主量孔供油不足;旋主油针无效时,应检查主量孔是否堵塞;油平面是否过低,必要时加以调整;检查进气系统是否密封不严而漏气;若属油路供油不畅,应按"油路供油不畅"故障进行诊断与排除。

(3) 混合气过浓。

① 现象:发动机不易发动;发动后排气管排出大量黑烟并伴有"突、突"响声,有时放炮;急速运转不稳;节气门轴及化油器衬垫处会向外流油,发动机动力不足,运转不稳,油耗增加;火花塞电极和燃烧室积炭增加、发黑,卸下火花塞会发现有潮湿汽油。

② 原因:空气滤清器过脏,阻风门处于关小状态,增加了进气阻力,提高了化油器小喉管处的真空度;主量孔流量偏大;主量孔连接螺纹漏油;针阀卡滞,省油器漏油等。

③ 诊断与排除:首先检查阻风门是否完全打开;检查空气滤芯是否过脏;再调小主量孔,看中、高速情况是否好转。然后检查浮子室油平面高度,过高时浮子室衬垫处向外溢油,用起手把轻轻敲击化油器盖,若溢油现象消除,为赃物卡住针阀,应清洗并检修其密封性。若主量孔油针拧死,仍有中、高速,应检查省油器是否漏油、主量孔连接螺纹是否松动和损坏等,并应按技术规范予以修复。

3. 查找油耗超额的故障

在叉车运行中常会遇到油耗超额的现象,应当从以下方面来查找原因。

(1) 点火系统:

① 点火正时发生变化。点火正时是影响发动机燃烧工作过程的重要因素,点火正时失准后没有及时、正确地调整,会使燃烧过程恶化,可燃混合气燃烧不良,燃烧后压力不能全部发挥;点火过早会使发动机产生突爆;过迟会减少燃烧时间;发动机显得无力。

② 分电器磨损(如分电器盖、分火头及提前点火装置损坏),发动机便不能正常工作,可燃混合气不能完全燃烧,油耗上升。

③ 白金触电接触不当(或烧蚀)。此间隙过大,触电闭合时间短,分开时间长,初级电流达不到最高值,次级电压降低而减弱火花强度;间隙过小,初级电流断电不良,点火推迟。

④ 电容器损坏,从而降低火花强度,既不能适时吸收和放出能量,又不能增强高压火花。

⑤ 高压线圈过热,功能减弱,造成点火能量减弱,混合气燃烧不完全,热能未充分利用燃料白白地浪费掉。

⑥ 火花塞间隙不当或有油污,工作不良。此间隙过大,不能形成火花,发动机不能正常工作;间隙过小,火花强度不够,可燃混合气燃烧不完全,油耗上升。

(2) 燃料系统:

① 化油器油面过高,阻风门卡滞,导致可燃混合气过浓,燃烧不完全并随废气排出,无功损耗。另外,油面过高后会溢出化油器;油面过低时早高速全负荷时汽油急速喷散,浮子内燃油来不及迅速补充,结果混合气过稀,功率下降。

② 油箱、油管等(油路)裂损松脱而漏油。

③ 化油器通气管路、量孔及空气滤清器堵塞;充气量不足,混合气比例失调(混合气过

浓),发动机便不能正常工作,油耗增加。

(3)发动机本身故障

① 缸盖翘曲变形,缸垫烧蚀而密封不良,漏气渗油,压力下降。

② 配气相位不准,活塞工作行程与气门不协调,充气效率下降。

③ 气门间隙调整不当,进排气门不能按规定的时间开关,造成进气不足,废气排不尽。

④ 气门密封不良,发动机压缩行程漏气、漏油,必要的压缩压力建立不起来。

⑤ 活塞环磨损过限,气缸失去密封性,压缩时部分油气渗入曲轴箱,缸内压力建不起来。

⑥ 发动机散热不良,燃烧室内机件过热会引起混合气早燃或发生突爆;混合气受热膨胀则充气系数降低,气体密度减小而气缸压力下降,则发动机动力降低使油耗上升。

(4)叉车底盘:

① 制动拖滞,发动机部分功率白白地消耗在克服制动阻力上,因此燃料消耗过大。

② 离合器打滑,发动机动力不能完全输至车轮,部分功率就变成摩擦热消耗在离合器中。

③ 轮胎充气不足,车辆行驶阻力增大。发动机发出的功除了克服汽车行驶时正常的阻力之外,还要额外消耗克服轮胎阻力所消耗的功。

6.6.2　柴油叉车发动机总成常见的故障检修实例

1. 叉车柴油机的维修要点

柴油叉车与汽油叉车相比,有燃料经济性好、耐久性强、功率范围大,排放污染少、工作可靠等优点,但在维修和与养护中它与汽油叉车还有一定的差异和特点,必须加以注意。

(1)曲轴轴瓦、连杆轴瓦与其轴颈的配合间隙跟汽油机相比要大一些(曲轴轴瓦一般为0.05~0.15 mm),这样方能形成较厚的膜,承受较重的机械冲击载荷,并将轴与瓦摩擦生成的热量带走。如果配合间隙过小,很容易引起抱瓦烧轴的机械事故。

(2)活塞配缸比汽油机要大,(一般在0.10~0.20 mm,而汽油机在0.05 mm左右),以形成较厚的油膜,而得到较充分的润滑,并能将其热量通过缸壁及时散去,否则容易出现活塞抱缸,拉缸的机械故障。

(3)因柴油机为压燃式,即在压缩形成接近终了时,被压缩的空气具有相当高的压力和温度,此时高压喷入的燃油与之混合,便自行发火点燃,所以柴油机汽缸密闭程度要求高,若气门密封不严,压缩比发生变化会引起启动困难,功率降低等故障。维修中尤其要经缸垫装好,气门与阀门密封、配合良好。

(4)使用中,要求燃油过滤严密、高度清洁,避免杂质随燃油经密封偶件进入气缸,这些杂质进入燃油系统会增加偶件的磨损,甚至发生堵塞和卡滞。使用前,燃油必须沉淀48 h。检修中,应对燃油系统彻底清洗,必要时更换,以保证燃油高度清洁。

(5)燃油系统须保持高度的密封性;各密封件保持完整无缺,管路畅通,发现磨损件应及时更换,以免燃油管路中漏油渗气。

(6)供油提前角调整,要求严格准确。调整程序比较复杂,它关系到启动性能及排气管排烟程度;尤其影响发动机功率。否则,会出现启动困难、排气管冒黑烟、功率下降等现象。

(7)燃油系统中进入空气必须排除干净,燃油箱养护时,拆卸低压油管,清洗燃油滤清器,调校喷油泵,排放燃油滤清器污物。燃油系统中进入的空气,可用喷油泵上的输油泵进行输油,即可将低压油泵中的空气排尽。运转时燃油系统中进入了空气,会迫使柴油机自行熄火。此时排除就比较困难。排空气时一定要仔细检查,不能乱拆乱换。根据具体情况进行分析然后操作,以便准确迅速地排除燃油系统中的空气。

（8）喷油泵、喷油器在维修中应在专用设备（试验台）上进行校正,不允许随意调整喷油压力,更不允许乱拧喷油泵上的螺钉,以免造成发动机飞车、排黑烟、耗油量大、功率不足、启动困难等故障。

（9）柴油机压缩比及汽缸压力都比较大,因此,运转震动也大,必须在车架上固定支点。前后固定支架点减振胶垫要完整无缺,必要时换新补齐。以保证柴油机可靠而稳定的工作。

（10）维修后要注意预防飞车。柴油机突然超出最大限定转速,而且放松加速踏板后转速不仅不降低,反而继续增高并伴有较大的响声,排气管冒浓烟谓之飞车。凡是喷油泵校正,尤其调速器内部零件更换,各件配合程度、尺寸变化、调整位置不合理,都有可能是供油拉杆卡滞,调速飞锤张不开,调速杠杆作用不佳等,装复后在试车中都有可能出现飞车。必要时采取紧急措施熄火,防止事故发生。

2. 柴油机叉车燃料系统故障原因分析

对柴油机叉车的故障进行诊断分析时虽有许多方面可借鉴于汽油机叉车,但还需特别注意柴油机的工作特点,以利于迅速排出故障。

柴油机属压燃式发动机,要保证它能正常运转,就必须使之具备充分的压燃条件,否则柴油机就难以发动。压燃条件包括好多方面,如压缩压力、压缩温度、喷油量、喷油压力、喷油正时等,若不能满足一定的要求,均会导致发动机运转不良,甚至难于发动。此外,低温启动困难是柴油机特有的特点,这就要求柴油机低温启动的附属设备必须十分完好,否则柴油机将无法启动。

柴油机的可燃混合气是在汽缸内形成的,形成时间短,混合气的质量难以保证,因此对柴油机本身的性能、气缸压力、喷油泵、喷油嘴等要求都很严。否则,柴油机将会出现工作无力、大量排烟、工作剧振等故障。

柴油机的负荷调节取决于每个工作循环的供油量。要保证柴油机在各种负荷下的供油,必须使调速器的工作性能良好。否则,将会出现柴油机的工作不稳,甚至导致"飞车"等故障。

柴油机的燃料系统中,如喷油泵、出油阀、喷油嘴等都很精密,这就要求柴油机的燃料,即柴油具有良好的质量。例如,柴油的纯净度、流动性、润滑性等不符合规范都会引起燃料系统中的断油故障。

3. 柴油发动机异响噪声

如果柴油发动机某一部位出了故障或机件松旷,配合间隙失调,燃烧不正常等,它在工作中最初的故障是异响噪声。大体上来源于3个方面:燃烧噪声、供油系噪声和发动机机械噪声,每一种噪声中都可能包含异响。由于其故障因机型及其他因素的差异,异响噪声往往难以用语言文字和音调来准确描述,只能在对其正常运转响声熟悉的基础之上判断各种异响噪声。

柴油机常见异响噪声的规律如下:

（1）燃烧粗暴:燃烧品质不良,十六烷值太低;喷油雾化情况恶化,较多燃料在开始发火的瞬间投入燃烧,使气缸内压力增加过快;喷油阀针卡死在常开位置上,使之喷油过早、雾化过差,由此易造成强烈的燃油噪声。

（2）着火敲击声：多属喷油提前角不对、提前器不灵、供油量过大，发动机启动运转过程中，伴随着排气管的大量排烟而产生敲击异响。油门加得越急，响声越大；转速升高后，响声减弱迅速收回油门，使发动机做短时间惯性运转，异响消失，但降至怠速时异响又恢复。

（3）供油系统故障引起的异响。喷油提前角过小，出油阀弹簧断损，喷油器针阀不密封等，均会引起排气管"放炮"；缺缸、柴油中含有水或有空气，发动机工作声音不连续。喷油器针阀卡死在关闭的位置时，喷油泵一定有异响；柱塞卡死在上端位置时，齿条啮合噪声；飞车时，喷油泵调速杆失调，致使柴油机失控吼叫。

（4）机件异响：发动机在运动中，响声逐渐产生且越来越大或者在运转中突然产生异响。这种响声一般是随转速的升高而增大，即使在加速后猛收节气门，发动机靠惯性运转时，响声依然存在。其原因有：活塞配缸间隙过大引起的敲缸；正时齿轮磨损超限后引起的撞击声；轴瓦烧蚀、轴颈磨损配合松旷后的轴瓦响；还有机油泵齿轮磨损后的传动齿轮噪声以及活塞销配合松旷异响等。

柴油机振动异响主要是由于本身的支承不牢所致。发动机每一个工作循环出现一次异响，多与凸轮轴相关联的零部件有关（如气门、正时齿轮）。发动机每转一圈异响出现一次与曲轴连杆机构的机件有关。如果有规律地连续发动异响，大都来自发动机附件故障。

4. 柴油机的油、气渗漏

柴油机燃油系统的低压油路由油箱、输油泵柴油滤清器、喷油泵及其连接管路等所组成。其中，油箱至输油泵段油路的低压低于大气压力，也称负压油路，该油路所包括的零部件多，管接头也不少，使用中极易出现漏油、渗气现象。除此之外，柴油漏入油底壳，这不仅浪费燃油，而且也影响发动机的正常运转，因此必须及时检修。

（1）柴油漏入油底壳。使用中经常会发现油底中经常会混入柴油，引起机油增多现象。这种内漏现象是柴油机的一种常见现象之一。作为动力来源的柴油不仅不能在燃烧室内充分燃烧做功，而且是通过缸壁等各种渠道流入油底。显然内漏柴油不仅减弱了发动机的动力性能，而且严重影响和破坏了机油黏度、压力和正常润滑，加剧了发动机总部件的磨损。

（2）低压油路漏油。在低压油路中，仅有从输油泵至喷油泵段油路有可能漏油，而从油箱至输油泵段油路压力低于大气压力，因此有可能漏气，但不会漏油。

（3）柴油机内漏柴油至油底的主要原因是在其工作中柴油燃烧不良，通过活塞与缸壁之间的间隙流入油底。而柴油燃烧不好，一是柴油喷射压力不足，喷雾状况不良；二是汽缸气密封不良，压缩行程气体压力太低，不能使柴油和空气的混合物达到压燃着火点的程度所致。

低压油路外漏的主要原因：多为输油泵顶杆严重磨损，油管破损，接头紧固不良，喷油泵柱塞套定位螺钉密封不良，出油阀紧座上的低压阻油胶圈老化，以及柱塞与泵体的接面不平整等。漏油多是从低压油路的油管或零部件的内部向外渗，因此通过观察油迹，即可确定渗漏部位。

柴油机柴油渗漏的检查：检查喷油嘴安装垫圈是否密封，校对或更换高压泵和喷油嘴，更换汽缸垫，检查调整供油正时；检查气门和气门密封情况；调整气门间隙；检查喷油嘴喷雾情况，必要时调整高压油泵及喷油嘴；检查活塞配缸间隙，必要时更换活塞、活塞环或缸套；检查低压油路各部件或油管，发现外渗，查明原因后予以修复。

低压油路进入空气的现象：柴油机的燃油是靠输油泵将油料从油箱吸出，输送到喷油泵的，如果油路渗气，输油泵是无法输送燃油的。空气是有弹性和可压缩的，当柴油机供油系统油路中存在空气时,气泡被压缩,使油压不能升高到规定的喷油压力。当柱塞在吸油行程时,气泡又膨胀恢复原体积,使油路内不能产生进油的吸力,故有空气就像阻塞一样供油不足,甚至中断。行驶中发动机逐渐熄火;熄火后从新发动,不着;打开高压油泵放气螺钉,用手油泵泵油,排除油路中的空气,然后启动发动机可以着火,但在片刻后又出现熄火现象,可判定油路中进入空气。

低压油路漏气的诊断:柴油机工作时,油箱至输油泵段油路的压力低于大气压力,因此只要有微小的渗气点就会将外部空气吸入,从而引起发动机工作不稳,甚至熄火。确认此段油路是否渗气的方法,是当发动机熄火后,松开喷油泵放气螺钉,用手油泵泵油,若发现放气螺钉处开始排除大量气泡,并且反复用手油泵泵油后,仍无法使油流完全不含气泡时,就可确定该段油路存在渗气点。除了由于油箱内油位低到接近吸油口而使空气进入油管外,此段油路的渗气点多出在输油泵入油口油管接头处,一般为铜垫圈损坏或安装不妥,油管裂损等极易在此处渗气。

柴油机工作时,从输油泵至喷油泵段油路压力高于大气压力,即使油路有渗点,也只是漏油,不能渗气,因此不会影响发动机的正常运转。但发动机熄火后,由于油从漏点渗出后,使高于大气压力的油压不能维持,甚至引起空气倒灌,造成再次启动困难,为确认该段是否渗气,可用一油管从输油泵跳过柴油滤清器直接接至喷油泵,然后在排气后启动发动机进行观察,若故障消失,即可确定该段油路存在渗点,如果故障仍存在,则可能是喷油泵柱塞套筒定位螺钉,放气螺钉等处渗油所致。

低压油路渗气故障的排除,遇到低压油路漏气时,首先检查柴油滤清器、喷油泵等处放气螺钉是否拧紧;再检查油路各个管路接头,特别是软管部分容易出现渗气现象,应仔细查看,查明原因,必要时予以排除。打开放气螺钉,用手油泵排除油路中的空气;紧固各管接头,清除密封不严之处。在更换滤芯或清洗油水分离器时,低压油路也会进入大量空气,因此必须进行排气作业;当输油泵泵出来全是没有气泡的柴油时,可以拧紧放气螺栓。然后启动发动机,检查各部位还有无漏气之处,必要时予以修复,直至无渗漏现象为止。

5. 柴油机启动困难故障的检修

常见柴油机使用中,其启动困难的问题要比汽油机突出,尤其在寒冷的低温下,发动机本身温度低,启动吸入的空气温度低,柴油机的润滑黏度大,加之柴油的低温流动性差,如果汽缸磨损,压力不足,又未采取预热措施,将很难雾化引燃。在此情况下,启动是相当困难的。因此,它是柴油机燃料系统故障的重点之一。

柴油机顺利启动的条件:压缩冲程终了时的空气对柴油机的启动至关重要。柴油机顺利启动,关键在于入汽缸的柴油能否被压缩的空气迅速组成可燃混合气和及时着火燃烧。不论是混合形成还是着火燃烧,都要求进入汽缸内的空气被压缩后有较高的温度和压力。从混合气形成来说,空气压力越高,密度越大,柴油喷射时遇到的阻力越大,柴油喷雾质量越高,与空气混合越好;同时因空气温度高,柴油较容易蒸发而与空气迅速形成良好的可燃混合气,从可燃混合气着火来说,柴油在常压下自然温度为 35 ℃左右。随着可燃混合气压力增高,着火温度更低,因此使进入汽缸的空气被压缩后具有较高的温度和压力,是保证柴油机顺利启动的主要因素。为满足以上要求,必须具备的条件是:要有足够的启动转速,转速高,气体渗漏小,压缩空气向缸内传热时间短,热量损失小,容易造成较高温度和压力;汽缸密封性要好,可减少气体渗漏,增加压缩终了时的压力和温度;喷油提前角要符合要求,喷油质量好,否则形不成可燃混合气。尤其低温启动,进气温度低,启动转速在低温条件下明显下降,而且柴油黏度增加,表面增大,雾化不良,由此而引起柴油机启动困难。因供油系统本身故障引起启动困难的常见原因如下:

(1) 喷油嘴发卡或堵塞。喷油泵柱塞卡滞,出油阀密封不严,供油调节拉杆功能不良,输油泵工作失效,有关部件损坏等均会导致喷油泵不能产生高压油雾。

(2) 喷油定时不准。其原因有推杆滚轮及凸轮磨损,喷油泵驱动连接部件损坏及调校不当等。

(3) 喷油压力过低及喷油雾化不良。多属喷油嘴针阀卡滞,喷油嘴调节弹簧断损等。

(4) 油面过低,油路不畅。多为燃油箱中无燃油,油管裂损进气(产生气阻);连接件松脱;燃油中进水(结冰堵塞);燃油滤清器及溢流阀堵塞、滤网堵塞等。

(5) 使用润燃油料牌号不对。

柴油机启动的其他原因:启动转速过低,蓄电池容量不足,导线松脱,接触不良,启动无力;机油黏度过大,致使阻力增加。着火温度过低(排气管冒白烟);未将热水加入水箱,预热缸体和缸盖;汽缸压力不足;汽缸衬套烧蚀;缸盖螺钉松动,汽缸漏气;气门及气门座烧蚀等。电启动系统工作不正常,如起动机单向器损坏等。

启动困难故障维修要点:检查油箱柴油存量及其质量(是否干净清洁);油路有无堵塞之处,必要时清洗养护。检查和拧紧供油系统油路每个接头,必要时排除燃油中的空气。养护滤清器,按规定清洗擦干或更换滤芯。清洗喷油泵和喷油嘴偶件,装复后压力调试,合格后装车。按当地不同季节选用优质润燃油品。

柴油机低温启动措施如下:

(1) 做好入冬前的换季养护、全面清洗柴油供应系统,根据不同气温换用适合该地区特点的低温轻柴油;清洗润滑系统换用低温用的柴油机油,并加注防冻防锈液;提高蓄电池电解液密度,注意蓄电池保温。

(2) 启动前水箱加注 80 ℃左右的热水(指未加防冻液的叉车),用热水浇喷油泵及高压油管。

(3) 冷却系统未加防冻液的叉车,尤其低温要边放水,边加热水,直至机件温度合适为止。

(4) 每天用车后,必须给发动机、柴油预滤器放水。

(5) 当气温低到 0 ℃以下时,可把预热开关旋到预热挡,预热 20 ~ 30 s 后再启动。

(6) 采用预热装置,对于预热室和涡流室柴油机,常在燃烧室中装置电热塞,利用蓄电池供给电能,使电阻丝加热,引燃柴油喷雾,有些柴油叉车还装置了缸体加热器和油底壳加热器,在预热进气中,用装在进气管中的电热装置加热进气是最理想的办法,可有效提高冷启动性能。

6. 柴油机排烟过多

柴油机在有负荷的情况下,运转不均,喷油时间过早,空气滤清器堵塞,活塞环磨损过度或各开口间隙对口,调速器失常,最大油量限止螺钉调整不当等。白烟一般是喷油时间过迟,喷油泵各分泵喷油不一致,喷雾不良,喷油器滴油,燃料系统中有水或进空气等。

诊断与排除时,用单缸断油法检查各缸喷油量。若检查缸不再冒黑烟且柴油机运转变化很小,为此缸喷油量过大,应检修该缸喷油嘴或喷油泵。若各缸喷油量都大,应检查调速器调节齿杆的刻线位置是否正确,飞重块是否卡滞。当上述检查无异常发生时,应检查喷油时间是否失准,必要时按规范给予调校。

　　排白烟多是由于喷雾不良,使燃油得不到燃烧而呈白烟排除。仍可用逐缸断油法来检查,找出故障的喷油器,调整其喷油压力。排气冒白烟而且发动机无力,容易过热,则说明喷油过迟,应调校喷油准时。

思　考　题

　　1. 缸体裂纹的常用修理方法有哪些?

　　2. 缸套发生故障的原因有哪些? 会产生怎样的危害? 有哪些常用的检修处理方法?

　　3. 配气机构中气门推杆发生故障的原因有哪些? 会产生怎样的危害? 有哪些常用的检修处理方法?

　　4. 化油器在养护时,有哪些养护要点?

　　5. 常见的汽油泵工作性能的检验方法有哪些?

　　6. 润滑系统维修与养护注意事项有哪些?

　　7. 预防润滑油渗漏的措施有哪些?

　　8. 水泵轴承松旷的原因是什么? 有哪些预防措施?

第7章 电梯的维护保养与故障维修

电梯起源于古代农业和建筑业中的原始起重升降机械。在我国商代以前(约公元前2800年前),就有人用简单的工具提升水和石块到高处的作业。以后,我国又出现了用辘轳汲水及提升重物,它使用竹木削、绑成支架、滚筒、摇把,滚筒上卷以藤绳,组成简单的人力卷扬机。约公元前236年,古希腊科学家阿基米德设计制造了人力驱动的卷筒式提升机。以上结构都以人力或畜力驱动。自1765年英国人瓦特发明了蒸汽机以后,1835年英国才出现用蒸汽拖动的升降机,1845年英国人汤姆逊制成了水压升降机械,这就是现代液压升降机——液压电梯的雏形。

1852年,德国人制造的最早用电动机拖动提升绳索,使轿厢上、下运行的电梯问世。但它无导轨、无安全装置,仅供运送货物。1857年,美国人奥的斯研制的升降机安全装置试验成功,世界上第一台载人电梯问世。1889年,美国奥的斯公司在纽约制成第一台由电力拖动,用蜗轮、蜗杆传动的电梯,速度为 0.5m/s。1903年,奥的斯公司又将卷筒式驱动的电梯改进为曳引电梯,同时将采用直流变压调速的电梯发展成无齿高速电梯。

1915年,交流感应电动机问世之后,使曳引电梯传动机构简化,同时,电梯的平层控制装置设计成功。1924年,信号控制系统用于电梯,使电梯操纵机构简化。1937年,电梯开始采用区分客流最高峰期的自动控制系统,实现简易的自动化控制。1949年,电梯上已广泛使用电子技术,并设计制造了群控电梯,提高了电梯的自动化程度。1955年,电梯控制系统采用真空管小型计算机。1967年,电梯上应用晶闸管,简化了驱动系统,从而提高了电梯的性能。1970年,电梯使用集成电路控制技术。1976年,微机开始应用于电梯,之后 VVVF 控制电梯问世。

1990年,电梯由并行信号传输向串行为主的信号传输方式过渡,使外呼、内选与主机的联系只用一对双绞线就可以实现,既提高了电梯整体系统的可靠性,又为实现智能化和远程局域网监控提供了条件。1996年,交流永磁同步电动机拖动的 VVVF 控制电梯问世。它不仅提高了电梯拖动系统的启动力矩,还比同等 VVVF 控制的异步交流电梯省电 40% 以上,因为它不用减速齿轮箱,向环保、节能、无故障又迈进了一步。

7.1 电梯的工作原理及组成

7.1.1 电梯的工作原理

电梯是电力拖动的机械与电气结构的组合,它可以分为用卷筒与钢丝绳或链轮与链条驱动的强制驱动电梯和用曳引轮与曳引钢丝绳驱动的摩擦曳引驱动电梯两大类。由于前者很少使用,故本章只介绍曳引驱动电梯。

图 7-1 所示为曳引驱动电梯的结构简图。曳引钢丝绳的一端悬挂着轿厢;另一端则悬挂着对重装置,依靠曳引轮的绳槽与曳引绳之间的摩擦力来传动曳引绳,再由曳引绳带动轿厢上、下运行,按工作指令去完成任务。

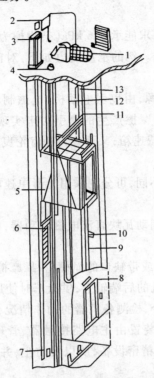

图 7-1 曳引驱动电梯结构简图

1—曳引机;2—总电源开关;3—控制屏(柜);4—限速器;5—轿厢;6—对重;

7—缓冲器;8—厅门;9—导轨;10—导轨架;11—导靴;12—曳引钢丝绳;13—极限开关碰轮

7.1.2 电梯的组成部件

电梯是一种复杂的机电产品,一般由机房、轿厢、厅门及井道和井底设备等 4 个基本部分组成。

1. 机房

机房位于电梯井道的最上方,用于装设曳引机、控制器、限制器、选层器、地震监测器、配线板总电源开关及通风设备等。

对于机房的设置有以下 3 种方式:机房下置式、机房上置式和机房侧置式。

当机房设在井道底部时,称为下置曳引方式。由于此种方式结构较为复杂,钢丝绳弯折次数较多,缩短了钢丝绳的使用期限,增加了井道承重,且保养困难,所以一般不采用,只有机房不可能设在井道顶部时才采用。相反,机房上置式曳引方式因设备简单,钢丝绳弯折次数少,成本低,维护简单,最为普遍采用。如果机房既不可能设置在底部,也不可能设置在顶部,可考虑选用液压式电梯。

机房结构必须坚固、防震和隔音,有足够的面积、高度、承重能力和良好的通风条件,而且市内经常保持有适度的照明亮度,保持干燥清洁等。通常有如下规定:

（1）面积一般至少为井道截面积的 2 倍以上，对交流电梯，一般为 2 ~ 2.5 倍；对直流电梯，一般为 3 ~ 3.5 倍。

（2）高度指机房地面至顶板的垂直距离。对客梯、病房梯，一般在 2.2 ~ 2.8 m 以上；对货梯，一般在 2.2 ~ 2.4 m 以上。

（3）承重能力：机房的地板要求能承受 6 kPa（杂物梯为 4 kPa）的均布载荷。在曳引机安装位置的上方，应设吊钩用于维修。钩的承重能力如下：对额定载重量 500 ~ 300 kg 的电梯，应大于 2 000 kg。

① 曳引机：电梯升降的动力源，由曳引电动机、电磁制动器、减速器、曳引轮和盘车手轮等组成，通过曳引绳与曳引绳轮的摩擦产生的牵引力来实现轿厢和平衡对重升降驱动装置。按曳引电动机与曳引轮之间有无减速箱，又可分为有齿轮曳引机和无齿轮曳引机。有齿轮曳引机采用蜗轮、蜗杆减速传动。

● 曳引电动机：根据梯型的不同，可分别采用笼形单速电动机，笼形双速电动机，笼形三速电动机或直流电动机。

● 电磁制动器：采用闭式双制动瓦块直流电磁制动器，电动机旋转时送闸，停止时制动，以保持轿厢位置不变。

● 曳引轮：具有 V 形、半圆形或带缺口的绳槽轮，靠摩擦力曳引起重。

● 盘车手轮：装在曳引电动机的后端轴上，供盘车时使用。

② 控制柜：该装置能发出指令，检测各机器的动作情况，并具有控制功能，从而使电梯能安全、稳妥，快速到达目的层。该装置由主电路接触器、管理继电器、控制继电器、时限继电器、半导体器件等装配而成。因是精密设备，所以要防尘，并保持良好的通风，以维持规定点温度。

③ 限速器：电梯限速保护装置，是重要的安全设备。当电梯超过额定速度或失控（为额定速度的 115%），限速器能发出电信号，自动切断控制电路。如果轿厢仍然继续高速下行，此时限速器则以机械方式操纵安全钳动作，将轿厢夹持在导轨上，阻止其继续下降避免产生不良后果。

电梯上的限速器大多属于离心式限速器，由轮盘、开关缆绳和夹钳装置构成，以旋转所产生的离心力反映电梯运行的实际速度，常见的有甩块式和甩球式两种。轴承、销部的磨损是误动作的主要原因，会降低安全装置的机能，故要经常检查。

2. 轿厢与对重

（1）轿厢：用来安全运送乘客及物品到目的层的箱体装置，它的运行轨迹是在曳引钢丝绳的牵引下沿轨道上下运行。

（2）对重：又称平衡重，起到平衡轿厢的作用（但这种平衡是相对的和变化的）。对重与轿厢通过曳引钢丝绳连接，利用曳引钢丝绳与曳引轮槽之间的摩擦力驱动轿厢的上升和下降。

3. 厅门（层门）

厅门是为确保在候梯厅的乘客安全设置的开闭装置，只有在轿厢停层和平层时才被打开。

4. 井道与井底设备

（1）曳引钢丝绳：连接轿厢与对重，驱动轿厢上下运行。

（2）导轨：使轿厢和平衡对重在井道内垂直升降的导向装置。

（3）限速钢丝绳、张紧装置：用以防止限速钢丝绳的松弛或摇动，把轿厢速度正确地传送到限速器的辅助装置。

（4）补偿链：由于轿厢升降，轿厢侧与对重侧的曳引钢丝绳重量比随之变化。为了修正这个变化，减轻曳引电动机负载，将轿厢与对重用补偿链连接起来，一般用于提升高度超过 30 m 的电梯。

（5）终端保护装置：由终端电气保护装置和机械缓冲装置两部分组成。终端电气保护装置由换速开关、限位开关和极限开关组成；机械缓冲装置是指位于底坑的各种缓冲器，它们是电梯安全保护的最后一道措施，设置在底坑中且正对轿厢和对重，其作用是防止轿厢和对重冲顶撞底。常用的缓冲器有弹簧缓冲器和油压缓冲器两种。

7.1.3　电梯的主要性能指标

电梯作为建筑物的垂直交通工具，其性能的好坏直接影响到人们的生产生活，越来越引起人们的关注。对电梯性能的要求，一般有安全性、可靠性、舒适感和快速性、停站准确性、振动、噪声及电磁干扰、节能和装潢等几项。

1. 安全性

电梯是运送乘客的，即使载货电梯通常也有人相伴，因此对电梯的第一要求便是安全。电梯的安全与设计、制造、安装调试及检修各环节都有密切联系。任何一个环节出了问题，都可能造成不安全隐患，以致造成事故。电梯中设置有必要的安全实施，主要包括：

（1）超速保护装置。主要由限速器和安全钳组成，设在机房的限速器绳轮与底坑的张紧装置之间，是直径不小于 7 mm 的较细钢丝绳。环绕张紧装置对环绕的钢丝绳每一分支的应力应当不小于 150 N。安全钳装在轿厢上，钢丝绳上的一点被压固在安全钳机构的绳握中。从而轿厢的上下运动便通过钢丝绳带动限速器绳轮一起运动，绳轮的转速便反应了轿厢的运动速度。绳轮带动一个离心式动作机构，当转速超过设定值时，离心机构使夹绳装置动作，夹绳钳将钢丝绳夹住，使钢丝绳不能运动，而这时轿厢继续运动，则钢丝绳装置拉动安全钳的安全钳连杆机构，连杆机构将楔块拉入导轨与导靴之间，靠楔块与导轨之间的摩擦力使轿厢减速，最终制停在导轨上。这样一来便可以防止高速坠落，保护设备和人身的安全。

类似地，在梯速高于 1 m/s 的电梯中，对重侧也设有安全钳。对重安全钳的动作速度反应整定在略高于轿厢安全钳的动作速度上。轿厢的限速器、安全钳动作速度应不低于轿厢额定速度的 115%。

当限速器动作牵动安全钳的楔铁插入导轨与导靴间开始制动时，轿厢由于惯性还会继续走一段距离。若这段距离过大则制动效果不佳；若这段距离过小，则制动太剧烈，所以通常规定一个合适的制停距离作为安全钳的考核指标。

在轿厢上应装设与安全钳联动的非自动复位的开关，当安全钳动作时，该联动开关切断电梯的控制电路。

梯速大于 1 m/s 的限速器，应装有非自动复位的超速开关。该开关在限速器动作速度的 95% 时，切断电梯的控制电路。

（2）轿厢超越上、下极限工作位置时，应切断控制电路的装置。交流电梯（除杂物电梯）还应有切断主电路电源的装置；直流电梯在井道上端站和下端站前，应有强迫减速装置。正常运行的电梯,其轿厢不应超越上、下端站。当控制电路故障失灵时,轿厢可能超越下端站继续下行(或超越上端站继续上行),这时必须及时停止轿厢的运动,以防止撞底(又叫蹲底、冲底)事故的发生(或撞顶事故的发生)。

以轿厢向下超越下层端站位置继续向下为例,这时轿厢首先撞开下强迫减速开关,下强迫减速开关发出信号,使轿厢减速到停止。如轿厢未在预定距离内停止,就将装动下限位开关,下限位开关发出信号令轿厢停止运动。如果轿厢仍未及时停止,就将撞动下极限碰轮,并通过钢丝绳带动下极限开关发出指令,使下行接触器断电或干脆切断电梯的控制电路电源或主电路电源。

当轿厢超越上层端位置后,将先后撞动上强迫减速开关、上限位开关和上极限碰轮,从而使电梯停止运动。

(3)撞底缓冲装置:当上述极限位置保护开关未能使轿厢停止运动时,就会发生向下撞底事故。为了减少撞底造成的伤害,在底坑对应轿厢重心的投影位置应安装有缓冲器。

缓冲器有弹簧缓冲器和油压缓冲器两种:当额定梯速小于 1m/s 时,采用弹簧缓冲器;当额定梯速高于 1m/s 时,采用油压缓冲器。而对于额定梯速为 0.25m/s 的电梯,则只要在底坑设置弹簧实体(如橡胶)即可。

在轿厢载重量不超过 110% 额定载重量、梯速不超过 115% 额定梯速(即限速器动作速度)时,弹簧缓冲器对轿厢所产生的瞬时速度减速度应不超过 2.5 g(即 24.5 m/s^2)。

当轿厢载有额定载重量,速度为 115% 额定速度时,在油压缓冲器的有效工作行程内,油压缓冲器对轿厢产生的平均减速度不大于 1 g,最大减速度不超过 2.5 g(24.5 m/s^2)。

(4)对三相交流电源,应设有断相保护装置和相序保护装置。

(5)设置厅门、轿门 电气连锁装置在厅门、轿门全部关好后才允许轿厢运行,以防止开门运行对乘客造成意外伤害。

(6)电梯因中途停电或电气系统有故障不能运行时,应有轿厢慢速移动措施。当突然停电或故障停车时,轿厢停在途中,乘客被关在轿厢内,这时可以通过曳引机上设置的盘车手方便地将轿厢缓慢运动到相邻层站,手动开门疏散乘客。

有些电梯设有断电平层(或称故障救援)装置,在出现突然断电或故障停车时,该装置自动投入使用,按最省力的方向将轿厢运动到邻近的层站,自动开门疏散乘客。

2. 可靠性

电梯的可靠性也很重要,如果一部电梯工作起来经常出故障,就会影响人们正常的生产与生活,给人们造成很大的不便。不可靠也是事故的隐患,常常是不安全的起因。

想要提高可靠性,首先应提高构成电梯各个零部件的可靠性,只有每个零部件都是可靠的,整部电梯才可能是可靠的。

电梯的故障主要表现在电力拖动控制系统中。因此要提高可靠性,也主要从电力拖动控制系统下手。电梯的电力拖动应尽量采用笼形异步电动机,因为这种电动机结构简单,坚固耐用,无须经常维修,与具有电刷、换向器的直流电动机相比,可靠性要高得多。电梯的控制系统应尽量避免采用大量的继电器,因为继电器寿命短,一般动作次数为 10 ~ 100 万次。它的触点容易烧灼,造成接触不良,或者因落上灰尘而增大导通电阻,从而影响工作的可靠性。现代电梯采用晶体管、晶闸管、集成电路及计算机代替接触器、继电器,将有触点控制改为无触点控制,使控制系统的可靠性大大增加,系统的性能也大大提高。

3. 舒适感与快速性

电梯作为一种交通工具,对于快速性的要求是必不可少的。快速可以节省时间,这对于处在快节奏的现代社会中的乘客是很重要的。快速性主要通过如下方法得到:

(1) 提高电梯额定速度。电梯的额定速度提高,运行时间缩短,达到为乘客节省时间的目的。现代电梯梯速不断提高,目前超高速电梯额定速度已达 10m/s。通常称额定速度低于 1m/s 的电梯为低速电梯,额定梯速为 1～2m/s 的电梯为中速或快速电梯,额定梯速在 2～4m/s 的电梯为高速电梯,额定梯速在 4m/s 以上的电梯为超高速电梯。目前我国生产的电梯主要是中速、快速和低速电梯,高速电梯很少生产,超高速电梯尚无生产。在提高电梯额定速度的同时应加强安全性、可靠性的保证,因此梯速提高,造价也会随之提高。

(2) 集中布置多台电梯,通过电梯台数的增加来节省乘客的时间,虽然不是直接提高梯速,但是为乘客节省时间的效果是同样的。当然,电梯台数的增加不是无限制的,通常认为,在乘客高峰期间,使乘客的平均候梯时间少于 30 s 即可。

(3) 尽可能地减少电梯起、停过程中加、减所用时间,电梯是一个频繁起、停的设备,它的加、减速所用时间往往占运行时间的很大比重。电梯单程运行时,几乎全处在加速、减速运行中。如果加、减速阶段所用时间缩短,便可以为乘客节省时间,达到快速的要求。

上述 3 种方法中,前两种需要增加设备投资,第 3 种方法通常不需要增加投资,因此在设计电梯时,因尽量减少起、停时间。但是起、停时间缩短意味着加速度和减速度的增大,而加速度和减速度的过分增大和不合理的变化将造成乘客的不适感。因此电梯起、停过程中的速度变化就要兼顾快速性和舒适感这两个矛盾的因素。

4. 停站准确性

停站准确性又称平层准确度、平层精度。GB/T 10058—2009《电梯技术条件》对轿厢的平层准确度规定如表 7－1 所示。

表 7－1　电梯轿厢的平层准确度要求

电梯类型	额定速度 / (m / s)	平层准确度 / mm
交流双速电梯	0.25 或 0.5	≤ ±15
	0.75 或 1.0	≤ ±30
交、直流快速电梯	1.5 ~ 2.0	≤ ±15
交、直流高速电梯	≥2.0	≤ ±5

电梯轿厢的平层准确度与电梯的额定速度、电梯的负载情况有密切关系。负载重,则惯性大,梯速高,惯性也大,因此电梯在轻载、满载,上升、下降,单层运行(对于梯速大于 1.5m/s 的电梯要有专用的单层运行曲线,此时梯速较低)、多层运行(此时梯速较高)的不同情况下,轿厢平层的外界条件各不相同,造成平层精度也会有所不同。因此,检查平层准确度时,分别以空载、满载作上、下运行,到达同一层站停测量平衡误差,取其最大值作平层站的平层准确度。

梯速在 1 m/s 以上的电梯,减速停车阶段通常都采用速度闭环控制,强制轿厢按预定的速度曲线运行,因此平层精确度可以大大提高。

5. 振动、噪声及电磁干扰

现代电梯是为乘客、用户创造舒适的生活和工作环境,因此要求电梯运行平稳、安静、无电磁干扰。

GB/T 10058—2009《电梯技术条件》规定:轿厢运行应平稳,乘客电梯与医用电梯的水平振动加速度应不大于 5cm/s²。

各机构和电气设备在工作时不得有异常或响声。乘客电梯与医用电梯的总噪声级应符合下列规定:轿厢运行(轿厢内)不大于 55 dB;自动门机构(开关门过程)不大于 65 dB;机器间(峰值除外)不大于 80 dB;发电机房(正常运行时)不大于 80 dB。

由接触器、晶闸管、大功率晶体管开关动作时以及直流电动机换向器火花等引起的高频电磁辐射不应影响附近收音机、电视机等无线设备的正常工作;同时,电梯的控制系统也不应因周围电磁波的干扰而发生误动作现象。

6. 节能

现代电梯应合理地选择拖动方式,以达到节能的目的。

7. 装潢

现代电梯除了注重上述各方面性能外,还很注重外表装潢。电梯的装潢主要包括轿厢装潢、厅门装潢及候梯厅的装潢。好的装潢令人赏心悦目,给人以高雅的享受。当然,装潢也要与周围的环境相匹配,与电梯的内在质量、档次相匹配。

总之,现代电梯操作简便,乘坐舒适、快捷,安全可靠,是高新技术的结晶。电梯技术越来越成为工业技术的一个重要门类,引起广大科技、管理人员的兴趣。

7.2　电梯的保养与维护

7.2.1　对电梯维护人员和管理人员的基本要求

电梯必须有人维护和管理。电梯和其他机电设备一样,如果使用得当,有专人负责管理和定期保养维护,出现故障能及时修理,并彻底把故障除掉,不但能够减少停机待修时间,还能够延长电梯的使用寿命,提高使用效果。相反,如果使用不当,又无专人负责管理和维护,不但不能发挥电梯的正常作用,还会降低电梯的使用寿命,甚至出现人身和设备事故,造成严重后果。实践证明,一部电梯的使用效果好坏,取决于电梯制造、安装、使用过程中管理和维修等几个方面的质量。对于一部经安装调试合格的新电梯,交付使用后能否取得满意的效益,关键就在于对电梯的管理、安全检查、合理使用、日常维护保养和修理等环节的质量。本节将着重介绍对电梯维护和管理人员的基本要求。

1. 对电梯维护人员的基本要求

电梯维护人员应该对电梯的机械部分和电气部分原理以及维修技术能基本掌握。基本要求如下:

(1)掌握交直流电动机的运行原理,并能正确地使用和进行故障的排出。

(2)掌握电工、钳工的基本操作技能以及照明装置的安装和维修知识。

(3)了解变压器的结构,懂得变压器的运行原理,并掌握三相变压器的连接方法和运行中的维护。

(4)了解常用低压电器的结构、原理、并会排除低压电器的常见故障。

(5)掌握接地装置的安装、质量检验和维修。

（6）了解晶闸管的原理、主回路和触发回路的原理，了解晶闸管整流的调试和维修。

（7）掌握电力拖动的基本环节和电气控制线路，并善于分析、排除故障。

（8）了解晶体管脉冲电路和数字集成电路的原理和应用。

（9）了解逻辑代数的运算法则以及基本逻辑元件的作用和原理。

（10）了解微型计算机的基本原理及在电梯中的应用。

维修保养人员还要对每台电梯设立维修报告书，其内容有检查地点、时间，如对某些机械零部件或电气元器件进行调整，则要记录调整原因和情况。当电梯发生故障而修理时，还要记录发生故障时的负载情况、轿厢位置、发生故障的经过时间、因故障而造成的停止运行时间、有无人员受伤害、故障的原因、停止修理情况等。

2．对电梯管理人员的基本要求

为了确保电梯的安全运行，落实国家对电梯安全的管理法规，对电梯管理人员提出了如下基本要求：

（1）管理人员应具有机电专业大专以上文化程度，并经技术监督部门专业培训或者有合格条件的单位培训，取得上岗证书才可以担任。

（2）熟悉电梯技术、电梯运行工艺、智能的网络管理技术及其档案管理方面的知识。

（3）能编制电梯目标管理条例，协助有关责任人落实电梯安全运行的实施。

（4）能编制电梯日、周、月、季度、半年及一年的保养计划书，落实并且及时实施反馈信息，确保电梯正常运行。

（5）根据本单位的具体情况和条件，建立电梯管理、使用、维修保养和修理制度。

7.2.2　电梯的保养与维护

电梯维护保养可分为周保养、月保养、半年保养和一年保养，如厂家有特殊要求，应遵照厂家要求进行保养。

1．电梯周保养的一般要求

电梯要求每周保养一次，时间不少于两小时，要求维护人员做到定人、定时、定梯进行保养。对电梯各部位要进行检查，确保其工作正常、清洁、润滑。电梯保养的基本要求如下：

（1）电源开关、安全开关：

① 控制柜总闸及极限开关各电气元器件齐全无损伤，接线牢固。

② 检查熔断器中的熔丝接触情况，接点牢固，无打火现象。

③ 急停、安全窗、井底、限位等安全开关应接触良好，动作正常、可靠，不准跨接。

（2）曳引机的外观机体应保证清洁光亮。

（3）减速机：

① 运行时应平稳，无异常振动。

② 减速箱油面高度应保持在规定的油位线之内。

③ 减速箱油温不超过 85 ℃。

（4）电动机：

① 电动机运行中不应有摩擦声、碰撞声及其他杂音。如有异声，应停梯检查是否有异物侵入滑动轴承，轴承是否损坏。

② 电动机油位应在油镜中心附近。

③ 电动机使用时环境温度不应高于 40 ℃,温升不应高于铭牌规定。

④ 电动机轴承窜量不大于 4 mm。

（5）制动器:

① 动作平稳可靠,不打滑,闸瓦接触面不小于 70%。

② 抱闸未打开时,闸瓦应抱合紧密,车轮用手不应能盘动。

③ 抱闸打开时,两侧间隙应一致,其四角间隙平均值两侧各不应大于 0.7 mm。

④ 抱闸开闭应灵活自如,线圈温升不超过 60 ℃。

（6）控制柜:

① 柜内各电气元器件应工作正常,仪表准确。

② 无发热现象,各接触点接触严密,无粘连烧损现象。

③ 柜内反开关无油污、无积尘。

（7）限速系统:

① 限速轮:外观清洁,动作灵活,无明显日期打点,油路通畅,绳钳口处无异物油污,轮槽无异常磨损。

② 涨绳轮及安全钳装置。外观清洁,油路通畅,转动平稳,张紧轮毡垫加油,安全钳各联动机构灵活,钳口与导轨侧工作面间隙在 2～3 mm 之间。

③ 选层系统:选层器转动及滑动部分清洁,油量充足,接点清洁,压力适当。

（8）厅门与轿门系统:

① 厅门与轿门正常关闭后,应能接通门锁网络。锁紧元件的最小啮合长度为 7 mm,此时外厅门用手不应能扒开。

② 安全触板、光电装置功能可靠。

③ 厅门、轿门、转动部位及滑道的转动部件清洁,转动自如,添加润滑油,上下滑道杂物清除,上滑道加油,吊门、轮门滑块磨损的应及时更换。

④ 开关门机构的开关门总程清洁,活动及转动部位清洁加油,传动带松紧度适当,不打滑,开门机清除积碳、保洁。

（9）层显系统,内选、外呼系统:

① 各元器件指示功能正常,按钮活动自如,无卡阻。

② 灯光显示正常,清洁无尘。

（10）井道系统:

① 轿厢、对重导靴间隙均匀,靴衬无严重磨损。

② 油盒、油刷无缺损,轨道润滑良好。

③ 钢丝绳张力均匀性且无断股。

（11）铁门至机房的楼道、机房、轿顶、底坑等部位应保持清洁,无垃圾,清除油污及灰尘。

2. 电梯月保养的一般要求

月保养是在周保养的基础上主要对电梯的各部件进行清洁、润滑、检查,特别是对安全装置的检查。基本要求如下:

（1）减速机:

① 减速机应无异常响声,清除表面积尘油垢。

② 为蜗轮轴的滚动轴承加油,检查联轴节有无损伤。

③ 检查曳引轮各绳槽磨损是否一致，紧固曳引轮各部位螺栓。

（2）电动机、发电机组：

① 清除其内外灰尘及油污。

② 测速系统工作正常，传动系统无损伤。

（3）制动器：

① 检查电磁铁心与铜套之间的润滑情况。

② 紧固各连接螺栓。

③ 线圈温升不超过 60 ℃。

（4）限速系统：

① 清除夹钳口处异物、油污。

② 旋转销轴部位加油。

③ 检查限速器轮和张紧轮的轮槽有无异常磨损。

④ 检查张紧装置及电器开关动作是否正常。

（5）控制柜、励磁柜：

① 检查各电气元器件、仪表，对不灵敏及损坏元件应及时调整更换。

② 检查接触器、继电器触点烧蚀情况，如严重凸凹不平，应修复或更换触点。

③ 检查机械连锁装置，对动作不可靠的应调整。

（6）钢丝绳：

① 检查钢丝绳锈蚀及磨损情况，绳头螺栓应锁紧，开口销齐备。

② 钢丝绳张力应均匀。

（7）厅门与轿门系统：

① 要清除各部位灰尘及油污，调整电气选层器动作间隙和准确度。

② 为钢带轮及涨绳轮轴加油，为活动拖板导轨加注润滑油。

（8）选层系统：

① 清除各部位灰尘及油污，调整电气选层器动作间隙和准确度。

② 为钢带轮及涨绳轮轴加油，为活动拖板导轨加注润滑油。

（9）对有自动润滑装置的导轨，应加注机械润滑油。

（10）安全装置：

① 检查部位：断相保护装置、超速保护装置、机械连锁装置、厅轿门机电连锁装置，急停开关、检修开关、安全窗、限位、极限开关。

② 各安全装置应灵活可靠，无卡阻现象，清除各安全装置的油垢。

（11）要清扫底坑杂物，清除缓冲器及各部件的灰尘，保持底坑干燥。

3. 电梯半年保养的一般要求

半年保养主要在月保养基础上对电梯的重点部位检查调整、维护保养。

（1）电动机、发电机组：

① 添加轴承润滑油。

② 检查修理碳刷刷架，清理换向器。

（2）曳引钢丝绳：

① 调整张力与平均值相差不大于 5%。

② 若钢丝绳表面油污过多应清除。

③ 检查钢丝绳头组合及绳头板是否完好无损。

④ 检查钢丝绳断丝与锈蚀的情况。

（3）导靴：

① 清洗自动润滑装置,轴承处加注金属基润滑脂。

② 紧固导靴螺栓,固定式导靴与导轨正面间隙应符合规定。

③ 检查滑动导靴衬垫,若磨损超过原厚度 1/4 时,应更换。滚动轮导靴的滚轮无异常响声,发现开胶、断裂、磨损、轴承损坏时应更换。

（4）开门电动机：

① 检查整个系统,在转动部位填充润滑脂。

② 开门电动机碳刷磨损超过原长度 1/2 时应更换。

③ 传动系统可靠无损伤。

（5）检查导轨连接板、导轨压板、导致支架及焊接部位应无松动、无开焊,并紧固各处螺栓,清洗、清除锈蚀部位。

（6）接线盒与电缆：

① 检查各接线盒,紧固接线端子,清除其灰尘。

② 检查电缆有无挂碰、损伤,紧固电缆架螺栓。

（7）极限开关、限位开关：

① 对极限开关做越程实验,越程距离为 150 ~ 250 mm,销轴部位应加注润滑油。

② 限位开关越程实验距离 50 ~ 150 mm,销轴部位应加注润滑油。

4. 电梯年保养的一般要求

电梯每次在运行一年之后,应进行一次技术检验和相应的保养。由有经验的技术人员负责,由维护人员配合,按技术检验标准详细检查所有电梯的机械、电气、安全设备的情况和主要零部件的磨损程度,修配磨损量超过允许值的部件,换装损坏的零部件,进行一次全面、系统的检查和维护保养工作,对电梯整机性能和安全可靠性进行检查测试。年保养的具体内容包括：

（1）调换开关门继电器的触点。

（2）调换上下方向接触器的触头。

（3）仔细检查控制屏上所有接触器、继电器的触头,如有灼痕、拉毛等现象,应予以修复或调换。

（4）调整曳引钢丝绳的紧张均匀程度。

（5）检查限速器的动作速度是否正确,安全钳是否能可靠动作。

（6）调换厅门与轿门的滚轮。

（7）调换开关门机构的易损件。

（8）仔细检查并调整安全回路各开关、触点等工作情况。

除此之外,在电梯台数比较集中的场所还需要进行每日的检查与保养。具体检查内容和日常维保工作的内容如下：

（1）要求维保人员每日向开电梯人员或管理员了解电梯使用情况,并亲自巡视检查电梯的运行及各部位使用情况,做好日记录。

（2）每日检查保养的重点部位应放在电梯运行的可靠性上（即电梯运行动作的正确性、电梯运行速度的稳定性和有无故障），确保电梯不带故障，安全运行。

（3）在电梯运行动作的正确性方面，主要检查各按钮、信号指示、平层、电梯运行、超载功能等情况。

（4）在电梯运行稳定性方面，主要检查电梯运行时速度是否正常与稳定，有无异常声响，门机开关门时是否正常平稳等。

要真正做好电梯设备的定期保养、维护工作，是一个比较复杂的和具有挑战性的课题，而且就对电梯设备的保养而言，本来就没有一个很好的或固定不变的规定或格式。只有一方面在管理和硬件上不断进行改进和提高，另一方面在技术上针对各厂家具体型号电梯的技术要求和电梯设备的具体使用情况，制定合适的定期循环检查保养计划，并加以认真贯彻执行，才能真正使电梯设备通过有效的定期保养、维护，达到原设计制造的标准和技术要求，并降低故障和延长电梯设备使用寿命。

7.3　电梯控制电路中 PLC 的保养与维修

PLC 可应用于电梯控制电路的局部，例如，不改变原有外围设备，用 PLC 取代开、关门和调速等部分控制单元；当传感器件有可靠的配套产品时，则可对楼层召唤、平层以及各保护环节作较全面的控制。

7.3.1　PLC 的维护保养

1. PLC 投入运行前维护保养注意事项

PLC 试运行和维护保养应注意以下事项，以防损害 PLC 而造成不应有的重大损失。

（1）不要触摸通电端子，以防止感应发生误动作。

（2）清洁及紧固端子须在关闭电源后进行。如在通电中进行，易引起干扰或损坏内部元器件。

（3）正确连接存储器备用电池，不要分解、加热、充电、短接等。

（4）对于改变运行程序、强制输出运行、停止等操作，须熟读《使用手册》，确认十分安全后进行。

（5）装卸存储卡盒时，请切断电源。

（6）不要分解、改造 PLC。

（7）装卸扩展电缆等连接电缆，须在电源切断之后进行。

2. PLC 定期保养检查内容

（1）存储器备用锂电池需 3～5 年更换一次，内置存储器、E^2PROM 存储器、EPROM 存储卡盒的电池应 3 年更换一次，备用电池寿命为 5 年。FX-ROM-8 型存储卡盒的电池应 2 年更换一次，备用电池寿命为 3 年。电池有自然放电现象，更换时要确认电池质量是最好的，否则实际更换期要大为缩短。

（2）FX2N 锂电池不能靠近其他发热体，不能让阳光直照，机内温度不得异常升高，不能有粉尘、导电性尘埃落入机中，不允许有腐蚀性气体侵入。

3. PLC 电池的更换

"BATT. V"LED 灯亮,表示电池电压较低,从灯亮算起,一个月内电池还有效,应尽快更换电池,以免停电造成损失。

7.3.2 PLC 的维修

1. 故障检查

（1）CPU 模块:图 7 - 2 所示为 CPU 的方式选择及显示面板图。

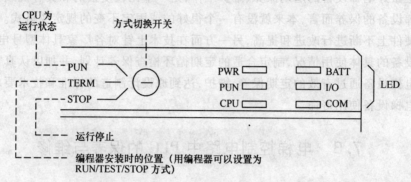

图 7 - 2   CPU 模块显示面板

① PWR:二次侧逻辑电路电压接通时灯亮。

② RUN:CPU 运行状态时亮。

③ CPU:监控定时器发生异常时亮。

④ BATT:CPU 中的存储器备用电池或者存储器盒内的电池电压低时灯亮。

⑤ I/O:I/O 模块、I/O 接线等模块的联系发生异常时灯亮。

⑥ COM:SU-5 型机和编程器的通信发生异常时灯亮。

⑦ SU-6 型机上位通信、PLC 通信、通用端口的通信及编程器的通信发生异常时灯亮。

有关 CPU 模块的故障现象及维修步骤如图 7 - 3 ~ 图 7 - 8 所示。

（2）I/O 模块。图 7 - 9 所示为 I/O 模块的维修流程图,有关特殊模块请参照各有关资料。在检查输入、输出回路时,请参阅各模块的规格。

2. 故障原因

PLC 运行时,动作不正常,可以考虑以下原因:

（1）包含 PLC 在内的系统的供给电源有问题。

① 未供给电源。

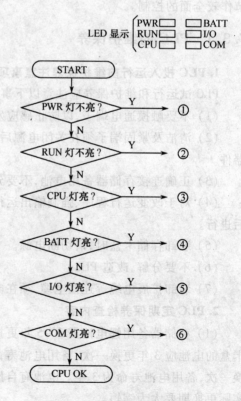

图 7 - 3   CPU 模块的维修流程

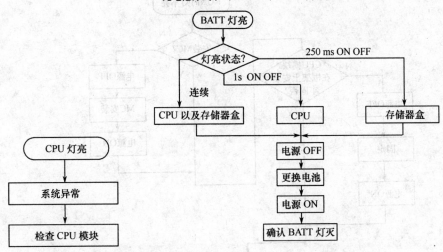

图 7 – 4 CPU 灯亮维修流程   图 7 – 5 BATT 灯亮维修流程

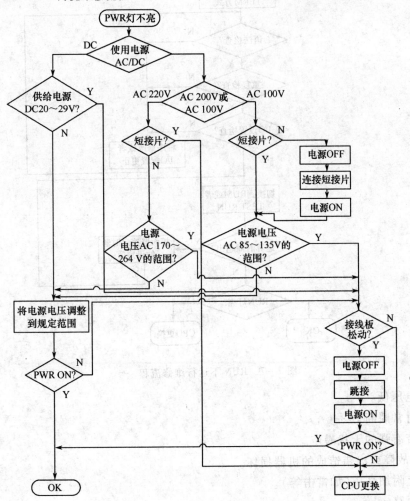

图 7 – 6 PWR 灯不亮维修流程

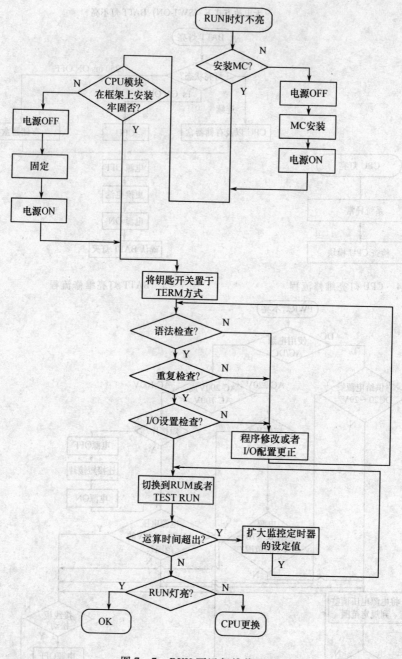

图 7-7　RUN 不运行维修流程

② 电源电压低。

③ 电源时常瞬断。

④ 电源带有强的干扰噪声。

（2）由于故障或出错造成的机器损坏。

① 电源上附加高压(如雷击等)。

② 负载短路。

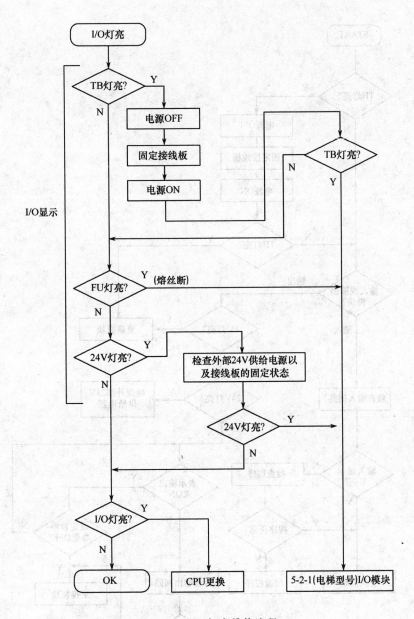

图 7 - 8　I/O 灯亮维修流程

③ 因机械故障造成动力机器损坏（阀、电动机等）。

④ 由于机械故障造成检测部件被损坏。

（3）控制回路不完备。

① 控制回路（PLC、程序等）和机械不同步。

② 控制回路出现了意外情况。

（4）机械的老化、损耗。

① 接触不良（限位开关、继电器、电磁开关等）。

② 存储器盒内以及 CPU 内存储器备用电池电压低。

③ 由高压噪声造成的 PLC 恶化。

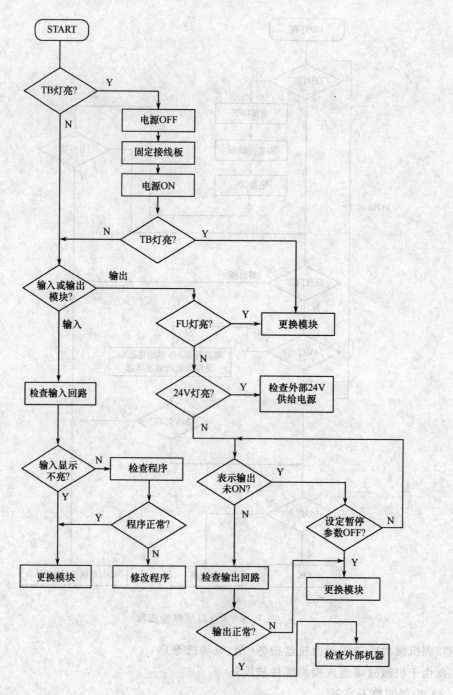

图 7-9 I/O 模块维修流程

（5）由噪声或误操作发生的程序改变。

① 违背监控操作使程序发生改变。

② 电源合上时，拔下模块或存储器盒。

③ 由于强噪声干扰改变了程序存储器的内容。

7.4　电梯的故障与排除

电梯使用一段时期以后,常会出现一些故障。出现的故障并不一定就是机器零件的磨损或老化引起的,故障原因多种多样,维护人员应根据电梯出现的故障判定属于哪种类别,然后着手解决。

7.4.1　电梯的故障类别

1. 设计、制造、安装故障

一般来说,新产品的设计、制造和安装都有一个逐步完善的过程。当电梯发生故障以后,维护人员应找出故障发生的部位,然后分析故障产生的原因。如果是由于设计、制造、安装等方面所引起的故障,此时不能妄动,必须与制造厂家取得联系,由其技术人员、使用单位与维保人员共同解决。

2. 使用操作故障

操作故障一般是由于使用者操作安全装置和开关不当,以及维修人员技术不精、盲目修理引起的。这种不遵守操作规程的乱动胡修行为必然造成电梯的故障发生,甚至危及乘客生命。

3. 零部件损坏故障

这一类故障现象是电梯运行中最常见的也是最多的,如机械部分传动装置的互磨,电气部分的接触器、继电器触点的烧灼、电阻过热烧坏等。

我们必须尽量避免由于电梯事故而引起的对人的伤害,除此之外,还必须避免由此而引起停止运行及降低输送能力等。因此,严格遵守电梯安全操作规程,平时仔细地做好检查工作,是保证电梯安全、高效率运行的重要措施。

7.4.2　故障的分析及检查排除方法

对于从事电梯维修保养的人员而言,应该知道电梯维修技术,它不仅是劳务型的,更是融会机电技能型的,是具有理性修养和感性实践并重的行业。在高科技日新月异的时期,不仅要掌握交流电梯、直流电梯、交流调速电梯,更要掌握电梯及远程监控技能。

分析电梯故障时,不论何种品牌、何种驱动方式、怎样的控制系统。首先要熟悉电梯和掌握电梯的运行工艺过程(即等效梯形曲线),如图 7 - 10 所示。

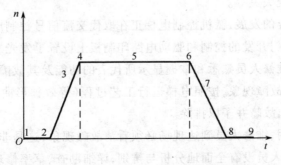

图 7 - 10　电梯运行工艺过程(等效梯形曲线)

过程 1，即登记内选指令和层外召唤信号；过程 2，即关门或门自动关闭；过程 3，即启动加速；过程 4、5，即电梯满速或中间分速运行；过程 6、7，即按信号登记的楼层预制的距离点减速制动；过程 8、9，即平层开门。

电梯运行工艺过程掌握与否，是分析排除故障的必要条件，故平时经常观察和掌握不同系列电梯的运行工艺过程的特点与原理，领会其中的奥秘，这样在遇到故障时，就能分析找出故障原因，只有具备排除故障的基本能力，才能在排除故障时有着触类旁通的启示。

不同厂商生产不同品牌系列的电梯均编制好具有技术变化特点的资料文献。但实践中发现，这些产品所出现的某些故障现象和原因却又是相类似的。

1. 根据电梯运行工艺过程（电梯等效梯形曲线）简略地分析电梯故障现象的类型

（1）内选指令（轿内）和层外召唤信号登记不上。

（2）不自动关门。

（3）关门后不启动。

（4）启动后急停。

（5）启动后达不到额定的满速或分速运行。

（6）运行中急停。

（7）不减速，在过层或消除信号后急停。

（8）减速制动时急停。

（9）不平层。

（10）平层不开门。

（11）停层不消除已登记的信号。

2. 不同品牌系列电梯的一些比较特殊的故障

（1）在启动和制动过程中振荡。

（2）开关门的速度异常缓慢。

（3）冲顶或礅底。

（4）无提前开门或提前开门时急停。

（5）楼层数据无法写入。

（6）超速运行检出。

（7）再生制动出错。

（8）负载称重系统失灵等。

当今电梯日新月异的发展，微机控制电梯正在取代交流信号控制电梯。为了快速判断电梯常见故障，在各种专门开发的控制和驱动电路印制板上设置了发光二极管和数码管以提示判别何类故障。只要维修人员熟悉和掌握显示所代表的功能及其故障类别，当电梯出现故障后，维修人员根据现场故障现象，按照电梯运行工艺过程（等效梯形曲线）找出故障发生在哪个区段，分析原因，查出故障并予以排除。

在此必须强调说明，维修人员到达现场必须看清故障现象，这是非常重要的环节，有时故障并不复杂，只是维修人员没有全面地分析与辨别，详细勘查、草率修理，结果兜一大圈，走了弯路，耗费精力和时间，有时甚至会使故障扩大。

7.4.3　常见故障的分析检查与排除方法

1. 电梯突然停止，关人

故障分析：

（1）轿门门刀触碰层门门锁滑轮。

（2）称重装置的秤砣偏位。

（3）安全钳锲口间隙太小与导轨接口处擦碰。

（4）限速器钢丝绳拉伸触碰极限开关。

（5）限速器内有故障，在没有超速运行的情况下提前动作。

（6）制动器有故障，抱闸。

（7）突然停电，跳闸。

（8）曳引机过载，热继电器跳闸。

排除方法：

（1）解困放人。

（2）根据上述各种故障现象类型予以勘查，排除故障。

维修人员上轿顶，将检修开关拨到检修位置，慢车向上/下运行检查。

① 如果不能向上运行，应检查通电后的制动器抱闸是否打开；如果未打开，则检修制动装置的调节螺钉有无松动或闸瓦的间隙是否太小或磁铁距离太小，如存在上述现象，应予以调节和修复。

② 如果不能向下运行，应检查安全钳锲口的间隙以及导轨的平直度，同时调整导轨的水平和垂直两平面的直线度公差以及平行度公差，调整和修复锲块与导轨的间隙。

③ 如果上/下方向均不能运行，应检查限速器开关的位置并修复和调整限速器开关的位置。

④ 在慢车上/下运行时，检查在原故障区域的门刀与门滚轮的位置与间隙。

⑤ 若称重装置出现超载信号，即调整秤砣的位置，并予以固定。

（3）在上述故障排除的情况下，通电调试，发现向下运行时仍有突然停车的现象，则应检查更换限速器。

2. 电梯轿厢碰底和冲顶

故障分析：

（1）平衡系数不匹配。

（2）钢丝绳与曳引轮绳槽严重磨损或钢丝绳外表油脂过多。

（3）制动器闸瓦间隙太大或制动器弹簧的压力太小。

（4）上/下平层开关位置有偏差或上/下极限开关位置装配有误。

排除方法：

（1）对于新安装的电梯出现上述故障现象时，应核查供货清单的对重数量以及每块的重量，同时做额定载重的运行试验。

（2）另外须做超载试验，轿厢分别移至上端或下端，向下或向上运行，目测轿厢有无倒拉现象。

（3）检查和调整上/下平层磁开关位置和极限开关位置。对于运行时间较长的电梯出现此类故障,应检查钢丝绳与绳槽之间有无油污及其钢丝绳与绳槽之间的磨损状况。如果磨损严重,则更换绳轮和钢丝绳,如果未磨损,则清洗钢丝绳与绳槽。检查制动器工作状况,应调整闸瓦的间隙。

3. 曳引机轴承端渗油

故障分析:

(1)油封老化磨损。

(2)油的黏度低可能产生渗油。

(3)加油量太多(超过规定的油面线)。

(4)油封材料不好,即橡胶弹性较差和耐油性能差造成渗油。

(5)封油圈与轴径贴合性能较差造成渗油。

排除方法:维修人员在日常保养过程中,仔细观察曳引机轴端的渗油情况。

(1)有少量的渗油应仔细观察渗油的质量状况,如果油的黏度十分低,应更换齿轮油。

(2)当渗油量较大时,观看油窗的油量,较少时应及时更换油封。

4. 曳引机组运转异常

故障分析:轿厢上/下运行,不论空载还是负载,曳引机的运转都有异常现象。大致有以下几种情况:

(1)主机发热:油温高于 60 ℃,而且两端轴承温度高于 80 ℃,产生热膨胀,造成齿形尺寸变大,啮合中心距位置偏移,侧隙变小,使油箱内的润滑油发生化学变化,油质变稀,不能起到润滑冷却的作用,必然加速轴承的磨损,同时还会加大摩擦生热,使主机发热。

(2)运转有杂音:空载时无杂音或空/负载均有杂音。

轴承的磨损或滚道变形或滚柱变形,而产生杂音。蜗轮节径与孔径同轴度或齿形公法线尺寸周期性变化或齿形尺寸大小的周期性变化,从而产生侧隙变化,同时造成蜗杆副齿形啮合的变化,由此产生周期性的振荡杂音。

(3)曳引机运转时振动或有周期性振动:蜗杆与电动机轴不同心或其定位销因受载荷影响而走动,致使联轴器运转受阻,从而产生周期性振荡杂音。还可能是电动机转子或飞轮平衡不好、曳引机底盘存在平面扭曲。当往曳引机座上固定时,因螺栓拧紧时使材料变形,致使中心等高变化,从而产生振动;制动器闸瓦未调整好,闸瓦碰触制动轮,从而也会产生振动。还可能是曳引机轮或导向轮轴承磨损而造成的杂音。

排除方法:

(1)主机发热和杂音的排除:检查和测量油温以及邮箱内油面位置,如油少或油质不好,应及时更换。若因轴承磨损比较严重应更换轴承,同时检查蜗杆副的啮合精度(包括齿形接触精度、侧隙),检查蜗轮的同轴精度。

(2)用手触摸检查曳引机和电动机的振感,如果电动机发出嗡嗡的振动感,应将电动机与曳引机固定在底盘上的其中一个螺栓稍微拧松(要采取的安全措施),再触摸检查,如果振感消逝,说明底盘平面有扭曲,可用调整片垫实,即可排除故障。如果还是存在振感,应将定位销取出,同时检查两轴的等高(将制动装置取下)误差,并将故障排除。

如果还是有振感,而且有周期性振感,则应检查飞轮和转子的动平衡。

(3)曳引机或抗绳轮的轴承有噪声,应更换轴承。

(4)制动器闸瓦未调整好,应调整间隙,并用锁紧螺母锁定即可。

5. 制动装置发热

故障分析：

（1）电磁铁工作行程大或小：太小，将使制动器吸合后，抱闸张开间隙过小，即闸块与制动轮处于半摩擦状态而生热，它将使电动机超负荷运转，造成热继电器跳闸；太大，制动器吸合时，产生很大的电流，造成电磁铁发热。

（2）电磁铁在工作时，由于磁杆有卡住的现象，产生较大的电流，使装置发热。

（3）闸瓦片与制动轮之间的间隙偏移，造成单边摩擦生热。

故障排除方法：

（1）调节制动器弹簧的张紧度，压缩弹簧的长度。

（2）调节电磁铁磁柱的工作行程约为 2 mm，确保制动器灵活可靠，松闸时闸瓦片应同时离开制动轮工作表面，不得有局部摩擦。

（3）调整磁杆，使其自由滑动无卡住现象。磨损的闸瓦片应成对更换。

6. 轿厢运行中晃动

故障分析：

（1）轿厢的固定导靴与主导轨之间，因磨损严重而产生较大间隙（纵向与横向的间隙），造成水平方向晃动（前后、左右晃动）。

（2）弹性导靴或滚动导靴与导轨之间的滑动摩擦或滚动摩擦，致使衬靴和橡胶导轮严重磨损而产生较大间隙，造成轿厢垂直方向晃动（轿厢前后倾斜）。

（3）导轨垂直度与水平平面度超差（导轨扭曲度），两导轨的平行度开挡尺寸有偏差。造成超差的原因如下：

① 压轨板松动，形成导轨变形

② 大楼建筑物下沉而引起井道垂直度的偏差，致使导轨存在严重偏差。

（4）主机的蜗杆轴存在轴向窜动或蜗轮的节径与孔径同轴度有超差，输入与输出轴不同轴度超差，造成周期性振动传递至轿厢。

（5）各钢丝绳与各绳槽之间的磨损不一，造成钢丝绳的速度紊乱传递给轿厢。

（6）钢丝绳均匀受力装置未调整好。

（7）对重导轨扭曲或防跳装置未调整好。

排除方法：

（1）检查固定导靴、滑动导靴或滚动导靴的衬垫和胶轮有无磨损，如果磨损立即更换。同时检查压导板有无松动，调整各导轨的直线度、平行度以及开挡尺寸。如果上述现象均排除，并有良好的配合间隙，就能改善电梯轿厢运行的状况。

（2）调整同轴度，校正轴向间隙，更换蜗杆副。

（3）调整均匀受力装置，检查与调整对重导轨的扭曲以及固定好对重防跳装置。

（4）更换钢丝绳以及曳引轮。

7. 轿厢称重装置松动或失灵

故障分析：

（1）如果超载保护装置失灵，长期超载运行时又没有报警，将会产生严重的后果。

（2）如果称重装置因机械装配定位偏移或主秤砣松动偏移，致使秤杆触碰微动开关。

（3）轿厢的活动轿底板松动，因轿底框四周垫块或调节螺栓松动，而使乘客踏进轿厢，觉得轿底平面不稳。

排除方法：

（1）校正秤砣的位置以及微动开关位置。

（2）调整轿底框西周垫块以及调节螺栓并予以锁定。

8. 电梯层轿门闭合时有撞击声

故障分析：

（1）摆杆式开关门机构的摆杆扭曲，将会造成擦碰层轿门的门框沿边。

（2）从动臂的定位边长，也会造成两门扇关闭时相撞击。

（3）两扇轿门的安全触板在闭合时相碰。

排除方法：

（1）调整摆杆排除扭曲现象，调整从动臂的定位长度，确保各层轿门缝中心一致。

（2）调整两安全触板的间距，应该是门关足时，不能相互接触，分别与门齐平。

9. 电梯轿厢运行中，在某层开门区域突然停车

故障分析：层门门锁故障引起电气连锁断开，失电后电梯停车。层门锁上的两个橡皮轮位置偏移，或连接板脱销，使轿门上的开门刀撞在橡皮轮上，使电气系统动作，电梯被迫提前停车。

排除方法：更换已坏的门锁橡皮滑轮和偏心轴，同时校正门刀的尺寸和位置。

10. 电梯层/轿门开启与关闭运行不畅

故障分析：

（1）门上导轨与地坎滑道不在同一个垂直平面上。

（2）没有良好的润滑致使门扇吊门滑轮轴承磨损，或上导轨磨损或有污垢。

（3）上导轨下坠，致使层/轿门下移触碰地坎。

（4）下门滑块磨损或折断或滑槽有异常的缺陷或滑出地坎。

（5）V 带磨损或失去张紧力；链条与链轮磨损产生中心距拉长，引起传动噪声增大或跳动。

（6）从动轮支撑杆弯曲，造成主动轮与从动轮传动中心偏移，引起脱链。

（7）主动杆与从动杆支点磨损，造成两扇门滑行动作不一致。

（8）交流门机磁罐制动器未调整好或门机故障。

排除方法：

（1）检查与更换已坏或已磨损的门滑块、滑轮、滑轮轴承，以确保正常滑行，同时调整门脚的高度约在 4～6 mm。

（2）去除导轨上的污垢并调整上/下导轨垂直、平行、扭曲、等高，并修正导轨异常的突起，确保滑行正常。

（3）调整两边主动杆与从动杆的杆臂，长度要一致。即将门关闭，门中心与曲柄轮中心相交（移动短门臂狭槽内长臂端部的暗销即可）。

（4）更换或调整 V 带，并调整两轴平行度与张紧力。

（5）更换同步带以及调整张紧力。

（6）更换已拉伸的链条并调整两轴平行度和中心平面。

（7）更换已坏电动机，调整磁罐制动器的间隙。

（8）凡是活动部位和滚动部位均注油润滑。

11. 电梯轿厢运行中有碰击声

故障分析：

（1）平衡链和补偿绳，由于装配位置不妥，造成碰擦轿壁。

（2）轿顶与轿壁、轿壁与轿底、轿架与轿顶、轿架下梁与轿底之间防振消音装置脱落。

（3）平衡链与下梁连接处未加减振橡皮予以消音或连接处未加隔振装置，平衡链未加补偿绳索予以减振或金属平衡链未加润滑剂予以润滑。

（4）随行电缆未消除应力，所产生扭曲容易擦碰轿壁。

（5）导靴与导轨间隙过大或两主导轨向层门方向中凸，引起与护脚板擦碰地坎。

（6）导靴有节奏性地与导轨拼接处擦碰或有其他异物擦碰。

排除方法：

（1）检查各防振消音装置并调整与更换橡皮垫块。

（2）检查与更换轿架下梁悬挂平衡链的隔振装置连接是否可靠，若松动或已坏应更换和调整。

（3）检查随行电缆是否扭曲，若扭曲，应垂直悬挂以消除应力。

（4）检查与调整导靴与导轨间隙；检查导轨的直线度和压导板是否松动，或护脚板有无松动。

（5）更换导靴衬垫并调整导轨及其压导板与护脚板等。

12. 电梯轿厢运行中有异常的振动声

故障分析：

（1）主机基础平面度不平而引起整个主机振动或未采取减振措施。

（2）电动机输出轴或蜗杆轴的轴承已坏或轴承滚道变形，曳引轮的轴承已坏，电动机、曳引机同轴偏差过大。

（3）蜗轮副啮合不好或蜗轮副不在同一个中心平面上，造成啮合位置偏移，蜗杆的分头精度偏差或齿厚偏差而引起传动振动。

（4）各曳引钢丝绳承接力不一致，造成钢丝绳与绳槽磨损不一，引起各钢丝绳运动线速度不一，致使轿厢上横梁在绳头弹簧的作用下而振动。

（5）轿厢架体变形，造成安全钳座体与导轨端面擦碰产生振动，轿厢龙门架紧固件松动或轿壁固定连接不牢靠或轿底减振垫块脱落。

（6）固定滑动导靴和弹性滑动导靴及滚动导靴与导轨配合间隙过大或磨损，或者两导轨开挡尺寸有变化或压轨板松动而引起运行飘移振动。

排除方法：

（1）手触检查曳引主机的外壳有无振动感，同时触摸主机与主机底面处有无振动，检查有无采用橡皮减振。如果有振感，可能由于平面度（扭力）误差造成，应采取垫片垫实消除振源。

（2）检查轿厢架是否因加强撑板脱焊，导致松动而变形，若倾斜一侧，则将电梯开到最低层，用木块垫在倾斜一侧，松开紧固件，利用重力作用，用水平仪复核轿厢倾斜并紧固轿厢架及加强撑板，用点焊固定。

（3）更换曳引钢丝绳以及修正曳引轮绳槽及其调整绳头弹簧，确保各钢丝绳的张紧度一致。

（4）若因电动机、蜗杆不同轴度，或蜗齿啮合不好、轴承已坏等故障现象均应更换与调整。

13. 电梯轿厢下行时突然掣停

故障分析：

（1）限速器失效。离心块弹簧老化，其拉力不能克服动作速度的离心力时，离心块甩出，使楔块卡住偏心齿轮槽，引起安全钳误动作，或者运转零件严重缺油，引起发胀咬轴。

（2）限速器钢丝松动。其张紧力不够或钢丝绳直径变化，引起断绳开关动作。

（3）导轨直线度偏差与安全钳楔块间隙过小，引起摩擦阻力，致使误动作。

排除方法：

（1）检查和调整安全钳楔块与导轨之间的间隙，并应有良好的润滑。

（2）更换限速器钢丝绳，并调整其张紧力，确保运行中无跳动。

（3）限速器定期保养，去除污垢后加润滑油，保证旋转零件运转灵活，或更换限速器。

（4）进行运行试验。如果还是出现掣停现象，则应对限速器进行大修或更换。

14. 电梯轿厢上行平层后再启动下行时有突然的下沉感觉

故障分析：

（1）如果对重较轻，当轿厢在顶层端满载下行时，在启动瞬间，轿厢有突然失重下沉的感觉，之后下行。

（2）如果对重较重，轿厢从基站满载上行时，在启动瞬间，轿厢也同样有失重下沉的感觉，之后再上行。

（3）由于蜗杆副啮合间隙和侧隙过大，联轴器存在配合故障也会产生同样的感觉。

故障排除：检查和核算对重的配重重量。

（1）轿厢在顶层端站，打开抱闸时，轿厢无溜车现象。

（2）轿厢在底层基站，打开抱闸时，轿厢也无溜车现象。

如果联轴器配合间隙过大，予以修理或更换。

15. 电梯层/轿门不能开启和关闭

故障分析：

（1）开关门电动机已坏或交流门机磁罐制动咬死。

（2）链条脱落、带未张紧、V带脱落。

（3）门机从动支撑杆弯曲。

（4）层轿门导轨下坠，使层轿门门框下沿拖地。

（5）门滑块撞坏嵌入地坎，造成不能开启和关闭。

排除方法：

（1）检查与更换门滑块以及修正地坎滑槽，调整门导轨的直线度并确保层轿门门框下沿与地坎间隙。

（2）如果门机已坏立即更换。

（3）调整磁罐制动器的吸合间隙。

（4）校正从动支撑杆以及两轴平行度，须在同一个中心平面上，防止传动带/链脱落。

16. 电梯层轿门开关门过程中有擦碰声

故障分析:其原因是门摆杆受到外力等因素的影响,致使扭曲,层轿门在开关门过程中与门摆杆擦碰。由于门脚严重磨损,造成层门门扇晃动与层门处的井道内壁擦碰。

故障排除:

(1)更换门以及校正层门门扇与内墙壁之间的空隙。

(2)校正门摆杆,重新装配与调整。

17. 电梯无法启动

故障分析:从表面现象看,电梯门已经关好,可以启动了,但事实上无法启动运行。可能是门锁锁臂固定螺钉严重磨损,引起锁臂脱落或锁臂偏离定位点,所以电梯无法启动。

排除故障:更换门锁或调整门锁锁钩的位置。

18. 电梯层/轿门开启或关闭过程中常有层/轿门滑出坎槽

故障分析:由于门框下沿间隙过大,门脚严重磨损,使门脚滑块失去对层/轿门滑行定位导向作用。

排除方法:查找门脚滑块磨损的原因,检查是否存在层/轿门不垂直度(铅垂度)。如果存在不垂直度,则予以校正,同时调整地坎门缝间隙(高低),更换门脚滑块,确保门扇在地坎槽中滑行自如。

19. 电梯在基站关门时,门未能完全关闭,即停止关门

故障分析:其主要原因是基站开门三角钥匙故障。由于门锁锁头固定螺母松动,使锁头突出,当电梯关门时勾住层门,影响电梯的正常关门,从而造成关门未到位即停止。

排除方法:

(1)检查门机调速装置各触点的位置正确与否。

(2)检查三角钥匙是否已坏。更换修理三角钥匙。

20. 电梯轿厢运行过程中,未到达层站位置即提前停车,平层误差很大

故障分析:

(1)由于门锁的位置偏差,使轿门上的门刀片不能顺利地插入门锁上两橡皮轮中间,而撞在橡皮轮上,造成门锁上电气触点打开,使电梯被迫提前停车。

(2)若门锁位置偏差较大时,门刀将会严重撞击门锁上的橡皮轮,致使橡皮轮与偏心轴被撞开、使钩子锁触点打开,造成电梯未到达层站即停车,致使平层误差很大。

排除方法:

(1)检查开门区域、永磁干簧继电器位置,若未发现故障现象,即更换门锁并调整门锁的位置,确保与其他各层楼层门门锁位置的一致性。

(2)检查与调整钩子锁动作的可靠性。

(3)调整门锁两橡皮轮位置,确保门刀能顺利地插入两橡皮轮之间。

21. 电梯轿厢满载运行过程中,舒适感差,运行不正常

故障分析:

(1)曳引减速箱中的蜗杆副啮合不好,在运转中产生摩擦振动。

(2)蜗杆轴上的推力球轴承的滚子与滚道严重磨损,产生轴向间隙,引起电梯在启动和停车过程中蜗杆轴产生轴向窜动。

(3)曳引钢丝绳与曳引轮绳槽之间存在油污,致使运行时钢丝绳产生局部打滑的现象,造成轿厢运行速度产生变化。

（4）制动器压力弹簧调节不当（压力小），当电梯启动时，产生向上提拉的抖动感；减速制动时，产生倒拉感觉。

排除方法：

（1）检查与调整制动器闸瓦的间隙，并且调整制动器弹簧压力，要确保电梯停止运行时（制动器应能保证在 125% ~ 150% 的额定载荷情况下），保持静止且位置不变，直到工作时才松闸。

（2）清除钢丝绳和曳引绳槽上油污，已磨损的钢丝绳和绳槽须更换和修正。

（3）检查减速箱内的润滑油的油质及其油量，如果油质差和油量少或轴承材质差或原装配未调整好，均会逐渐产生和加大轴向窜动量，所以应更换油，调整轴向间隙。

（4）由于蜗杆分头精度有偏差，造成齿面接触较差，引起传动振动，应修理、更换与调整。

22. 电梯轿厢运行过程中，曳引机振动或电动机发出异常杂音或机组振动，舒适感差

故障分析：

（1）曳引机的振动原因可能是：

① 蜗轮副啮合接触面不好，运转中产生振动。

② 蜗杆分头精度差，产生周期性振动。

③ 推力球轴承的轴向间隙未调整好或其滚道严重磨损，产生轴向窜动，造成运转振动。

（2）电动机发出异常杂音的原因可能是：

① 两端的推力球轴承未配对，造成轴承定向装配偏差，加速轴承磨损。

② 间隙偏大而引起的振动杂音。

（3）机组振动的原因可能是：

① 联轴器法兰盘松动，造成启动与停车瞬间，电动机轴与蜗杆轴之间出现非同步运转现象，曳引机瞬时产生晃动。

② 电动机与蜗杆轴同轴度偏差过大，造成运转振动。

③ 飞轮动平衡偏差或转子动平衡偏差。

电梯在运行过程中，存在上述故障现象，就会影响运行舒适感，另外，可能是电动机功率未匹配好，也会造成此类故障现象。

排除方法：

（1）打开制动器闸瓦，检查联轴器法兰盘有否松动，如果有松动，即紧固螺栓。

（2）如果弹性联轴器的橡胶圆柱已坏，应更换后拧紧螺栓。

（3）调整蜗杆轴的轴向间隙，使其与电动机的同轴度符合要求。

23. 曳引机发热/冒烟致使闷车

故障分析：

（1）曳引减速箱严重缺油。

（2）润滑油中含有大量杂质或老化，影响润滑油的黏度。若机件在缺油状态下运转，必然发热，甚至出现咬轴、闷车的事故现象。

排除方法：

（1）出现闷车故障，应立即切断电动机电源，停止电梯运行，以防损坏曳引机机组。

（2）维修人员在现场检查与修理：

① 首先检查油窗的油标位置。

② 检查与拆卸减速器装置、拆开箱盖、取下蜗轮与蜗杆轴,修正咬毛的部位、修刮滑动轴承。如果滑动轴承咬毛损伤程度较大,应更换,装配后调整好(在装配前要清洗油箱)。

③ 加入足够的齿轮润滑油(S-P 型极压油 ISO2203#150#)。

24. 电梯轿厢进入平层区域后不能正确平层

故障分析:制动器长久使用保养不当,闸瓦片严重磨损,进入平层区域后减速制动力减弱,闸瓦片与制动轮打滑,从而造成不能正确平层。尤其在轿厢满载时,打滑现象更严重。

排除方法:

(1) 检查制动器的弹簧压力(或张紧力)。

(2) 检查闸瓦片的磨损状况。

(3) 当闸瓦片的衬垫过度磨损时,即予以更换。

(4) 如果闸瓦片是铆接的,必须将铆钉头沉入座中,不允许铆钉头与制动轮表面相接触。

(5) 检查与调整制动器闸瓦的间隙,间隙不大于 0.7 mm。

(6) 在满载下降时应能提供足够的制动力使轿厢迅速停住。

(7) 在满载上升时的制动又不许太猛,要平滑地从满速过渡到平层速度。

(8) 弹簧要经常正确地保持位于凹座中。

(9) 制动器上的各销轴上油润滑,确保活动自如,确保制动器工作可靠。

25. 电梯轿厢运行速度低于额定速度,时间一长,电气跳闸或熔丝烧断

故障分析:轿厢运行时感觉很沉闷,好像老牛拖车似的。其原因是,抱闸张开间隙过小,使电动机处于半制动状态,电动机附加负载运行,电机发热,电流增大,造成电热继电器跳开。

排除方法:手动松闸,打开制动器,检查和测试闸瓦与制动轮两侧之间的间隙。如果间隙过小,应予以调整。

26. 电梯轿厢运行过程中,轿厢有些晃动,不舒适

故障分析:其主要原因是两主导轨不垂直度且扭曲造成。

(1) 两主导轨横向开挡尺寸偏差(即有的层段尺寸大,有的层段尺寸小)。

(2) 固定导靴与滑动导靴(或滚动导靴)严重磨损。

(3) 电动机轴与蜗杆轴不同轴度超标。

上述原因造成轿厢运行时无规则地晃动或游动,影响运行舒适感。

排除方法:

(1) 检查和校正两主导轨垂直度和直线度(铅垂方向一致,不准扭曲),平行度应校正一致(开挡)。

(2) 检查各压轨板是否松动,在校正时拧紧压轨板螺栓。

(3) 检查各导轨拼接处是否有明显的台阶,如果有,应予以校正。

(4) 导靴的靴衬长久使用,保养不当,缺油润滑,严重磨损,或者导靴松动,未起到引导作用,应更换靴衬和调整导靴的位置,并予以固定(滚动导靴要一组更换,并予以调整)。

(5) 校正同轴度。

27. 电梯运行过程中,对重架晃动过大,舒适感差

故障分析:

(1) 两副导轨(对重导轨)不垂直,且扭曲或拼接处有明显台阶,两导轨开挡尺寸,在上下

中间产生的偏差较大。

（2）对重导靴的靴衬严重磨损，致使导轨与导靴之间配合间隙太大，造成对重架运行晃动，振动通过钢丝绳的脉动传递，引起轿厢运行有晃动的感觉。

排除方法：

（1）检查和校正两副导轨垂直度和直线度、平行度，检查和调整压导板并予以紧固。

（2）更换与调整副导轨靴衬和导靴位置，并且确保衬靴的间隙及良好的润滑。

28. 电梯拖动方式，在运行过程中，对重轮或轿顶轮噪声严重

故障分析：其噪声是因对重轮或轿顶轮故障产生的。

（1）对重轮或轿顶轮严重缺油，引起轴承磨损，或者轴承内在质量不好。

（2）对重轮架或轿顶轮架的紧固螺栓松动，对重轮或轿顶轮的绳槽轴向端跳，引起左右晃动旋转，如果在严重缺油的状态下，会造成轴承磨损而产生咬轴现象。

排除方法：

（1）维修人员在轿顶开检修慢车检查。

① 检查对重轮与轿顶轮的转动情况，各轮架有无松动，如果松动予以定位紧固。

② 检查各处转动有无噪声。若噪声为轴承处发出或由于绳槽左右晃动（端面跳动）而引起的轴承噪声，则更换轴承或修复绳轮的绳槽位置精度（端面跳动）。若因缺油而引起的噪声，则加钙基润滑脂。

（2）更换轴承：

① 若更换对重轮或对重轮轴承时，要将电梯轿厢升至顶层，在底坑用枕木或其他支撑物可靠地支撑对重架，自机房用手拉葫芦把轿厢吊起，脱卸曳引钢丝绳。然后，拆下对重轮，更换轴承。

② 检查和修正对重轮的绳槽端面跳动的形位公差。

③ 安装与检测所装配的零部件，上油、定位、固定，转动灵活。

（3）咬轴造成轿厢无法运行时，则应在井道中搭脚手架，设法将对重架和轿厢固定并卸下曳引钢丝绳，然后进行修理，更换已咬坏的轴或做适当的技术处理，装配、上油、调整、定位、固定。

29. 电梯轿厢向上运行正常，向下运行不正常，同时出现时慢、时快，甚至停车

故障分析：如果轿厢设置安全窗，有时会出现此类故障，即轿顶安全窗未关严，使安全窗限位开关接触不良。

（1）当电梯向上运行时，由于井道内空气压力的作用，使安全窗限位开关接通。此时电梯向上运行正常。

（2）当电梯向下运行时，由于安全窗没有关严，电梯快速向下运行时轿厢下端井道空气受压，其气流将安全窗抬起，致使安全窗限位开关接触脱开，造成通电不正常，使电梯时慢、时快，甚至停车。

排除方法：

（1）检查安全窗限位开关好坏与否。

（2）检查安全窗与限位开关接触状况。检查安全窗是否能关闭，并测试安全窗关闭后，限位开关是否真正接通了安全窗的安全回路。

7.4.4　奥的斯电梯故障排除实例

（1）电梯没有内选。

故障分析：内选电源熔丝是否烧坏；公用线是否接通。

处理方法：检查发现 F1 熔断器是好的，8 号和 10 号熔断器中 8 号熔断器烧断，引起电梯没有内选。更换一个 500 V、1A 熔断器，内选恢复正常，电梯正常运行。

（2）电梯个别层没有内选。

故障分析：个别层内选按钮损坏；接线松动；电缆折断。

处理方法：检查按钮，动作正常。然后检查轿顶接线，发现 6 层插接件松动，接触不良。重新接好后，6 层内选正常。12 层的顶接线完好，检查随行电缆完好，外呼信号版正常但控制柜端子排的接线不好。12 层的顶接线完好，检查随行电缆完好，外呼信号版正常，但控制柜端子排的接线不好。重新接插牢后，12 层内选正常，电梯正常运行。

（3）12 站/12 层客梯，下行内选不停车，中间各层不变层显数字，一直显示"12"，直到一层突变为"1"。

测量下变速光电开关 IPD，输入电压 1XN/36 – 1XN/35 间为 DC 24V，正常，再检查输出 1XN/C38 – 1XN/39 间无电压，可判定 IPD 坏，更换下变速光电开关 IPD 后电梯正常运行。

（4）电梯只应答内选信号，厅外招唤不起作用。检查控制柜 LB 板发现 LNS 满载灯一直亮，再检查满载线路一直通。到轿底检查满载开关，而满载开关损坏，满载线路一直处于接通状态，更换开关后，外呼也正常。

（5）电梯无内选外呼信号。检查 2XM/01 – 1XQN/29 用电压，确认安全回路无故障。然后检查按钮公用线 1XN/65，用红笔连接 1XN/65，用黑笔连接地线，测试无电压。继续查到 18 区，查 8 号熔断器两端电压，确认熔断器烧坏。更换熔体后，电梯运行正常。

（6）电梯停车在 3 层半，外呼显示"停止"，控制柜中显示故障"8"（求救），MTCL（电动机热保护）灯亮。

① 故障分析：MTC 触电断开；控制柜中 MTC 节点得电；MTC 的电路板损坏。

② 处理方法：

· 手动触摸电动机，感到温度稍高，用万用表测量 MTC 接点导通。

· 测量 MTC 接点无电压，估计有短路现象，将电源控制电压 DC 42V 熔体烧断，经查轿厢内关门按钮芯裸露在面板外，更换按钮和保险后，故障消失。

（7）电梯外呼板上显示"停止"信号。该故障应属于保护电板电路动作，检查低坑及其他部位保护开关均正常，说明电梯主机有故障，测量无 42V 安全回路电压，顺序向前找，发现电源板上的熔断器已弹起，按压保险使其复位，42V 输出正常，故障消失。但运行一段时间又出现故障，且越来越频繁。到轿厢顶部观察有根导线被磨破，运行中有时振动碰到金属，出现短路保护。重新包好破裂处，故障消失。

（8）轿内厅外 7 段数据管显示出现错误。测量端子 3XQN/C05 对地的电阻，表针摆动，说明有接地的地方。把内选和外呼线分开测量，确认为外呼接线接地。经一层层查找终于找出 4 层有一数码管线挤压在呼梯盒菱角上，致使电线破皮搭地。把线处理好后放入盒内，合上电源，故障消失。

（9）隔磁板位置移动 TOEC – 40。12 层/13 站电梯快车从 12 层到 1 层正常，而快车从 1

层到 12 层,在 11 层时显示停止,但是电梯运动正常,到 12 层后上方向不消号,而电梯自动关门后无信号,5 s 后又自动关门,信号正常。

由于下行正常,确认与下行有关的电气线路正常。再检查所有运行条件,检查控制接触器触点正常,上轿顶检查,开慢车时发现当电梯上行到 11 层时,隔磁板插入,上换速光电开关指示不亮。因隔磁板装在导轨接头外,插入上换速光电开关的深度不够,重新调整隔磁板后,电梯正常运行。

(10) 电梯无快车。TOEC - 40 电梯故障板显示"3",正常,但无快车。

电梯不往上运行,应检查 2LS(上极限开关)、4LS(9 区,下限位开关)、6LS(7 区,上端站强迫停止开关)上限位开关,发现 6LS 没有复位。电梯不能向下运行,应检查 1LS(下极限开关)、3LS(9 区,下限位开关)、5LS(7 区,下端站强迫停止开关)下限位开关,发现 5LS 没有复位。将 6LS 及 5LS 复位,电梯运行正常了。

(11) TOEC - 40 电梯关门正常,不会开门。检查门电动机系统,开门限位正常,开门继电器吸合正常,触点也正常,检查发现开门电阻烧坏,开门回路不通,更换开门电阻后开门正常。

(12) TOEC - 40 电梯会开门,不会关门。检查关门限流电阻正常,关门继电器 33、34 常闭点接线正常,检查门电动机发现正极有电源,而电动机与电源的负极不通。进一步检查,关门继电器 33 点有电压,而 33 点到轿顶 1XN/07 无电压,可判定 1XN/07 号电缆断,更换电缆芯线后,关门正常。

(13) TOEC - 40 自动状态下不下行。用检修方法使电梯轿厢停 1 层,电梯能应答内选外呼上行信号,经查找发现位于下方向接触器 D 线与驱动板 MIB 之间的 INS 检修继电器 23 - 24 触点损坏,修复 23 - 24 触点后,电梯运行正常。

(14) 电梯在 4 层、5 层关门后偶尔不走车,其他信号正常。

故障分析:查看发现电梯在关门之后,轿厢门中缝过大,达到 8 ~10 mm,而正常值为 3 ~5 mm。分析其原因是电梯在关门换速限位的瞬间,有机械式卡阻,造成门关不上,门锁不能接通,电梯不走车。

处理方法:检查 4、5 层厅门门导轨。发现门导轨的关门到位的地方,由于门滚轮在此位的停止,造成该地方过多沉积油垢,使关门不到位,将油垢铲除后,运行正常。因此,门导轨应定期清洁,特别是两端,以免油污沉淀。

(15) 电梯关门后不能运行。

故障分析:内外门锁电器节点未接通;运行方向接触器不工作;安全保护电路不通。

处理方法:先检查运行方向接触器,手试动作正常,触点也无损。原来配电室检修时送往电梯配电盘上的 3 根线动过,没有按原来的相序接上,错相引起相序继电器动作,造成方向接触器不吸合。遇到这样的故障,如果首先考虑到前一天检修过,排放就能少走弯路。

再检查安全回路 1XQN/29 正常,测量 1XN/13 没电压,确认轿厢门锁有故障,原因是凸轮组合开关位移,轿厢门关到位后,门锁碰不上而不动作,使门锁回路不通,电梯便不能启动。

调整凸轮组合开关位置,使轿厢门关到位后正常动作,电梯运行正常。

(16) TOEC - 40 电梯故障显示"7",电动机热保护开路,但用手感电动机温度并不高,没有过热现象。

故障分析:温度检测电路故障;熔断器故障。

处理方法:测量电路正常,测量相应的 10 号球熔断器正常,测量电压无 DC 42V,测 PS 电源板上 F2 熔断器已损坏。更换新品,送电后此熔断器又烧坏。查原因,发现与 F2 保险相对应的整流已被击穿,更换整流桥和熔断器后电梯运行正常。

(17) TOEC – 40 电梯运行中有时出现突然停车。在机房观察安全回路,用短路封接法逐点查找故障部位,1XQN/26、1XN/28、1XQN/29 封线后,故障依旧存在,1XN/13 没有问题,查到封接 2XQN/35 时,运行正常,确认厅门锁坏或接触不良,造成厅门锁回路断开,引起电梯突然停车。到轿顶检查每层厅门接点,清洁每层厅门锁触点后,运行正常。

(18) TOEC – 40 电梯下行正常,无上行。快车下行正常,上行一走就强换保护,检查上行换速开关正常。经询问,他人在排除其他故障时,曾把端子排上的 2XQ/28、2XQ/30 拔出,检查开关后又插入。等处理完其他故障时,电梯就出现了此故障,分析可能是线号差错位了。经测量,2QN/28 上有 AC 100V 电压,测量 2QN/30 时没有电压,反而在空端子 2XQ/39 上有 AC 100V 电压,说明插错位了。将线号更换到 2XQ/30 后恢复正常。竖端子排,容易看错位,维修接线时一定要慎重,否则有时会烧坏配件,造成大故障。

(19) 电梯运行时有冲层现象。TOEC – 40 电梯短距离(即单层)运行正常,长距离(即多层)运行时,电梯有时冲层,然后自己救援,平层开门后又正常。一天出现三四次此现象。

故障分析:换速开关有故障;制动保险烧坏;第一、第二位置传感器有问题;实行超速、欠速保护;急停回路有问题;外部线路有问题。

处理方法:经检查,换速开关、熔断器、第一、第二位置传感器、急停回路、外部线路都没问题,怀疑调速器出现问题。在调速器上 VR5 影响换速的稳定性,微调 VR5 后电梯运行正常。可能是运行时间长了,电位器动触点有位移现象而使性能改变。

(20) 电梯没有快慢车。TOEC – 40 电梯没有快慢车,MIB 板上发光管 SAFL 亮,数码管显示"A",SDP 继电器没吸合,厅门外呼板显示"停止"。

SAFL 亮,表示安全回路有问题,测量接线端子 1XQN/26、1XQN/28、1XQN/29、2XQ/C33、涨绳轮开关、限速器开关、急停开关等都通。合上电源,SDP 继电器仍不吸合,测量 SDP 线圈两端无电压,顺线检查,找到 MIB 上,发现插件上的线虚接了。关掉总电源,把插件上的线重新插实,在合上电源,运行正常。

(21) TOEC – 40 电梯在运行中突然急速向下降,随后保护停止,说明有特殊的原因使保护电路动作。在机房发现旋转编码器钢带跑到转轮外,并且磨损了几十米,是位置信号丢失,钢带开关又动作,使电梯急停。更换钢带,重新盘到转轮上且调好松紧程度,电梯重新校正、写入楼层数据,开车运行正常。

(22) TOEC – 40 电梯运行抖动,曳引机有异常响声。电梯运行的稳定性与速度反馈电压及速度传感器有关,检查速度传感器,然后测量速度传感器输入电压,2XM/19 – 2XM/20 间为 DC 12V,确认正常。再检查输出电压 2XM/18 – 2XM/20 之间为 9V,且电压无变化,可判定为速度传感器损坏。更换速度传感器,电梯运行正常。

(23) TOEC – 40 电梯有慢车,无快车。测量 2XM/01 – 2XQ/36 间电压正常,但是 IIB 板故障显示为"E",应为安全回路故障,因 TOEC – 40 电梯安全回路为三路,再检查输入微机版信号,由 1XM/28 输入 MIB 的 CN2 – 1 正常,而 1XQN/29 有电压,而 MIB 板 CN2 – 2 无电压,再测量控制柜发现 1XQN/29 回路到电子板的插接线松动。重新插接牢固后,电梯运行正常。

(24) TOEC – 40 电梯上下行,不管是快车还是慢车状态,抖动非常厉害,电动机发热,噪声非常大。

故障分析:此故障可能是电动机轴承损坏;VTR 速度传感器损坏;拖动系统中的两组制动保险烧毁;蜗轮、蜗杆磨损严重;DMCU 主拖动版损坏;DMCU 上的晶管组件的损坏。

处理方法:

① 切断动力电源,用开闸板手松开抱闸,盘车,电动机、曳引机无噪声,也不抖动,可以排除曳引机、电动机、蜗轮、蜗杆的损坏。

② 更换 1 只 VTR 速度传感器,故障还是没有消除。

③ 用万用表测量制动保险,发现有一相烧坏,更换新品后电梯运行还是抖动。

④ 把 DMCU 主拖动板更换还是不能正常运行。

⑤ 取下晶辖管组件,更换后电梯正常运行。

(25) TOEC-40 电梯冲顶。在机房检查发现抱闸闸块衬垫磨损严重,而且烧糊,时间长了,与制动轮间隙过大而不抱闸,引起溜车,进一步检查所发现,运行接触器 UD 的 5 和 6 点不通了,打开接触器,发现触点断,更换触点和抱闸闸块衬垫后电梯正常运行。

(26) OTIS40 电梯不会关门,电梯有慢车没快车。门关不上主要原因是超载开关动作或安全触板开关,也可能是电梯在直驶状态等。

① 检查超载开关,发现没问题,开关良好。

② 检测满载(直驶)开关,也没问题。

③ 检查安全触板发现安全触板开关坏了,换上后,门可以关闭,但仍然没有快车,这时又观察到电梯内/外显示均不正常,只显示"停梯"字样。

④ 检查指令电源板发现整体电源装置 PS 上 3A 熔丝断。装上备用熔丝后,电梯显示正常,并且电梯也恢复了正常行驶。

(27) TOEC-60 电梯返基站停梯后,电梯开门,不再运行。

故障分析:此故障可能由以下原因造成。

① 基站驻停开关 PKS 粘连或复位,使驻停信号始终送给主电脑板。

② 消防开关动作或短路,使消防信号始终保持。

③ 基站无消防开关,控制柜端子排无配线,电脑板短路。

故障处理:

① 检查基站驻停开关正常。

② 查消防开关没有端子排,直接从电脑的输入端拆除消防输入信号,电梯依然不运行。最后查到大楼消防监控中心的接线短路,电梯进入消防状态。此电梯正好是火灾管制梯,到基站后就不再运行。排出消防监控中心的短路线后,电梯正常运行。

(28) TOEC60 – VF 电梯轿厢不减速。轿厢不减速处理方法如下:

① 通过 IPC 功能,轿厢只能在端站进入正常减速。

② 轿厢通过终端运行(TPC 不起作用)。校核确认接线,然后更换 MIP;更换逻辑单元。

思 考 题

1. 试简述电梯的工作原理。

2. 电梯由哪些部分组成?

3. 对于电梯机房的设置有哪些基本形式?

4. 电梯的主要性能指标有哪些?

5. 电梯的维护与保养人员需要什么要求?

6. 电梯控制电路中的 PLC 保养方法是什么?

7. 电梯的故障类别有哪些?

8. 电梯轿厢运行过程中,曳引机振动或电动机发出异常杂音或机组振动,舒适感差的原因是什么? 可用什么方法进行排除?

第8章　设备修理与制度

8.1　概　述

设备在使用过程中,零部件会逐渐发生磨损、变形、断裂、锈蚀等现象使设备的技术状态劣化。设备修理就是对设备技术状态劣化存在隐患的设备或发生故障的设备通过更换或修复磨损的零件,对整机不进行拆装、调整,以恢复设备的功能或精度,保持设备完好。它是当设备技术状态劣化时恢复设备功能,保持设备精度,延长设备寿命的一种技术活动。

设备维修,必须贯彻预防为主的方针,根据企业的生产性质、设备特点及设备在生产中所起的作用,采取日常检查、定期检查、状态监测和诊断等各种手段,掌握设备的技术状态,加强设备维护的计划性,充分做好维修前的技术及生产准备工作。修理过程中,应积极采用新技术、新材料、新工艺和现代科学方法,以保证修理质量、缩短停机时间和降低修理费用。必要时可进行改善性维修,提高设备的可靠性、可维修性、充分发挥设备的使用效力。

8.1.1　设备修理方式

在保证生产的前提下,利用合理的维修方式维修设备。维修方式主要分为以下几类:

1. 事后维修

事后维修就是对一些生产设备,不将其列入预防维修计划,发生故障后或性能、精度下降不能满足生产要求时进行修理。事后维修可以发挥主要零件的最长寿命,使维修经济性好。这种维修方式一般适用于对故障停机后再修理不会给生产造成损失的设备,修理技术不复杂而又能及时提供备件的设备,一些利用率低或有备用的设备。

2. 预防维修

防止设备性能下降、精度降低、减少故障率,按事先规定的修理计划和技术要求进行的维修活动,称为预防维修。对重点关键设备,实行预防维修。预防维修主要有以下几种维修方式:

(1) 定期维修:定期维修是在规定时间的基础上执行的预防性活动,具有周期性特点。它是根据零件的失效规律,规定修理的间隔时间、修理类别、修理内容和修理工作量。

我国目前实行的设备定期维修制度主要有计划预防性维修制和计划保修制两种。

① 计划预防维修制度:简称计划预防维修制。它是根据设备的磨损规律,按预定修理周期及其结构对设备进行维护、检查和修理,以保证设备经常处于良好的技术状态的一种设备维修制度。有以下特征:

● 按规定的要求,对设备进行日常清扫、检查、润滑、紧固和调整等,以延缓设备的磨损,保证设备的正常运行。

● 按照规定的日程表对设备的运行状态、性能特点和磨损程度等进行定期检查和调整，以便及时消除设备隐患，掌握设备技术状态的变化情况，为设备定期修理做好物质准备。

● 有计划有准备地对设备进行预防性维修。

② 计划保修制。又称保养维修制。它是把维护保养和计划检修结合起来的一种修理制度。其主要特点如下：

● 根据设备特点和状况，规定不同的维修保养类别和间隔时间，一般有日常保养、一级保养、二级保养、三级保养。

● 在三级保养时，可根据设备的劣化状态制定修理类别和修理周期。

● 当设备运转到规定的时限时，无论生产任务的轻重，都要严格要求进行设备的检查、保养和计划修理。

（2）状态监测维修：这是一种以设备技术状态为基础，按实际需要进行修理的预防维修方式。这种维修方式适用于在状态监测和技术诊断基础上，掌握设备劣化发展情况；在高度预知的情况下，适时安排预防性维修，又称预知的维修。

3. 改善维修

为消除设备设计缺陷或频发故障，对设备局部结构和零件加以改进，结合修理进行改装以提高其可靠性和维修性的措施，称为改善维修。

8.1.2　修理类别

预防维修的修理类别有大修、中修、小修、项修、定期精度调整等。

1. 大修

设备大修是工作量最大、修理时间较长的一种计划修理。它是设备重要零件严重磨损，主要精度下降，性能大部分丧失，必须经过全面修理，才能恢复效能使用的一种修理方式。机械设备大修的总的技术要求：全面消除修理前存在的缺陷，大修后应达到设备出厂或修理技术文件所规定的性能和精度标准。

大修的主要内容如下：

（1）对设备的全部或大部分部件解体检查，同时做好记录；

（2）全部拆卸设备的部件，对所有的零部件进行清洗并做出技术鉴定；

（3）编制大修技术文件，做好修理前各方面准备工作；

（4）更换或修复失效的零部件；

（5）刮研或磨削全部导轨面；

（6）修理设备电气系统；

（7）配齐安全防护装置和必需的附件；

（8）装配整机，调试达到大修质量技术要求；

（9）重新喷漆、电镀等，翻新外观；

（10）按照设备出厂标准验收整机。

在设备大修时还需要考虑适当进行相关技术改造，比如由于设备存在先天性的缺陷或者多发性故障，可以在大修过程中对其局部结构或零部件进行改进设计，提高设备的可靠性。

2. 项修

项目修理简称项修，是根据机械设备的结构特点和实际技术状态，对设备状态达不到生产工艺要求的某些项目或部件,按照实际需要进行局部刮研、校正坐标,使设备达到应有的精度和性能。进行项修时,只是针对需要检修部分进行拆卸分解、修复;更换主要零件,刮研或磨削部分导轨面,校正坐标,使修理部位及相关部位的精度、性能达到规定标准,以满足生产工艺的要求。

项修时,对设备进行部分解体,修理或更换部分主要零件与基准数量约为 10% ~30%。修理使用期限等于或小于修理间隔期的零件;同时对床身导轨、刀架、床鞍、工作台、横梁、立柱和滑块等进行必要的刮研,但总刮研面积不超过 30% ~40%,其他摩擦面不刮研。项修时对其中个别难以恢复的精度项目,可以延长下一次大修时恢复;对设备的非工作表面要打光后涂漆。项修的大部分修理项目由专职工人在生产车间现场进行,个别要求高的项目由机修车间承担。设备项修后,质量管理部门和设备管理部门要组织机械员、主修工人和操作者,根据项修技术任务书的规定和要求,共同检查验收。检查合格后,由项修质量检验员在检修技术任务上签字,主修人员填写设备完工通知单,并由送修与承修单位办理交接手续。

项修的主要内容如下:

(1)全面进行精度检查,确定需要拆卸分解、修理或更换的零部件;

(2)修理基准件,刮研或磨削需要修理的导轨面;

(3)对需要修理的零部件进行清洗、修复或更换;

(4)清洗、疏通各润滑部位,换油、更换油毡线;

(5)修理漏油部位;

(6)喷漆或补漆;

(7)按部颁修理精度、出厂精度或者项修技术任务书规定的精度检验标准,对修完的设备全部进行检查。但对项修时难以恢复的个别精度项目可适当放宽。

3. 小修

设备的小修是维修工作量最小的一种计划修理。对于实行状态维修的设备,小修的工作内容主要是针对日常点检和定期检查发现的缺陷或者劣化征兆进行修复。

小修工作内容是拆卸有关的零部件进行检查、调整、更换失效的零件,以恢复设备的正常功能;对于实行定期维修的设备,小修的内容主要是根据掌握的磨损规律,更换或修复在修理间隔期内失效或即将失效的零件,并进行调整,以保证设备的正常工作能力。小修一般在生产现场进行,由车间维修工人执行。

4. 定期精度调整

定期精度调整是指精、大、稀设备的几何精度进行有计划的定期检查并调整,使其达到或接近规定的精度标准,保证其精度稳定以满足生产工艺要求。一般情况下,定期调整精度的时间周期为 1~2 年,宜安排在气温变化较小的季节进行。

中修常归类于小修或项修,在此不再详细介绍。

8.1.3　机械设备修理的一般过程

机械设备修理的工作过程一般包括:解体前整机检查、拆卸部件、部件检查、必要的部件分解、零件清洗及检查、部件修理装配、总装配、空运转试车、负荷试车、整机精度检验、竣工验收。在实际工作中应按大修作业计划进行并同时做好作业调度、作业质量控制以及竣工验收等主要管理工作。

机械设备的大修过程一般可分为修前准备、施工和修后验收 3 个阶段。

1. 修前准备

为了使修理工作顺利进行,修理人员应对设备技术状态进行调查、了解和检测;熟悉设备使用说明书、历次修理记录和有关技术资料、修理检验标准等;确定设备修理工艺方案;准备工具、检测器具和工作场地等;确定修后的精度检验项目和试车验收要求,这样就为整台设备的大修做好了各项技术准备工作。修前准备越充分,修理的质量和修理进度越能够得到保证。

2. 施工

修理过程开始后,首先采用适当的方法对设备进行解体,按照与装配相反的顺序和方向,即"先上后下、先外后内"的方法,正确地解除零部件在设备中相互间的约束和固定形式,把它们有次序地、尽量完好地分解出来并妥善放置,做好标记。要防止零部件拉伤、损坏、变形和丢失等。

对已经拆卸的零部件应及时进行清洗,对其尺寸和形位公差及损坏情况进行检验,然后按照修理的类别、修理工艺进行修复或更换。对修前的调查和预检进行核实,以保证修复和更换的正确性。对于具体零部件的修复,可根据其结构特点、精度高低并结合修复能力,拟定合理的修理方案和相应的修复方法进行修复,直达到要求。

零部件修复后即可进行装配,设备整机的装配工作以验收标准为依据进行。装配工作应选择合适的装配基准面,确定误差补偿环节的形式及补偿方法,确保各零部件之间的装配公差,如平行度、同轴度、垂直度以及传动的啮合精度要求等。

机械设备大修的修理技术和修理工作量,在大修前难以预测得十分准确。因此,在施工阶段,应从实际情况出发,及时地采取各种措施来弥补大修前预测的不足,并保证修理工期按计划或提前完成。

3. 修后验收

凡是经过修理装配调整好的设备,都必须按有关规定的公差标准项目或修前拟定的公差。

项目进行各项公差检验和试验,如几何公差检验、空运转试验、载荷试验和工作公差检验等,全面检查衡量所修设备的质量、公差和工作性能的恢复情况。

设备修理后,应记录对原技术资料的修改情况和修理中的经验教训,做好修理后工作小结,与原始资料一起归档,以备下次修理时参考。

8.2　修理计划的编制

设备修理计划是企业设备管理部门组织设备维修工作的指导性文件。它不仅是企业生产经营计划的重要组成部分,而且也是企业设备维修组织与管理的依据。计划的编写要准确、真实地反映生产与设备相互关联的运动规律。计划项目编制得正确与否,主要取决于采用的依据是否较为确切,是否科学地掌握了真实的技术状态及变化规律。应从企业的技术装备条件出发,采用新工艺、新技术、新材料,在保证质量的前提下,力求减少停歇时间和降低修理费用。

设备修理计划必须同生产计划同时下达、同时考核。设备修理计划包括各类修理和技术改造,是企业维持简单再生产和扩大再生产的基本手段之一。

8.2.1　修理计划的类别及内容

企业的设备修理计划,通常分为两大类:一类是按时间进度安排的年度、季度、月修理计划;另一类是按修理类别编制的大修计划。

1. 按时间进度编制的计划

(1)年度修理计划:包括大修、项修、技术改造、三级保养维修、更新设备的安装检查项目。

(2)季度修理计划:包括年度计划分解的大修、项修、小改、小修、二级保养维修和设备技术状态劣化程度严重必须小修的项目。

(3)月份修理计划:内容有按年度分解的大修、项修、技术改造、小修、定期维护和安装;精度调整;上月设备故障遗留问题安排在本月的小修项目。

年度、季度、月度检修计划是考核企业及车间设备修理工作的依据。年度、季度、月度应制订计划表,包括以下内容应:

① 设备序号;

② 使用单位;

③ 设备编号;

④ 型号规格;

⑤ 设备类别;

⑥ 修理复杂系数;

⑦ 修理类别;

⑧ 主要修理内容;

⑨ 各工种的修理工时定额;

⑩ 停歇时间;

⑪ 计划进度;

⑫ 修理费用;

⑬ 承修单位;

⑭ 修理负责人。

(4)备注:在修理计划实施时发现零件缺、需要自制特殊工具、等待备件等应注入备注。

年度、季度、月份检修计划是考核企业及设备车间工作的依据。年度、季度、月份修理及年度修理计划分别见表8-1、表8-2、表8-3、表8-4。

表 8-1　年度设备大修理计划表　　　制表时间:　　年　月　日

序号	使用单位	设备型号	设备编号	设备类别	修理复杂系数	修理类别	主要修理内容	修理工时定额				停机天数	计划进度		修理费用	承修单位	备注
								合计	钳工	电工	机加工	其他		季	月			

总工程师:　　　　　　设备科长:　　　　　　计划员:

表 8 – 2 季度设备修理计划表　　　制表时间：　年　月　日

序号	使用单位	设备型号	设备编号	设备类别	修理复杂系数	修理类别	主要修理内容	修理工时定额					停机天数	计划进度			修理费用	承修单位	备注
								合计	钳工	电工	机加工	其他		季	月	月			

总工程师：　　　设备科长：　　　计划员：

表 8 – 3 月份设备修理计划表　　　制表时间：　年　月　日

序号	使用单位	设备型号	设备编号	设备类别	修理复杂系数	修理类别	主要修理内容	修理工时定额					停机天数	计划进度			修理费用	承修单位	备注
								合计	钳工	电工	机加工	其他		起	止				

总工程师：　　　设备科长：　　　计划员：

表 8 – 4 年度设备修理计划表　　制表时间：　年　月　日

序号	使用单位	设备型号	设备编号	设备类别	修理复杂系数	修理类别	主要修理内容	修理工时定额					停机天数	计划进度				修理费用	承修单位	备注
								合计	钳工	电工	机加工	其他		一季度	二季度	三季度	四季度			

总工程师：　　　设备科长：　　　计划员：

2. 按修理类别编制的计划

企业按修理类别编制的计划,通常为年度设备大修理计划和年度设备定期维护计划,包括预防性试验。设备大修计划主要供企业财务管理部门准备大修理资金和控制大修理费用使用,并上报管理部门备案。

8.2.2 修理计划编制的主要因素

1. 设备的技术状态

由企业设备维修部门或设备使用车间的工程师或设备员根据日常巡回检查、定期检查、关键部件检查、状态监测和故障修理等记录所积累的设备状态信息,结合年度设备普查鉴定的结果,综合分析后向设备管理部门报告设备技术状态,对技术状态劣化须修理的设备,应列入年度修理计划的申请项目。企业的设备普查一般安排在每年的第三季度,由设备管理部门组织实施。

2. 生产工艺产品质量对设备的要求

由企业工艺部门根据产品工艺要求提出,如设备的实际技术状态不能满足工艺要求应安排计划修理。

3. 安全与环境保护的要求

根据国家和有关主管部门的规定,设备的安全防护装置不符合规定,排放的气体、液体、粉尘等污染环境时,应安排改善修理。

4. 设备的修理周期与修理间隔期

设备的修理周期和修理间隔期是根据设备磨损规律和零部件使用的寿命,再考虑各种客观条件影响程度的基础上确定的。这也是编制修理计划的依据之一。

5. 编制季度、月份计划

编制季度、月份计划时,应根据年度修理计划,并考虑到各种因素的变化,如修前生产技术准备工作的变化、设备事故造成的损坏、生产工艺要求变化对设备的要求、生产技术任务的变化对停修时间的改变及要求等,进行适当调整和补充。

编制修理计划还应考虑下列问题:

(1)生产急需的、影响产品质量的、关键工序的设备应重点安排修理,力求减少重点、关键生产与维修的矛盾。

(2)应考虑到修理工作量的平衡,使全年修理工作能均衡地进行。对应修理设备应按轻重缓急尽量安排计划。

(3)应考虑修前生产技术准备工作的工作量和时间进度。

(4)精密设备检修的特殊要求。

(5)生产线上单一关键设备,应尽可能安排在节假日中检修,以合理使用时间。

(6)连续或周期性生产的设备必须根据其特点适当安排,使设备修理与生产任务紧密结合。

(7)同类设备尽可能安排连续修理。

(8)综合考虑设备修理所需的技术、物资、劳动力及资金来源的可能性。

8.2.3　修理计划的编制

年度设备修理计划是企业全年设备检修工作的指导性文件。年度设备修理计划要求既能切合实际可行,又能利于生产。

1. 年度修理计划

年度设备修理计划是企业全年设备检修工作的指导性文件。对年度设备修理计划的要求是:力求达到既准确可行,又有利于生产。

(1)编制年度检修计划的5个环节

① 切实掌握需要维修设备的实际技术状态,分析其修理的难易程度;

② 与生产管理部门协商重点设备可能交付修理的时间和停歇天数;

③ 预测修前技术,生产准备工作可能需要的时间;

④ 平衡维修劳动力;

⑤ 对以上 4 个环节出现的矛盾提出解决措施。

（2）计划编制的程序。一般在每年九月份编制下一年度的设备修理计划,编制过程按以下 4 个程序进行:

① 搜集资料:计划编制前,要做好资料搜集和分析工作。主要包括两个方面:一是设备技术状态方面的资料,如定期检查记录、故障修理记录、设备普查技术状态表以及有关产品工艺要求、质量信息等,以确定修理类别;二是年度生产大纲、设备修理定额、有关设备的技术资料以及备件库存情况。

② 编制草案:在正式提出年度修理计划草案前,设备管理部门应在主管厂长〔或总工程师〕的主持下,组织工艺、技术、使用、生产等部门进行综合的技术经济分析论证,力求达到综合了必要性、可靠性和技术经济性基础上的合理性。

③ 平衡审定:计划草案编制完毕后,分发生产、计划、工艺、技术、财务以及使用等部门讨论,提出项目的增减、修理停歇时间长短、停机交付修理日期等各类修改意见,经过综合平衡,正式编制出修理计划,由设备管理部门负责人审定,报主管厂长批准。

④ 以下执行:每年 12 月份以前,由企业生产计划部门下达下一年度设备修理计划,作为企业生产、经营计划的重要组成部分进行考核。

2. 季度修理计划

季度修理计划是年度修理计划的实施计划,必须在落实停修时间、修理技术、生产准备工作及劳动组织的基础上编制。按设备的实际技术状态和生产的变化情况,它可能使年度计划有变动。季度修理计划在前一季度第二个月开始编制,可按编制计划草案、平衡审定、下达执行 3 个基本程序进行,一般在上季度最后一个月 10 日前由计划部门下达到车间,作为其季度生产计划的组成部分加以考核。

3. 月份修理计划

月份修理计划是季度计划的分解,是执行修理计划的作业计划,是检查和考核企业修理工作好坏的最基本的依据。在月份修理计划中,应列出应修项目的具体开工、竣工日期,对跨月份项目可分阶段考核。应注意与生产任务的平衡,要合理利用维修资源。一般每月中旬编制下一个月份的修理计划,经有关部门会签、主管领导批准后,由生产计划部门下达,与生产计划同时检查考核。

4. 滚动计划

滚动计划是一种远近结合、粗细结合、逐年滚动的计划。由于长期计划的期限长、涉及面广,有些因素难以准确预测,为保证长期计划的科学性和正确性,在编制方法上可采用滚动计划法。

在编制滚动计划时,先确定一定的时间长度(如三年、五年)作为计划期;在计划期内,根据需要将计划期分为若干时间间隔,即滚动期,最近的时间间隔中的计划为实施计划,内容要求较详尽;以后各间隔期内的计划为展望计划,内容较粗略;在实施过程中,在下一个滚动期到来之前,要根据条件的变化情况对原定计划进行修改,并加以延伸,拟定出新的即将执行的实施计划和新的展望计划。

8.3　设备维修计划的实施

设备维修计划的实施过程包括维修前准备工作、组织维修施工、竣工和验收工作。

　　对于单台设备来说,实施修理计划要求修理单位认真按计划组织施工,按使用单位规定的日期将设备交付修理,设备管理、质量验收、使用单位及修理单位相互密切配合做好修后的检查和验收工作。

8.3.1　维修前准备工作

　　设备维修前进行充分的准备工作有利于提高设备的修理质量,缩短停机时间,提高经济效益。所以,设备管理部门应认真做好这项工作,定期检查有关人员所负责的准备工作完成情况,发现问题及时研究采取措施解决,以满足修理计划的要求。

　　(1)技术准备:设备修理计划制定后,主修技术人员应抓紧做好修前技术准备工作。对实行状态监测维修的设备,可分析过去的故障记录、定期维护、定期检查和技术状态诊断记录,从而确定修理内容和编制修理技术文件。定期维修的设备,应先调查技术状态,然后分析确定修理内容和编制修理技术文件。对精、大、专设备的大修方案,必要时应从技术和经济方面做好可行性分析。

　　(2)生产准备:维修前生产准备包括材料及备件的准备,专用工具、测量检验器具的准备以及维修作业计划的编制。充分的生产准备工作,有利于保证设备维修工作的顺利进行。

　　(3)编制修理作业计划。

8.3.2　组织维修施工

1. 解体检查

　　设备解体后,由维修工长或班长等主修技术人员及时检查零部件的损害情况,如磨损、变形、断裂、蠕变等失效形式。尽快制定技术文件和图样,以完善维修计划。主要包括以下几项:

　　(1)按检查结果确定修换件明细表;

　　(2)修改补充的材料明细表;

　　(3)修理技术任务书局部的修改与补充;

　　(4)按修理装配的先后顺序要求,尽快发出临时制造的配件图样。

　　调度室人员会同维修站长或组计划长,根据解体检查的实际结果及修改补充的修理技术文件,及时修改和调整修理作业计划,并将作业计划下发给主管维修人员,便于随时了解维修进度。

2. 生产调度

　　主管修理人员或修理站长必须每日了解各部件修理的实际进度,并在作业计划上做出实际完成的标记,对维修过程中发现的新问题,能解决的应及时制定措施解决。如果问题复杂,关联因素多,应及时向调度室汇报,由调度室负责协调完成。

　　调度室要派人在维修现场,听取维修人员的意见和要求,与技术人员联系商讨,从技术上和组织管理上采取措施,及时解决。为了做到不待工、不待料延误进度,调度室人员应与现场维修人员或维修站长(组)长利用班前班后时间开例会,了解情况,使各工种更好的地接,提高维修效率。

3. 临时配件制造进度

　　修复和临时配件的修理进度,往往是影响修理工作不能按计划进度完成的主要因素。应按修理装配先后顺序的要求,对关键零部件逐渐安排检验与加工,找出薄弱环节,采取措施,保证满足修理进度的要求。

8.3.3 竣工和验收工作

1. 竣工验收

设备修好后一般由主管修理人员及操作工人一起进行验收,内容包括:空运转试车、几何精度的验收、负荷试验,并将结果做记录汇报给维修站长,通知调度室交付设备。

设备大修完毕单位试运转并自检合格后,按以下程序办理竣工验收:

(1) 空运转试车检验:根据空运转试车标准,由修理单位的站长或主修人员、检查组人员、生产单位设备操作人员、设备管理部门代表参加提出技术文件,并记录空运转试车结果。主要考察机床各部件的功能性。

(2) 负荷试车试验:根据负荷试车标准,由修理单位的站长或主修人员、检查组人员、生产单位设备操作人员、设备管理部门代表参加提出技术文件,并记录负荷试车结果。主要考察机床的动态性能、承载能力、切削能力。

(3) 公差检验:根据几何工作公差标准,由修理单位的站长或主修人员、检查组人员、生产单位设备操作人员、设备管理部门代表参加提出技术文件,并记录几何工作公差结果。主要考察机床的各项几何公差良好性。

(4) 施工验收:修理任务书及检验记录列入竣工报告单附件,填写修理竣工报告单,一式三份分别交给修理部门、使用部门、计划考核部门,计划考核部门存入设备档案。

验收由企业设备管理部门的代表主持,要认真检查修理质量和查阅各项修理记录是否齐全、完整。经设备管理部门和使用单位的代表一致确认,通过修理完成修理任务书规定的修理内容并达到规定的质量标准及技术条件后,各方代表在"设备修理竣工报告单"上签字验收。如果验收中交接双方意见不统一,应报请企业设备管理部门负责人裁决。

2. 用户服务

设备修理竣工后,修理单位应定期访问用户,认真听取用户单位对维修质量的意见。对修后运转中发现的缺点,应及时圆满解决。设备大修后应有保修期,一般不少于 3 个月。

8.4 设备维修计划的考核

企业生产设备的预防性维修,主要是通过完成各种修理计划来实现的。在某种意义上,修理计划完成率的高低反映了企业设备预防维修工作的优劣。因此,对企业及其各生产单位和维修单位,必须考核年度、季度、月份修理计划的完成率,并列为考核车间的主要技术经济指标之一。

8.4.1 设备修理计划考核指标

设备修理计划考核指标主要有以下几项:

(1) 小修计划完成率:实际完成台数 ÷ 计划台数 × 100% 。

(2) 项修计划完成率:实际完成机械部分的复杂系数之和 ÷ 计划完成机械部分的复杂系数之和 × 100% 。

（3）大修计划完成率：实际完成机械部分的复杂系数之和÷计划完成机械部分的复杂系数之和×100%。

（4）大修费用完成率：实际大修费用÷计划大修费用×100%。

（5）大修平均停歇天：完成大修项目实际停歇天数÷在修项目机械复杂系数之和×100%。

（6）大修质量返修：保修期内返修停歇台数÷返修设备实际大修停歇台数×100%。

8.4.2　考核期限

考核修理计划的依据是"设备竣工报告单"，由企业的设备主管部门计划负责考核。

小修计划完成率、项修计划完成率、大修计划完成率，由设备主管部门纳入每月、季度、年度考核指标，实行奖罚制度。

大修费用完成率、大修质量返修率、大修平均停歇天数/机械部分的复杂系数，由设备主管部门纳入季度、年度考核指标，实行奖罚制度。

8.5　机械设备的大修

为了保证设备的安全可靠运行，保持良好的精度。对设备进行有计划的预防性修理，是工业企业设备管理工作的重要组成部分。很多企业通过加强维护保养和针对性修理，改善修理等来保证设备的正常运行。但是，对于大型连续性生产设备、起重设备、大型数控设备以及某些必须保证安全运转的设备，有必要在适当的时间安排大修理。大修已和技术改造工作结合在一起，修复或更换机械零件，比如机床的导轨、床身等的修复、轴承的更换。有些老的结构可改进，如机床传动部分，将原来的齿轮传动改为丝杠传动等，有利于缩短传动链，提高机床的精度。

8.5.1　设备大修的技术要求

设备大修的技术要求尚未统一说法，但总的要求应是：

（1）恢复设备原有性能。

（2）全面清除修前存在的缺陷。

（3）大修后应达到设备出厂的性能和精度标准。实际工作中，按企业生产需要出发，依据产品工艺要求，制定设备大修标准。

8.5.2　机械设备大修前的准备工作

大修前的准备大多是技术准备工作，主要是维修前机械设备的技术状态、劣化程度的检测、零件修复更换的确定、维修方案的确定等。准备工作的完善程度和准确性、及时性都会直接影响大修进度计划、修理质量和经济效益。

1. 预检

为全面深入了解设备技术状态劣化的具体情况，在大修前安排的停机检查，通常称为预检。预检工作由主修技术人员负责，使用设备单位的机械员参加，共同承担。预检的时间长短与设备的复杂程度、设备的劣化程度及修理准备工作的管理有关。通过预检来验证预测的设备劣化程度,发现隐患,从而达到全面深入了解设备的实际技术状态,结合已经掌握的设备技术状态劣化规律,作为制定修理方案的依据。

（1）预检前的调查准备工作。预检前应做好以下调查准备工作:

① 仔细阅读设备说明书及检验记录,熟悉设备的结构、性能、精度及其技术特点。

② 查阅设备档案,主要内容有:设备安装验收时的性能检验、精度检验及记录;小修、项修的内容;设备事故报告;设备运行中的状态监测记录。

③ 询问操作工人了解设备的状态,包括:设备的液压、气动、润滑系统等的功能是否正常,安全保护装置是否齐全;设备运行中易发生故障的部位及原因。

（2）预检内容:在实际工作中,依据不同类型的设备确定预检内容。以下为金属切削机床类设备典型预检内容,供参考。

① 按出厂精标准标对设备逐项检查,记录实测值。

② 检查设备外观:外观见漆,指示标牌齐全,操作手柄是否损伤等。

③ 检查机床导轨:有无区部损伤、磨损程度的测量等。检查导轨副镶条是否变形需要更换。

④ 检查机床的主要传动件如丝杠、齿轮齿条副、蜗轮蜗杆副等的磨损情况,并测量磨损量。

⑤ 检查气动、润滑系统,是否需要改造。

⑥ 检查电气部分:检查电气元器件是否有老化损坏情况,选用合适的元器件。

⑦ 检查机床运行状态:运行是否有噪声、爬行现象。

⑧ 检查安全防护装置:包括安全互锁机构、限位开关、是否可靠。

⑨ 部分结构分解检查,是否需要更换零件,如主轴箱内的传动轴、轴承等。

通过预检掌握设备状况,确定更换件、修复件,确定修理方案,制定大修技术文件。

2. 编制大修技术文件

机械设备大修技术文件有修理技术任务书、修换件明细表、材料明细表、修理工艺、修理质量标准等。这些技术文件是编制修理作业计划,准备配件、材料,核算修理工时与成本,指导修理作业计划及检查和验收修理质量的依据。它的正确性和先进性是衡量企业设备维修技术水平的重要标志之一。

（1）编制修理技术任务书。设备修理技术任务书的内容如下:

① 设备修前技术状况:主要零部件的损坏磨损情况,精度下降程度,设备主要功能、参数等。

② 主要修理内容:确定清洗的零件、更换、修复零件;关键零件的修复方法;修理调整的内容等。

③ 修理质量要求:包括装配质量、外观质量、几何公差、空运转试验、负荷试验的检查。均要符合通用、专用技术标准。

（2）编制修换件明细表。编制修换明细表时,应注意以下几点:

① 需以毛坯或半成品形式准备的零件,需要成对准备的零件,都应写在修换件明细表上加以说明。

② 需要锻、铸、焊接件毛坯的更换件,制造周期长、精密度高的更换件,外购大型件、轴承、气动、液压元件、密封元件等,采用修复技术的主要零件,零件制造周期不长,但需用量较

大的零件等均应列入修换件明细表。

③ 用铸铁、一般钢材毛坯加工，工序少且大修理时制造不影响工期的零件，可不列入修换件明细表。

④ 关键设备、生产线设备，可考虑部件更换部件，取得显著的经济效益。

（3）编制材料明细表。材料明细是设备大修准备材料的依据，直接用于设备修理的材料如有色金属、钢材、电气材料、密封材料、润滑油脂等均应写入材料明细表。大修时用的辅助材料，如清洗剂、擦拭材料等不列入材料明细表。

（4）编制修理工艺。机械大修工艺通常包括以下内容：

① 整机和部件的拆卸程序、方法以及拆卸过程中应检测的数据和注意事项。

② 主要零件的检查、修理和装配工艺，以及应达到的技术条件。

③ 总装配程序和装配工艺，应达到的技术要求、精度要求以及检查测量方法。

④ 关键部件的调整工艺以及应达到的技术要求。

⑤ 总装后试车程序、规范及应达到的技术要求。

⑥ 在拆卸、装配、检查测量及修配过程中需要的通用或专业工具、检具、研具、量仪明细表，其中对专业工具、检具、研具、量仪应加以注明。

⑦ 修理中的安全文明生产措施。

（5）大修质量标准：机械设备大修质量标准是各类修理中要求最高的标准。通常情况下，是以机械设备出厂标准为基准的，大修后机械设备的性能指标应能满足产品质量、加工要求，并有足够的精度储备。综合各类机械设备的大修质量标准，主要包括以下几项内容：

① 机械设备的工作精度：主要包括在规定的工件材料、形状、尺寸和规定的加工工艺规程条件下加工产品，加工后产品应达到的公差。工作公差是用来衡量机械设备的动态精度的标准。

② 机械设备的几何公差：它是用来衡量机械设备的静态精度的标准，包括检验项目、各项目的检验方法、各项目的允许偏差。

③ 空运转试验的技术要求：主要有空运转的程序、方法、检验的内容和应达到的技术要求。

④ 负荷试验应达到的技术要求。

⑤ 外观质量：包括机械设备外表面和外露零件的涂装、防锈、美观、标牌等的技术要求。

在机械设备修理验收时可参照国家标准计量局和部委等制定和颁布的一些机械设备大修理通用技术条件，企业可参照机械设备通用技术条件编制本企业专用机械设备大修质量标准。

（6）专用工检具、备件的准备：主修技术人员在制定好修理工艺后，应及时把大修理所需用的专用工具、检具列入明细表递交工具管理室，准备齐全。需要新制的专用工具或检具，要及时订购。

（7）编制大修作业计划。修理部门的调度室根据企业设备管理部门下达的大修计划和大修技术文件编制作业计划，与大修项目负责人、主修人员讨论，共同审定。

大修作业计划内容包括：作业程序、作业人员、作业天数、作业之间相互的衔接要求等。近年来，随着网络技术的飞速发展，很多企业应用网络技术编制大修计划，以合理利用人力、物力、设备、资金等资源，缩短修理周期，提高经济效益。

8.5.3　机械设备的大修过程

机械设备的大修与设备的制造不同,设备大修是弥补机械设备大修前的薄弱环节,在大修之前预检难免预测得没那么准确可靠,只是及时地采取各种措施来补救,保证质量修理,并保证修理工期按计划或提前完成。

机械设备大修在实际工作中应按大修作业计划进行,一般程序如图 8 - 1 所示。

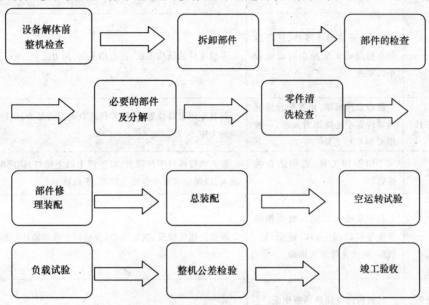

图 8 - 1　机械设备大修程序

1. 机械设备的拆卸

机械设备的拆卸是一项不可忽视的工作。实践证明,不了解机械设备的情况乱拆是错误的,有时还会使故障扩大,造成不应有的时间和经济的损失,必须在预检确定拆卸部位后再进行拆卸。拆卸前应做好准备工作,拆卸时要严格遵守操作规程,仔细进行,以避免损伤零件。

机械设备拆卸的一般原则、拆卸方法分别如表 8 - 5、表 8 - 6 所示。

表 8 - 5　机械设备的拆卸的一般原则

序号	拆卸原则	要求
1	拆卸前必须了解机械设备的结构	查阅图纸,掌握拆卸部位的机械结构特点、原理,了解和分析零件的工作性能、功能和拆卸方法
2	合理的拆卸方法	选择合理的拆卸方法、合适的拆卸工具。拆卸顺序一般是:从外到内,从上部到下部,先拆部件或组件,如后拆卸零件;起吊应防止零部件的变形,注意安全,以免造成人身、设备事故
3	为装配创造条件	对成套加工或选配的零件、不可互换的零件,拆卸前应按原来部位或顺序做好标记;对拆卸的零件应按顺序分类,合理存放,如精密细长轴、丝杠等零件拆卸后应立即清洗、涂油、悬挂好
4	辨清螺旋方向	拆卸螺杆机构时必须仔细辨清螺纹的旋转方向,注意要用合适的扳手

表 8-6　机械设备拆卸的常用方法

方法		特点	注意要点
击卸法	手锤击卸	应用方便,操作方便	对被击卸件应辨别结构及走向;手锤重量选择合理,力度适当;对被击卸件端部须采用保护措施
	自重击卸	操作简单,拆卸迅速	零件支撑选择要适当,力度适当
拉拆卸	拉卸工具	安全,不易损坏零件,适用拆卸高精度或无法敲击过盈量较小的零件	弄清零件的结构形式,拉力用平衡,用力适合
	拔销器		
顶压法	顶压工具	静力顶压拆卸,根据配合情况和零件大小选择压力大小,一般用 C 型专用工具	调整专用工具位置,选择零件适合的受力部为,旋转工具施加适当的力矩
	螺钉旋入	不用专用工具,选用适合的螺钉	旋入螺钉即将零件顶出,对于两个以上螺钉,应同时旋入,对称旋入,以保证被卸零件受力均匀,平稳移出
破坏性拆卸	留轴车套	相对互咬死的轴与套或铆接焊件等可以用车、镗、錾锯、钻、气割、电火花等方法拆卸	根据连接件情况,决定取舍,并应用合理的破坏性拆卸方法拆卸
	錾铆钉		
热胀冷缩法	热胀冷缩	对被拆卸件加热迅速膨胀	用低温收缩被包容件
	冷缩	拆卸要及时迅速	

2. 机械零件的清洗

机械零件的清洗也是机械大修工作中不可缺少的一项任务,应认真对待。特别对于轴承、精密零件等的清洗更为重要;零件清洗不彻底,会影响零件检测数据的真实性,装配后影响设备大修理质量和设备的使用寿命。

(1)机械零件的清洗对象。机械零件清洗的对象包括机械零件表面的污染物,如油污、锈蚀、积炭、水垢等。

(2)机械零件的清洗方法

① 清除油污:一般使用清洗剂清洗零件上的油污,有人工清洗或机械清洗方法,还有擦洗、浸洗、喷洗、气象清洗及超声清洗等方法。常用的清洗剂有碱性化学溶液和有机溶剂。碱性化学溶液是采用氢氧化钠、碳酸钾和硅酸钠等化合物,按一定比例配制而成的一种溶液。有机溶剂主要有煤油、轻柴油、丙酮、三氯乙烯等。

● 人工清洗:把零件放入装有煤油、轻柴油或化学清洗剂的容器中,用毛刷刷洗或用棉丝擦洗,清洗时要注意防火。

● 机械清洗:把零件放入清洗箱中,由传动带输送,经过搅拌器搅拌的洗液清洗干净后送出相中。

● 专用设备喷洗:将具有一定压力和温度的清洗液喷射到工件上,清洗污垢,生产率高。

② 清除锈蚀：

• 机械法除锈：指利用工具、人工刷或打磨的方法，或利用机器如电动抛光、磨光、滚光、喷砂等方法除去零件表面的锈蚀。机械除锈比人工除锈效率高，除锈质量好。

• 化学法除锈：利用一些酸性溶液来溶解零件表面的锈蚀。目前使用的化学溶液是硫酸、盐酸、磷酸或其混合溶液，再加入少量的缓蚀剂。

为避免材料产生氢脆和简化除锈前的脱脂工序，也可以用碱性化学溶液除锈。该溶液是用葡萄糖酸钠（58 g/L）和氢氧化钠（225 g/L）的混合水溶液组成。除锈时，溶液温度为 70～90 ℃，除锈时间为 3～10 min。

• 电化学法除锈：常用的电化学法除锈有阳极除锈（即把零件作为阳极）、阴极除锈（即把零件作为阴极，用铅或铅-锑合金为阳极）。这两种方法除锈效率高，除锈质量好。但是要注意：阳极除锈时，当电流密度过高时，易腐蚀过度，破坏零件表面，故适用于外形简单的零件；阴极除锈无过腐蚀问题，但易产生氢脆，使零件塑性下降。

③ 清除积炭：目前清除积碳的方法有机械清除法、有化学清除法和电化学清除法三大类。

• 机械清除法：指用金属丝刷与刮刀去除积炭。为了提高生产率，在用金属丝刷时可由电钻经软轴带动其转动。此法简单，对于规模较小的维修单位经常采用，但效率低，容易损伤零件表面，积碳不易清洗干净。

• 化学清除法：对某些精密零件表面，不能采用机械清除法，可用化学清除法。将零件浸入苛性钠、碳酸钠等清洗溶液中，温度为 89～95℃，使油脂溶解或乳化，积碳变软，约 2～3 h 后取出，再用毛刷刷去积碳，用 0.1%～0.3% 的重铬酸钾热水清洗，最后用压缩空气吹干。

• 电化学清除法：将碱溶液作为电解液，工件接于阴极，使其在化学反应和氢气的剥离共同作用下去除积碳。这种方法有较高的效率，但要掌握好清除积碳的规范。

④ 清除漆层：用手工工具，如刮刀、砂纸、钢丝刷或手提式电动、风动工具进行刮、磨、刷等。有条件的也可用各种配制好的有机溶剂或碱性液等作退漆剂，涂刷在零件的漆层上，使之溶解软化，再借助手工工具去除漆层。

3. 机械零件的检查

机械零件的检查分修理前检查、修后检验。修前检查在预检时进行，通过检查把零件分为继续使用件、更换件、修复件 3 类。修后检验是指检验零件修理后的质量，以确定零件是否可用。

（1）机械零件检查的内容：主要有零件的几何公差、表面质量、隐蔽缺陷、物理性能、质量和静动平衡、材料性质、零件的磨损程度等。

（2）机械零件的检查方法：机械设备修理中常见的检查方法有感觉检查法（如目测、耳听、触觉）；测量工具和仪器检查、渗透检测、超声波检测等方法。

4. 机械设备的修理装配

机械设备修理的装配就是把经过修复的零件以及其他全部合格的零件按照一定的装配关系、一定的技术要求、一定的顺序装配起来，并达到规定的精度和使用性能要求的工艺过程。装配质量的好坏，直接影响着设备的精度、性能和使用寿命，它是全部修理过程中很重要的一道工序。

（1）装配工艺过程。

① 装配前的准备工作：

- 研究和熟悉装配图，了解设备的结构、零件的作用以及相互的连接关系。
- 确定装配方法、顺序和所需的装配工具。
- 对零件进行清理和清洗。
- 对某些零件要进行修配、密封试验或平衡工作等。

② 装配工作分部装和总装。

- 部装就是把零件装配成部件的装配过程。
- 总装就是把零件盒部件装配成最终产品的过程。

③ 调整、精度检验和试车。

- 调整是指调节零件或部件的相对位置、配合间隙和结合松紧等。
- 精度检验是指几何精度和工作精度的检验。
- 试车是在装配后，按设计要求进行的运转试验，包括运转灵活性、工作温升、密封性、转速、功率、振动和噪声等的试验。

④ 油漆、涂油和装箱。按要求的标准对装饰表面进行喷漆、用防锈油对指定部位加以保护和准备发运等工作。

（2）装配方法：产品的装配过程不是简单地将有关零件连接起来的过程，而是每一步装配工作都应满足预订的装配要求，应达到一定的装配精度。通过尺寸链分析，可知由于封闭环公差等于组成环公差之和，装配精度取于零件制造公差，但零件制造精度过高，生产将不经济。为了正确处理装配精度与零件制造精度二者的关系，妥善处理生产的经济与使用要求的矛盾，形成了一些不同的装配方法。

为了使相配零件得到要求的配合精度，按不同情况可采用以下 4 种装配方法：

① 完全互换装配法：在同类零件中，任取一个装配零件，不经修配即可装入部件中，并能达到规定的装配要求，这种装配方法称为完全互换装配法。完全互换装配法的特点如下：

- 装配操作简单，生产效率高。
- 容易确定装配时间，便于组织流水装配线。
- 零件磨损后，便于更换。
- 零件加工精度要求高，制造费用随之增加，因此适用于组成环数少、精度要求不高的场合或大批量生产采用。

② 选择装配法：选择装配法有直接选配法和分组选配法两种。

- 直接选配法：由装配工人直接从一批零件中选择"合适"的零件进行装配。这种方法比较简单，其装配质量凭工人的经验，但装配效率不高。

- 分组选配法：将一批零件逐一测量后，按实际尺寸的大小分成若干组，然后将尺寸大的包容件与尺寸大的被包容件相配，将尺寸小的包容件与尺寸小的被包容件相配。这种装配方法的配合精度决定于分组数，即分组数越多，装配精度越高。

分组选配法的特点是：经分组选配后零件的配合精度高；因零件制造公差放大，所以加工成本降低；增加了对零件的测量分组工作量，并需要加强对零件的储存和运输管理，可能造成半成品和零件的积压。

分组选配法常用于大批量生产中装配精度要求很高、组成环数较少的场合。

③ 修配装配法：装配时，修去指定零件上预留修配量已达到装配精度的装配方法。

修配装配法的特点如下：

- 通过修配得到装配精度，可降低零件制造精度。
- 装配周期长，生产效率低，对工人技术水平要求较高。
- 适用于单件和小批量生产以及装配精度要求高的场合。

④ 调整装配法：装配时，调整某一零件的位置或尺寸以达到装配精度的装配方法称为调整装配法，一般采用斜面、锥面、螺纹等移动可调整的位置；采用调换垫片、垫圈、套筒等控制调整件的尺寸。

调整修配法的特点如下：

- 零件可按经济精度确定加工公差，装配时通过调整达到装配精度。
- 使用中还可定期进行调整，以保证配合精度，便于维护与修理。
- 生产率低，对工人技术水平要求较高。除必须采用分组装配的精密配件外，调整法一般可用于各种装配场合。

（3）装配工作要点：

① 清理和清洗：清理是指去除零件残留的型砂、铁锈及切屑等；清洗是指对零件表面的洗涤。这些工作都是装配不可缺少的内容。

② 加油润滑：相配表面在配合或连接前，一般都需要加油润滑。

③ 配合尺寸准确：装配时，对于某些较重要的配合尺寸进行复验和抽验，尤其对过盈配合，装配后不再拆下重装的零件，是很有必要的。

④ 做到边装配边检查：当所装的产品较复杂时，每装完一部分就应检查一下是否符合要求，而不要等到大部分或全部装完后再检查，此时，发现问题往往为时已晚，有时甚至不易查出问题产生的原因。

⑤ 试车前检查和启动过程的监视。试车意味着机器将开始运动并经受负荷的考验，不能盲目从事，因为这是最有可能出现问题的阶段。试车前全面检查装配工作的完整性、各连接部分的准确性和可靠性、活动件运动的灵活性及润滑系统是否正常等，在确保准确无误和安全的条件下，方可开车运转。开车后，应立即全面观察一些主要工作参数和各运动件的运动是否正常。主要工作参数包括润滑油压力和温度、振动和噪声及机器有关部位的温度等。只有当启动阶段各运行指标未定时，才能进行下一阶段的试车内容。

思　考　题

1. 设备修理的方式有哪些？各适用于什么情况？
2. 什么是大修？大修的主要内容有哪些？
3. 简述机械设备的维修过程。
4. 如何编制年度修理计划？
5. 维修前的准备工作有哪些？
6. 设备修理计划考核应考虑哪些指标？

参 考 文 献

[1] 罗来康. 粘接修理技术及应用实例[M]. 北京：化学工业出版,2003.
[2] 李建民,杨冬梅,许俊. 实用粘接技术问答[M]. 北京：化学工业出版社,2004.
[3] 李喜孟. 无损检测[M]. 北京：机械工业出版,2011.
[4] 王海军. 热喷涂实用技术[M]. 北京：国防大学出版社,2006.
[5] 郦振声,杨明安. 现代表面工程技术[M]. 北京：机械工业出版社,2007.
[6] 李士军. 机械维护修理与安装[M]. 北京：化学工业出版,2010.
[7] 张翠凤. 机电设备诊断与维修技术[M]. 北京：机械工业出版社,2009.
[8] 王学武. 金属表面如理技术[M]. 北京：机械工业出版社.2008.
[9] 孙希泰. 材料表面强化技术[M]. 北京：化学工业出版社.2005.
[10] 王炳勋. 电工实习教程[M]. 北京：机械工业出版社,1999.
[11] 郁汉琪. 机床电气控制技术[M]. 北京：高等教育出版社,2006.
[12] 陈鼎宁. 机械设备控制技术[M]. 北京：机械工业出版社,2009.
[13] 刘光源. 实用维修电工手册[M]. 上海：上海科学技术出版社,2004.
[14] 倪慧新,范国良. 设备维修手册[M]. 北京：宇航出版社,1990.
[15] 郁君平. 设备管理[M]. 北京：机械工业出版社,2001.
[16] 廖传华. 设备检修与维修[M]. 北京：中国石化出版社,2008.
[17] 吴先文. 机械设备维修技术[M]. 北京：人民邮电出版社,2008.
[18] 王志强,杨春帆. 最新电梯原理、使用与维护[M]. 北京：机械工业出版社,2006.
[19] 刘爱国,朱红民. 电梯故障排除实例[M]. 郑州：河南科学技术出版社,2007.
[20] 陈剑锋. 电梯安装维修与故障排除[M]. 郑州：河南科学技术出版社,2003.